国家出版基金项目
NATIONAL PUBLICATION FOUNDATION

智能电网技术与装备丛书

分布式发电集群并网消纳专题

可再生能源发电集群优化规划与评价

Renewable Power Generation Cluster Optimal Planning and Evaluation

郭　力　刘　洪　著

科 学 出 版 社

北　京

内 容 简 介

高密度分布式可再生电源并网给智能配电网规划设计、运维调控、仿真测试等方面带来巨大挑战，"可再生能源发电集群"是有效的解决措施之一。本书旨在对可再生能源发电集群优化规划领域的工作进行总结，探讨分布式可再生能源发电集群划分、接入规划、分布式可再生能源发电集群和配电网协同规划、分布式储能规划等问题。本书第 1 章概述分布式发电集群优化规划方法现状；第 2 章介绍分布式可再生能源发电接入方式与技术特点；第 3 章介绍分布式可再生能源发电接入分析技术；第 4 章介绍分布式可再生能源发电接纳能力评估方法；第 5 章介绍分布式可再生能源发电集群；第 6 章介绍分布式可再生能源发电集群接入规划；第 7 章介绍分布式可再生能源发电集群与储能规划；第 8 章介绍分布式可再生能源发电集群与配电网协同规划。

本书适合从事可再生能源发电集群划分、接入规划、网源协同规划、储能规划等相关领域的科技工作者阅读，也可供高等院校电气工程及其自动化专业和其他相关专业的教师、研究生和高年级本科生学习参考。

图书在版编目（CIP）数据

可再生能源发电集群优化规划与评价 = Renewable Power Generation Cluster Optimal Planning and Evaluation/郭力，刘洪著. —北京：科学出版社，2022.10
（智能电网技术与装备丛书）

国家出版基金项目

ISBN 978-7-03-064767-2

Ⅰ.①可… Ⅱ.①郭… ②刘… Ⅲ.①再生能源-发电-研究 Ⅳ.①TM619

中国版本图书馆 CIP 数据核字（2020）第 055023 号

责任编辑：范运年/责任校对：王萌萌
责任印制：师艳茹/封面设计：赫 健

科学出版社 出版
北京东黄城根北街 16 号
邮政编码：100717
http://www.sciencep.com

三河市春园印刷有限公司 印刷
科学出版社发行 各地新华书店经销

＊

2022 年 10 月第 一 版　开本：720×1000 B5
2022 年 10 月第一次印刷　印张：21 1/2
字数：429 000

定价：116.00 元
（如有印装质量问题，我社负责调换）

"智能电网技术与装备丛书"编委会

"智能电网技术与装备丛书"序

  国家重点研发计划由原来的"国家重点基础研究发展计划"（973 计划）、"国家高技术研究发展计划"（863 计划）、国家科技支撑计划、国际科技合作与交流专项、产业技术研究与开发基金和公益性行业科研专项等整合而成，是针对事关国计民生的重大社会公益性研究的计划。国家重点研发计划事关产业核心竞争力、整体自主创新能力和国家安全的战略性、基础性、前瞻性重大科学问题、重大共性关键技术和产品，为我国国民经济和社会发展主要领域提供持续性的支撑和引领。

  "智能电网技术与装备"重点专项是国家重点研发计划第一批启动的重点专项，是国家创新驱动发展战略的重要组成部分。该专项通过各项目的实施和研究，持续推动智能电网领域技术创新，支撑能源结构清洁化转型和能源消费革命。该专项从基础研究、重大共性关键技术研究到典型应用示范，全链条创新设计、一体化组织实施，实现智能电网关键装备国产化。

  "十三五"期间，智能电网专项重点研究大规模可再生能源并网消纳、大电网柔性互联、大规模用户供需互动用电、多能源互补的分布式供能与微网等关键技术，并对智能电网涉及的大规模长寿命低成本储能、高压大功率电力电子器件、先进电工材料以及能源互联网理论等基础理论与材料等开展基础研究，专项还部署了部分重大示范工程。"十三五"期间专项任务部署中基础理论研究项目占 24%；共性关键技术项目占 54%；应用示范任务项目占 22%。

  "智能电网技术与装备"重点专项实施总体进展顺利，突破了一批事关产业核心竞争力的重大共性关键技术，研发了一批具有整体自主创新能力的装备，形成了一批应用示范带动和世界领先的技术成果。预期通过专项实施，可显著提升我国智能电网技术和装备的水平。

  基于加强推广专项成果的良好愿景，工业和信息化部产业发展促进中心与科学出版社联合策划出版以智能电网专项优秀科技成果为基础的"智能电网技术与装备丛书"，丛书为承担重点专项的各位专家和工作人员提供一个展示的平台。出版著作是一个非常艰苦的过程，耗人、耗时，通常是几年磨一剑，在此感谢承担"智能电网技术与装备"重点专项的所有参与人员和为丛书出版做出贡献的作者和工作人员。我们期望将这套丛书做成智能电网领域权威的出版物！

　　我相信这套丛书的出版，将是我国智能电网领域技术发展的重要标志，不仅能使更多的电力行业从业人员学习和借鉴，也能促使更多的读者了解我国智能电网技术的发展和成就，共同推动我国智能电网领域的进步和发展。

2019-8-30

前　言

　　能源是人类赖以生存的基础，随着世界经济的高速发展，全球能源需求量也呈现出与日俱增的态势。2018 年国际能源署（International Energy Agency，IEA）预测，到 2040 年全球能源需求量将会至少增长 25%。在过去的一百年中，煤炭和石油一直占据着全球能源供给的中心地位，随着全球化石类能源日益耗尽、能源需求日益增加、生态环境不断恶化，加快开发利用可再生能源已成为世界各国的普遍共识和一致行动。我国一直以来都把发展清洁能源作为实施能源供给侧结构性改革的主攻方向。在《能源生产和消费革命战略（2016—2030）》中，我国提出了到 2020 年、2030 年非化石能源占一次能源消费比重分别提高到 15%、20%的目标，紧接着在 2016 年制定的《可再生能源发展"十三五"规划》中进一步明确了可再生能源的发展目标和主要任务，部署了与发展新能源发电技术相关的一系列重点以及重大示范工程项目。

　　相对集中式发电，分布式发电是由分布在不同位置的多个中小型电源来实现的，单个电源的装机容量通常在几千瓦至几兆瓦之间。可再生能源以分布式发电的形式接入配电网，是实现大规模可再生能源并网消纳的重要方式，我国近些年不断出台政策以刺激分布式可再生能源发电的发展。以光伏发电为例，在已建成且具备条件的工业园区、经济开发区等用电集中区域规模化推广屋顶光伏发电系统；在广大农村地区，以集体资产的方式建设小型地面光伏电站。

　　高渗透率分布式可再生能源发电集群接入给传统被动无源的配电系统带来巨大变化，对配电网在规划设计、运行调度、控制保护、仿真分析等诸多方面提出新的要求。分布式可再生能源发电集群具有很强的不确定性，而且这种不确定性在一定程度上难以精确预测，这与电网对供电稳定性、连续性和可靠性的要求背道而驰，需要电网提供足够的旋转或者储能备用来支撑实时调节。为满足分布式可再生能源发电大规模灵活并网和消纳需求，需要从规划设计、方案评估等方面，全面深入地研究分布式可再生能源发电规划技术，解决"源-网-荷-储"协同优化规划问题，对保障电网安全稳定运行、最大程度地利用可再生能源发电具有重要意义。

　　本书的工作在国家重点研发计划"分布式可再生能源发电集群并网消纳关键技术及示范应用"项目的资助下，从分布式可再生能源发电接入分析与接纳能力评估、分布式可再生能源发电集群划分、分布式可再生能源发电集群接入规划、分布式储能规划、分布式可再生能源发电集群和配电网协同规划等方面进行了系统的研究。

1）分布式可再生能源发电接入分析与接纳能力评估

针对分布式可再生能源发电接入对规划环节的影响，提出了含分布式发电的配电网概率潮流计算和供电可靠性计算方法，用于分析分布式发电接入后配电网网络损耗、电压偏差与供电可靠性等指标的变化情况。在此基础上，构建了内嵌精细化运行的分布式可再生能源发电接纳能力评估方法，外层寻找配电网可接纳分布式发电的最大容量，内层可通过网络重构或电压调节等措施充分发挥配电网运行环节辅助消纳分布式发电的作用。

2）分布式可再生能源发电集群的基本理论分析

基于分布式发电集群的研究背景，研究了分布式可再生能源发电集群划分的基本理论，包括集群的结构特性和功能特性指标，以及基于集群性能指标的各类集群划分算法。在集群的结构特性指标方面，开展了以空间距离和电气距离为依据的集群性能指标分析和仿真对比。针对高渗透率分布式可再生能源发电接入引起的电压超限问题，提出了中压配网内包含群内自治优化和群间分布式协调的配电网双层电压优化控制方法。围绕大规模分布式发电集群接入中高压配网后的协同电压控制问题，提出了基于广义 Benders 分解算法的高-中压配电网分层分布式电压优化控制方法，以网络损耗和调压成本最小为目标，通过分层分解协调实现降维计算和分布式控制。

3）分布式可再生能源发电集群接入规划问题

针对规划过程中数据量过大的特点，归纳总结了包括时序场景和非时序场景的生成方法。针对中低压电压等级的接入规划问题，构建了包括配电网运营商和分布式发电投资商双层多目标规划模型，下层通过主动配电网电压调节策略，解决了高渗透率分布式发电接入时的电网运行约束问题。高电压等级分布式发电接入双层优化模型中，上层模型计算每个变电站下分布式光伏和分散式风电的安装容量，下层调度模型则考虑了负荷和资源之间的相关性、风光出力的互补特性，通过无功调度、有功削减等措施实现系统的最优运行。

4）分布式可再生能源发电集群中储能设备的优化规划

提出分布式发电集群与储能接入容量的两阶段双层规划模型，上层规划的目标是配电网年综合成本最小，下层规划的目标是配电网网损最小。设计了配电网与多光储微电网协调运行策略,研究了配电网中多光储微网系统的优化配置方法。

5）分布式可再生能源发电与配电网协同规划

针对分布式可再生能源发电接入后的配电网规划及其与分布式可再生能源发电之间的联合规划两个层面，均提出了科学合理的解决方案。在含分布式可再生能源发电的配电网规划中，构建了内嵌网架重构的配电网规划框架，外层以综合考虑建设和运营环节的全寿命周期成本为目标来优选配电网网架结构，内层以外层的网架结构优化结果为基础来生成最优运行方式，计算运营环节的成本效益并反馈给外层，支撑全寿命周期成本计算。在分布式可再生能源发电与配电网联合规划中，面对分布式可再生能源发电和配电网因分属不同利益主体而规划目标不一致的问题，构建了分布式可再生能源发电选址定容与配电网网架结构规划的双层协同规划框架，上层为配电网网架结构规划层，需要基于某一确定的分布式可再生能源发电接入位置和容量来优化网架结构，下层为分布式可再生能源发电的选址定容层，需要基于某一确定的配电网网架结构来实现分布式可再生能源发电的选址和定容，两层交替优化，形成考虑各主体利益均衡的规划方案。

　　本书共分为 8 章，全书由郭力和刘洪统稿。参加编写工作的还有吴鸣、刘一欣、徐正阳、柴园园、胡迪、毕锐、赵宗政、杨书强、路畅、蔡期塬、张宇轩、范博宇、杨白洁。其中，郭力负责本书第 1 章、第 5 章、第 6 章的编写，刘洪负责本书的第 3 章、第 8 章的编写，刘一欣负责本书第 2 章、第 7 章的编写，徐正阳负责本书第 4 章的编写。本书在编写过程中还得到了合肥工业大学丁明教授的指导，在此谨对他们的付出表示衷心的感谢。

　　本书很多内容都在分布式发电集群配电网实际示范工程中得到了应用，坚持产学研一体化，理论研究和生产实际相结合，希望对我国分布式发电集群配电网的发展和建设有所贡献。限于作者水平，文字中可能会有疏漏，真诚地期待专家和读者批评指正。

作　者

2021 年 12 月

目　　录

第1章 绪 论

1.1 可再生能源发电

能源是人类赖以生存的基础，随着世界经济的高速发展，全球能源需求量也呈现出与日俱增的态势。2021年国际能源署(International Energy Agency，IEA)预测，到2030年十年间全球能源需求量预计每年增长1.3%[1]。过去的一百年中，煤炭和石油一直占据着全球能源供给的中心地位，随着全球化石类能源开发量的减少、能源需求的日益增加、生态环境的不断恶化，加快开发利用可再生能源已成为世界各国的普遍共识。

根据国际能源署可再生能源工作组[2]的定义，可再生能源是指"从持续不断地补充的自然过程中得到的能量来源"，主要包括风能、太阳能、水能、生物质能、地热能、海洋能等非化石类能源。目前电能是可再生能源的主要转化形式。国际可再生能源署(International Renewable Energy Agency，IRENA)统计显示[3]，截至2020年底，全球可再生能源发电装机总量达到约2922GW，其中，水力发电装机1211GW，风力发电装机732GW，太阳能发电装机709GW，其他包括生物质能发电、地热能发电、海洋能发电等总装机265GW。图1.1展示了全球可再生能源发电累计装机容量的变化趋势。从图中可以看出，随着全球流域内梯级水电站的持续开发和建设成本的不断攀升，近年来水力发电装机容量增长缓慢；生物

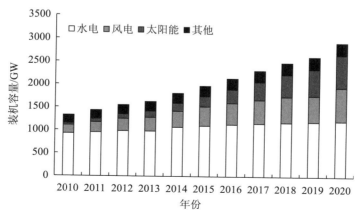

图1.1　全球可再生能源发电累计装机容量变化趋势

质能的发展受制于高昂的建设和运营成本以及环境问题，而地热能和海洋能的研究尚处于起步阶段，缺乏大规模商业化开发的条件。风能和太阳能发电技术由于其灵活性和良好的商业开发价值，随着制造成本的逐年下降，迎来了一个快速增长的过程，正逐渐成为可再生能源发电领域的主力军。

1.1.1　光伏发电

光伏组件的平均成本在近几十年内呈现大幅下降的趋势，1976 年光伏组件的平均成本高达 79 美元/W，是 2017 年平均成本 0.37 美元/W 的 200 多倍[4]。相比于 2000 年 1200MW 的装机容量，2017 年底全球光伏发电累计装机容量为 390GW，规模扩大了上百倍；到 2020 年，全球光伏发电装机容量达到 709GW[5]。我国作为世界光伏发电产业增长的主力军，2006 年《可再生能源法》实施以来，光伏发电产业迎来了发展黄金时代；2013 年确立分类光伏发电标杆电价政策后，光伏发电的开发进程进一步加快。图 1.2 展示了我国近年来光伏发电累计装机容量，截至 2021 年底，中国光伏发电装机容量达到 306GW，突破 3 亿 kW 大关，连续七年位居全球首位[6]，同比增长达到 20.9%。

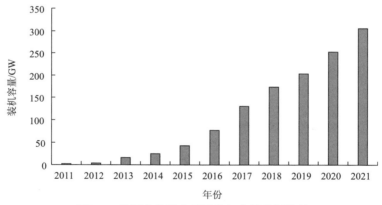

图 1.2　我国光伏发电累计装机容量发展趋势

1.1.2　风力发电

截至 2020 年底，全球风力发电累计装机容量达到约 732GW，相比 2000 年的 17GW 扩大了约 42 倍。到 2026 年底全球风力发电预计将新增装机容量 469GW[7]。在国家法律和政策的支持下，我国的风力发电进入了快速发展期，2006~2018 年的 12 年间，风电装机容量年平均增长率达 43%。截至 2021 年底，全国风力发电装机总量约 330GW，同比增长 16.6%[6]。图 1.3 为我国近年来风力发电累计装机容量发展趋势。

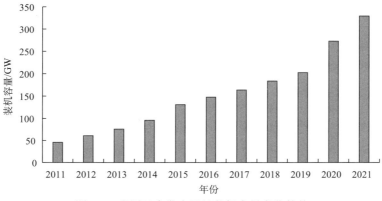

图 1.3　我国风力发电累计装机容量变化趋势

1.1.3　新能源发展政策

为了进一步推动可再生能源发展，近年来世界各国先后出台了多项推进可再生能源发电的产业政策。2014 年，美国环保署(U.S. Environmental Protection Agency，EPA)公布了其"清洁能源计划"(Clean Power Plan)，承诺十年内可再生能源使用量增加一倍。2018 年 8 月，美国环保署提出了"经济清洁能源条约"(Affordable Clean Energy Rules)，旨在大力减少碳排放，并要求各州在法律生效的三年内制定各自的能源发展计划。美国目前有超过 30 个州明确了新能源发展目标，特别是加利福尼亚州在 2018 年 9 月颁布的"SB 100"法案中，提出 2026 年加州可再生能源发电占比达到 50%，2030 年占比达到 60%的目标，为其他国家和地区新能源产业的发展提供了借鉴意义。

德国早在 2000 年正式颁布了《可再生能源法》(Eerneuerbare Energien Gesetz，EEG)，旨在建立可再生能源发电的固定上网电价制度，对推动风电、太阳能等可再生能源的发展发挥了决定性的作用。2014 年德国提出了 2025 年可再生能源发电占比达到 40%以上，2030 年占比超过 55%的宏伟目标；接着在 2017 年对《可再生能源法》进行了修订，进一步确立了采用招投标来提供可再生能源津贴的新模式。日本政府在 2018 年 7 月公布的"第 5 次能源基本计划"中也制定了面向 2030 年及 2050 年的能源中长期发展战略，提出到 2030 年可再生能源发电在总发电量中占比要提升至 22%～24%的目标，并首次将可再生能源定位为 2050 年的"主力能源"。

我国一直以来都把发展清洁能源作为实施能源供给侧结构性改革的主攻方向。在《能源生产和消费革命战略(2016—2030)》中，我国提出了到 2020 年、2030 年非化石能源占一次能源消费比重分别提高到 15%、20%的目标。紧接着在 2016 年制定的《可再生能源发展"十三五"规划》中进一步明确了可再生能源的发展目标和主要任务,部署了与发展新能源发电技术相关的一系列重点及重大示范工程项目,提出的一系列 2020 年可再生能源开发利用主要指标如表 1.1 所示。其中,风力发电和光伏发电均超额完成[6]。

表 1.1　2020 年可再生能源开发利用主要指标

类型	装机容量/GW
水电(不含抽水蓄能)	340
并网风电	210
光伏发电	105
太阳能热发电	5
生物质发电	15

可再生能源产业不断发展壮大,产业规模和技术装备水平连续跃上新台阶,但是发展不平衡、不充分的矛盾也日益凸显。特别是可再生能源发电消纳问题突出,已严重制约了电力行业健康可持续发展。2018 年我国颁布了一系列可再生能源政策着力解决这一问题,可再生能源产业的发展已由高速增长阶段转向高质量发展阶段。2021 年国家发展和改革委员会、国家能源局《关于 2021 年可再生能源电力消纳责任权重及有关事项的通知》[8]中指出:从 2021 年起,每年初滚动发布各省权重,同时印发当年和次年消纳责任权重,当年权重为约束性指标,各省按此进行考核评估,次年权重为预期性指标,各省按此开展项目储备。此外,风能和太阳能发电的实施成本呈现出逐年降低的趋势,预计在 2030 年投产的风电、光伏电站的平均度电成本将比 2020 年分别下降 31% 和 61%[9],"十四五"初期风电、光伏发电将逐步实现平价,届时将有效缓解中央补贴资金压力,实现可再生能源的高质量发展。

1.2　分布式可再生能源发电技术特点

集中式发电和分布式发电是可再生能源规模化利用的两种方式。集中式发电(centralized generation)通过集中布局大规模可再生能源发电,通过高电压等级线路接入输电系统,结合统一管理、综合调控的手段,供给远距离负荷。集中式发电布局集中、选址固定,与电网之间保持单向的电力交换,便于管理和运行维护。我国的集中式可再生能源电站多分布在土地资源以及风、光等可再生资源丰富的甘肃、新疆和青海等西部地区,图 1.4 为西宁共和县集中光伏电站的现场图。以光伏电站为例,截至 2020 年上半年,我国在甘肃、新疆、青海集中式光伏装机容量已超过 2990 万 kW,占全国的 20%[10]。

图 1.4　西宁共和县集中光伏电站

我国西部地区地广人稀，整体用电量小，虽然国家建设了庞大的"西电东输"工程，但现有的电网设施还远不能完全满足"西电"的大规模输送，由此造成了西部地区严重的"弃光、弃风限电"现象。仅 2017 年上半年，新疆(含新疆生产建设兵团)和甘肃省的弃光率高达 26%和 22%。由于甘肃、新疆(含新疆生产建设兵团)、宁夏目前"弃能限电"严重，我国已决定暂不安排这三地2017～2020 年新增光伏电站的建设计划[10]。

相对集中式发电，分布式发电是指分布在不同位置的中小型可再生能源发电，单个电源的装机容量通常在几千瓦至几十兆瓦之间。我国在 2017 年 12 月1 日实施的国家标准《分布式电源并网技术要求》(GB/T 33593—2017)中，对分布式电源(distributed resources，DR)、分布式发电(distributed generation，DG)等做了详细规定，分布式电源定义为"接入 35kV 及以下电压等级电网、位于用户附近，在 35kV 及以下电压等级就地消纳为主的电源"。按能量转换技术的不同，分布式发电通常采用的技术类型有：往复式发电机、斯特林发电机、微型燃气轮机、天然气燃气轮机、燃料电池、光伏发电、风力发电、水力发电以及各种储能技术等。IEEE 1547.2—2008 标准提供了分布式发电技术的两种分类方法[11]：按原动机的不同，可以分为旋转型和非旋转型两种；按并网接口和功率变换的不同，可以分为同步发电机、异步发电机和基于电力电子变换装置并网的分布式电源。

与传统的集中式发电相比，分布式可再生能源发电技术具有如下特点[12-14]。

(1)实现了"源-荷"的就近消纳。大型集中式发电需要将电力升压接入输电网，仅作为发电站运行。而分布式发电是直接接入配电网用户侧，发电用电并存，且要求尽可能地在 35kV 及以下电压等级范围内消纳，可以在一定程度上提高电网对分布式发电的消纳率。

(2) 经济效益良好。分布式发电靠近负荷，不但可以降低输电网损耗，而且由于分布式发电占用的土地面积和物理空间少，降低了投资费用。相对于集中式发电所配套的电力设施建设周期长、投资风险大的缺点，分布式发电具有技术和设备小型化、模块化，建设周期短，可紧密跟踪负荷增长进行扩建，投资费用低，风险小等优点。

(3) 提高供电可靠性。合理的分布式发电运行方式，特别是与储能系统配合，将提高配电网用户侧的供电可靠性，可以在一定程度上缓解电网投资。当电网出现大面积停电事故时，具有特殊设计的分布式发电系统（如与重合闸相结合的计划孤岛模式）仍能保持正常运行。

(4) 绿色环保。可再生能源分布式发电项目在发电过程中，不仅基本实现了零排放、零污染，还可以有效降低建设高压输电线路造成的电磁污染和对线路沿途植被的破坏。

可再生能源以分布式发电的形式接入配电网，是实现大规模可再生能源并网消纳的重要方式。我国近些年不断出台政策刺激分布式可再生能源发电的发展。以光伏发电为例，我国大力支持在已建成且具备条件的工业园区、经济开发区等用电集中区域规模化推广屋顶光伏发电系统，同时也积极鼓励在电力负荷大、工商业基础好的中东部城市和工业区周边，按照就近利用的原则建设光伏电站项目。目前，我国全额就近消纳的分布式光伏项目，如自愿放弃补贴，可不受规模限制[15]。同时政府也在积极推进分布式发电市场化，2021 年起，对新备案集中式光伏电站、工商业分布式光伏项目，中央财政不再补贴，实行平价上网。新建项目上网电价按当地燃煤发电基准价执行。新建项目可自愿通过参与市场化交易形成上网电价，以更好体现光伏发电、风电的绿色电力价值[16]。

在政策的激励下分布式发电发展迅速，天津大学 26 楼屋顶分布式发电项目如图 1.5 所示，该项目建设当年获得了"金太阳"项目的支持。

图 1.5　天津大学 26 楼屋顶分布式发电项目

我国近三年分布式光伏发电新增装机容量变化如图 1.6 所示，其中，2021 年新增集中式光伏电站装机容量 25.6GW，分布式光伏电站装机容量 29.28GW[17]。

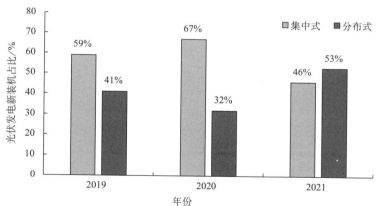

图 1.6　我国近三年分布式光伏发电新增装机容量变化趋势

1.3　高渗透率分布式可再生能源发电并网的主要挑战

1.3.1　可再生能源发电出力的间歇性和不可调度

分布式可再生能源发电具有间歇性、随机性等特点。以光伏为例，图 1.7 为光伏电源在阴天、晴转多云、雨转晴和晴天 4 种天气下的时序特性曲线。天气变化对光伏发电出力的波动水平有显著影响，晴天时光伏发电出力较为平稳，从太阳升起时光伏发电开始输出功率，并随光照强度的增加而平稳上升，中午到达峰值。午后光伏出力随着光照强度的降低而平稳下降，待太阳落山后出力变为 0。雨天和阴天时由于太阳被云层挡住，光伏出力不大。而在晴转多云和雨转晴的天气中，光伏电源受太阳光被云层遮挡的影响，出力波动明显增大，短时间内波动量甚至会超过装机容量的 50%，影响电网安全稳定运行。

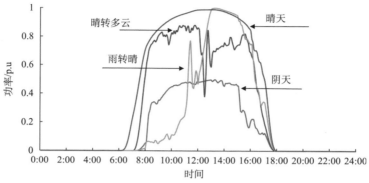

图 1.7 不同天气条件下的光伏出力情况

以某地区光伏发电的运行情况为例，选取光伏波动较大的天气状况进一步研究分布式光伏发电接入对系统负荷波动的影响。表 1.2 列出了不同分布式光伏电源接入容量下相邻 5min 系统净负荷的功率变化率的最大值，净负荷相邻 5min 功率变化率的概率密度函数如图 1.8 所示。

表 1.2 不同分布式光伏发电接入容量下系统净负荷的最大波动

分布式光伏发电接入比例/%	0	15	30	50	60
最大功率变化率$(\Delta P\%)_{max}$/%	1.4	4.3	10.4	20.7	27.2

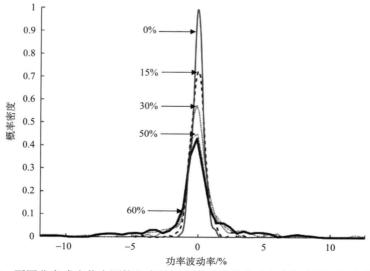

图 1.8 不同分布式光伏电源接入容量下的系统净负荷功率变化率的概率密度函数

由表 1.2 及图 1.8 可知，随着分布式光伏发电接入容量的增加，系统净负荷相邻时刻的波动幅度也相应增加。从系统调峰角度来看，通常为了满足调峰要求，相邻 5min 负荷波动不应超过最大负荷的 25%，即负荷功率变化率要小于 25%。因此，一般来说，分布式光伏发电的接入不会对系统调峰造成不良影响。但是当分布式光伏接入容量增大至最大负荷的 60% 时，极少数情况下，相邻 5min 净负荷的功率变化率将达到 27% 左右。因此，分布式光伏发电接入容量过多会对系统调峰及自动发电控制(automatic generation control，AGC)造成一定影响。

分布式光伏发电的接入会降低系统的峰荷和谷荷水平，但是当光伏发电接入容量达到一定比例以后，峰荷下降速度会变慢，而谷荷会迅速降低。这是由于配电网中的最高负荷与光伏电源的出力峰值出现在不同时刻，随着分布式光伏电源接入容量的增加，系统净负荷的峰荷时间将发生转移，而分布式光伏出力较高的中午时段将有可能成为日负荷曲线的低谷，相关示意图如图 1.9 所示。

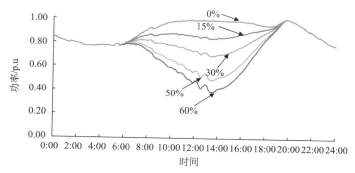

图 1.9　不同分布式光伏电源接入容量下系统净负荷的日时序特性曲线

1.3.2　高渗透率分布式可再生能源发电并网产生的影响

对于电力系统来说，无论是功率源还是负荷都是波动越小，对电网的稳定运行越有利，但是可再生能源发电本身的特性决定了其具有较强波动性。随着分布式可再生能源并网容量越来越大，其带来的问题也将越发明显。高渗透率分布式电源接入给传统配电网在多个方面带来影响[18,19]。

1.　对配电网运行、调度的影响

分布式可再生能源接入配电网，使电网中电源点数量显著增加，且布点分散、单点规模小，大大增加了电源协调控制的难度，常规的无功调度及电压控制策略难以适应，电力系统运行的边界条件更加多样和复杂。同时，新能源发电的不确定性也加大了电网的调度难度。

2. 电能质量

大部分分布式可再生能源发电接入电网需要经过电力电子等装置，例如光伏阵列、燃料电池和储能单元等分布式电源，其输出的电能为直流电，需经过逆变器与配电网连接，而逆变器在交直流变换过程中，会引起电流波形、电压波形畸变，给配电网系统带来谐波污染。

高渗透率分布式可再生能源接入配电网后，由于能量倒送，馈线中各分布式电源接入点的电压被抬高，可能导致一些接入节点的电压偏移超标，其电压被抬高的幅度与接入电源的位置及总容量大小密切相关。

3. 对系统保护的影响

在配电网中，短路保护一般采用过流保护加熔断保护的方式。大规模分布式发电接入改变了配电网的原有结构。当线路发生故障时，分布式发电对故障处电流可能起到助增或分流的作用，从而使流过继电保护装置的短路电流或增大或减小，进而导致配电网继电保护装置误动或拒动。

为满足分布式可再生能源发电大规模灵活并网和消纳需求，需要从规划设计、方案评估等方面，解决"源-网-荷-储"协同优化规划设计方法、多元电能质量治理装置优化配置方法、综合评估指标体系和评估方法等关键科学和技术问题，并开发分布式发电集群规划设计软件。全面深入地研究分布式可再生能源发电规划技术，制定合理有效的分布式能源的规划方案，对保障电网安全稳定运行、最大程度地利用可再生能源发电具有重要意义。

1.4　高渗透率分布式可再生能源发电规划技术

传统的配电网包括高压配电线路和变电站、中压配电线路和配电变压器、低压配电线路、用户等四个紧密关联的层级。110V～35kV 配电网多采用环网和链式结构，10kV 配电网一般采用多分段适度联络和环式结构，整个配电网运行方式灵活，是一个有机结合的整体。因此高渗透率分布式发电在配电网中也应将包含多个电压等级的配电网作为整体开展规划，并且考虑与配电网运行、配电网网架重构等运行调度策略对规划的影响，以满足各层级之间的协调配合、空间上的优化布局和时间上的合理过渡。

考虑到与大电网和市政建设的协调发展，配电网规划在时间跨度方面可以分为长期规划(6～30 年)、中期规划(5～10 年)与短期规划(1～5 年)。中长期规划方案需要考虑到负荷增长、空间资源和可再生能源资源等各种不确定因素的影响。因此，在建设中需根据客观条件或环境的改变，逐步调整规划方案。短期规划的内容比较具体仔细，可直接用来指导建设，一般电网 5 年规划与国民经济 5 年规划的时间同步。高渗透率分布式可再生能源发电的规划应该与电网协调一致，需要在长时间尺度上结合电网发展评估配电网对分布式发电的接纳能力，进而在短时间尺度上结合配电网新增线路、无功补偿等装置，具体规划分布式电源以及储能的接入位置和接入容量，达到分布式可再生能源发电、储能与配电网的协同优化。

针对分布式可再生能源发电的规划问题，本节首先介绍分布式可再生能源发电接入规划一般性方法，以及目前研究中主要涉及的规划模型；其次，考虑分布式储能在调控运行中的作用，介绍分布式可再生能源发电与储能规划；然后，介绍分布式可再生能源发电与电网协同规划；最后，针对规划中涉及的不确定因素，介绍考虑不确定因素后的分布式可再生能源、储能和配电网协同规划。

1.4.1 分布式可再生能源发电接入规划

分布式可再生能源接入配电网发展过程主要包括如下 3 个阶段。

(1)即接即忘阶段：该阶段严格限制分布式发电的接入容量，将分布式发电看作"负功率"负荷而忽略其影响，不需要对现有配电网进行调整和改造，适用于分布式发电的早期。

(2)宽限接入阶段：不对接入容量进行硬性限制，在保证配电网安全与电能质量合格的前提下，最大程度地允许接入分布式电源，并通过对配电网进行适当的技术改造，以提高分布式发电的接纳能力。

(3)主动配电网管理阶段：允许分布式发电主动参与有功功率和无功功率调整，部分标准下要求分布式发电具有低电压穿越能力，通过对配电网、分布式发电及负荷进行协调控制与调度管理，充分发挥配电网与分布式发电的潜力，实现有源配电网的优化运行。随着分布式可再生能源的大规模接入，"源-网-荷"的协调运行成为主要技术发展方向。

小容量低渗透率分布式发电接入有利于减小配电网的网络损耗，提升配电网电压质量，其对配电网运行和调控等方面的影响较小，因此多采用"即接即忘"的运行方式。在规划阶段可以通过限制分布式电源的接入容量或者渗透率来实现。然而，高渗透率分布式发电对配电网有显著影响，不合理的接入位置和容量配置可能影响配电网的安全稳定和经济运行。因此，随着分布式发电在电网中渗透率的不断提高，分布式发电的接入规划问题逐渐成为研究热点，接入规划技术逐渐成为指导分布式发电健康、可持续发展的关键。

一般来讲，分布式发电的接入规划问题是指分布式发电在满足一定约束条件下，在电力网络中接入位置和接入容量的优化问题，通常是复杂的混合整形非线性规划问题。分布式发电的规划模型一般分为规划目标、规划变量和约束条件三个部分，表 1.3 总结了常见的规划模型。

表 1.3　常见的分布式发电规划模型

规划目标	规划变量	约束条件
最小化系统总网络损耗	位置	潮流等式约束
最小化系统电压偏差	容量	电压约束
最小化系统平均停电时间	位置+容量	线路容量约束
最大化电网负载能力	位置+容量+协议电价	谐波污染约束
最大化电压稳定性指标	位置+容量+DG 接入时间	可靠性约束
最小化碳排放量	位置+容量+DG 类型	发电功率约束
最大化 DG 接入容量	位置+容量+DG 数量	DG 渗透率约束
最大化投资收益	位置+容量+DG 数量+DG 类型	DG 数量约束
最大化收益成本比		DG 离散性约束
最大化内部收益率		接入位置约束
最小化投资回收期		

规划模型中规划目标根据性质可以分为技术性指标、经济性指标和环保性指标。系统网络损耗、电压偏差、平均停电时间以及电网负载能力属于描述配电网运行状况的技术性指标，投资收益、收益成本比和内部收益率是表示分布式发电投资状况的经济性指标，碳排放则是从环境影响的角度评估分布式发电的接入影响。

1. 从规划目标的角度

根据规划目标数量，分布式发电规划模型可以分为单目标规划与多目标规划。多目标规划通常同时考虑技术性、经济性和环保性多个方面。由于电网公司主要关注配电网运行情况，分布式电源投资运营商更多关注分布式发电的经济效益，因此考虑不同利益主体的多目标规划是分布式发电接入规划的研究热点之一。在考虑多利益主体的分布式发电规划方面，文献[20]针对 DG 投资商和配电网公司不同利益主体，分析了英国 DG 接入配电网对利益双方的现有激励政策，研究了配电网中 DG 最优接入容量的优化模型。文献[21]针对难以满足负荷增长的配电网系统，提出了 DG 接入后对于延缓配网线路升级的效益模型，将接入 DG 前后在整个规划周期内配网中线路升级的成本现值差值，作为延缓线路升级的效益，基于 DG 商和配电网公司两个不同利益主体构建了多目标最优潮流模型，以得到所有 DG 候选节点上的 DG 最优接入容量。文献[22]提出了含 DG 的配电网长期动态多目标扩展规划模型，模型考虑了负荷、电价和风电的不确定性，根据不确定因素的概率密度函数，利用两点估计法得到不确定因素期望值。文献[23]在考虑经济性和对清洁能源硬性指标要求的背景下，站在配电网络运营商的角度，兼顾分布式发电商的利益，提出了分布式电源的多目标规划模型。文献[24]从技术性和经济性两个方面，分别提出了一个决策配电系统运行的多目标模型。

2. 从规划变量角度

分布式发电最优接入的规划变量部分主要考虑容量配置与接入位置，但是通常情况下，这两个问题分属不同的责任主体。分布式发电与储能的容量配置大多由投资方(可能不是电网运营企业)来进行决策，希望接入较大容量以实现利益的最大化；而接入位置和运行时的电能调度则大多由电网运营企业来确定，确保电网的稳定高效运行以及自身利益最大化。文献[25]针对分布式电源的安装位置和安装容量的问题，提出了一种分步考虑的多目标规划模型。文章首先结合分布式电源接入对配电网的影响，通过对系统损耗、电压分布及用户可靠性要求的综合分析确定出分布式电源候选安装位置解集。然后为了实现分布式电源和配电公司的利益均衡，建立分布式电源单位成本收益和其接入后改善电网所得收益最大化的多目标规划，所建模型考虑了分布式电源的投资成本、卖电收益、环境改善，以及网损、电压质量、可靠性和延缓网络更新等。由于接入位置易受到外界各种因素的影响，因此规划变量主要侧重规划容量。

3. 从约束条件角度

约束条件可以分为规划方面约束与运行方面约束。高渗透率分布式发电会影响配电网的运行状况与电能质量等多个方面，因此分布式发电的规划多采用双层规划模型，双层规划方法是基于双层规划理论的一种分层协调优化方法[32]。文献[26]采用联合概率分布法来处理 DG 和负荷间的时序耦合性，在此基础上建立了DG 选址定容双层规划模型；文献[27]～[29]以发电商收益最大化为目标建立了 DG在配电网中的优化配置双层规划模型；文献[30]以 DG 投资费用最小和网损最小为目标，建立了多目标 DG 规划模型；文献[31]基于双层规划理论，以年费用最小为目标建立了 DG 和无功补偿装置联合规划模型，上层规划用来优化 DG 的安装类型和容量，以及补偿电容器的容量，下层规划则用来优化 DG 和补偿电容器的日运行状态；文献[32]研究了间歇性 DG 和补偿电容器联合规划问题，采用双层规划模型得到最优方案，在兼顾经济效益的同时，还可利用补偿电容器进一步改善系统的电压质量，从而获得经济效益与电压质量的综合最优。

1.4.2 分布式可再生能源发电与储能规划

分布式可再生能源发电具有间歇性、随机性等典型特点，大规模接入配电网中，可能会对系统的经济安全运行带来影响[33-35]，如潮流分布发生改变、分布式可再生能源发电出力难以就地消纳、功率层层倒送、系统网损增加和节点电压越限等[36]。储能系统具有灵活的充放电功率调节和供蓄能力[37]，能够有效缓解分布式可再生能源发电出力与负荷需求间的时序不匹配性[38]，为大规模分布式可再生能源发电并网规划问题提供了一种解决方案。

分布式可再生能源发电和储能系统接入容量、位置和配电网的运行密切相关[39]。目前已有大量文献对配电网中分布式发电和储能系统(energy storage system，ESS)的选址定容规划问题开展了相关研究，并取得了一定进展。文献[38]考虑时序特性和多场景，建立以电能损耗和可靠性为目标的 DG 选址定容规划模型。文献[40]计及不确定性因素间的相关性，以年综合费用和配电网运行风险最小为目标，对 DG 的类型、容量和接入位置进行优化。文献[41]计及资源与负荷间的相关性，以年综合费用最小为目标建立 DG 选址定容规划模型。文献[42]针对负荷峰值与 DG 最大出力的时序不匹配性引起的电压越限问题，以总成本最小为目标优化 ESS 的接入容量、位置和类型。文献[43]建立了基于虚拟分区的二层规划模型，上层以年费用最小为目标优化光伏的接入位置和容量，下层以等效负荷方差和最小为目标，进行虚拟分区和 ESS 的选址定容优化，并采用遗传算法与粒子群算法联合求解。

上述研究有效缓解了可再生能源发电高比例接入给配电网造成的不利影响，但没有在电源规划阶段充分考虑配电网运行控制的影响。随着光伏渗透率的继续提高，配电网中部分节点由负荷特性转变为电源特性，配电网的电力供应模式也由主网集中供电向主网集中供电与分布式发电出力并存的运行模式转变[37]。分布式发电的功率波动可能会影响到配电网运行控制过程中的各项指标，配电网的电源规划问题与运行控制问题相互关联且相互影响[44]，因此在规划布局阶段考虑运行控制的可行性显得非常必要。

针对节点数目较多、发电单机容量小、渗透率高且并网位置分散的配电网，兼顾可再生能源资源时序性的优化规划方法复杂程度高，宜采用分层、多阶段的规划方法；传统配电系统集中控制过程复杂，宜采用分区、分层控制[45]策略，提高配电网对分布式发电的主动消纳能力。

1.4.3　分布式可再生能源发电与电网协同规划

随着自动化、通信及现代电力电子技术大量应用于配电网运行调控中，主动配电网成为配电网发展的必然形态。国内部分城市已经初步完成了主动配电网的建设改造，具备了配电网灵活主动运行的条件，能够实现对配电网网架结构、分布式发电等设备的主动管理和控制。但现有的配电网规划方法尚未充分发掘主动配电网在优化配电系统运行上所能发挥的主导作用，因此，开展分布式可再生能源发电与配电网协同规划，特别是针对现有配电网进行网架扩展规划时，有必要考虑主动配电网运行时的主动控制管理措施对规划结果的影响。

文献[46]以促进分布式电源高效利用为目标，提出了主动配电网双层规划模型，模型中考虑了电压控制、有功出力控制与功率因数调节等主动管理手段；文献[47]、[48]以降低投资运行费用为目标，研究了主动配电网双层扩展规划问题，协同考虑了配电网的网架规划与 DG 的选址定容；文献[49]考虑了储能系统对于配电网网架规划的影响；文献[50]、[51]针对含 DG 与电动汽车充电站的配电网进行协调规划研究，在此基础上文献[52]探索了电动汽车充电站与配电网网架的联合规划方法；文献[53]主要考虑电压管理、储能管理和有功出力控制等措施，分析了在以上措施影响下的主动配电网扩展规划问题；文献[54]、[55]考虑了功率因数调节、分布式电源有功出力限制等主动管理措施，并引入机会约束来反映 DG 和负荷的不确定性，对配电网分布式电源进行优化规划；文献[56]、[57]分析了不同类型分布式电源时序上的出力特性，建立起分布式电源和网架结构的多层优化模型；文献[58]在主动配电网网架规划模型中，考虑了主动管理措施的作用。此外，关于主动配电网运行中的动态重构，文献[59]、[60]研究了不同时段风机和光伏出力特性，对主动配电网重构时段进行划分优化相关计算，并在此基础上建立了分时段重构模型。文献[61]在考虑主动配电网中需求侧管理基础上，将网络重构因素引入多层规划模型的建立中，研究了配电网规划中分布式电源的选址定容问题。

综上所述，目前大多数针对分布式可再生能源发电与配电网协同规划问题的研究以无功补偿、有载调压等措施作为重点，主动配电网采用主动管理模式，且网架规划以辐射状结构为主。综合考虑主动配电网运行时网架结构的动态重构对电网规划的影响，适应主动配电网环网建设运行的研究仍然需要持续开展。

1.4.4 考虑不确定因素的 DG、储能与配电网协同规划

分布式发电的规划和运行阶段，存在大量的不确定信息。按照来源的不同，不确定信息基本可以划分成负荷信息、资源信息、设备信息、市场信息和政策信息等 5 大类。在制定分布式发电运行方案和规划方案时，需综合考虑这些信息的影响。同时注意到运行问题和规划问题所考虑的时间周期有所不同，在相关方案制定过程中所计及的不确定信息也通常需要区别对待。

1. 负荷信息不确定性

按时间周期划分，负荷预测可分为超短期、短期、中期和长期预测[62]。在分布式发电实际运行阶段，主要关注超短期和短期的负荷预测结果，分别用于分布式发电日间运行控制和日前运行计划的制定，在制定机组检修计划且系统中含水电等出力随季节性变化的场景中，有必要进行中期负荷预测。而在分布式发电规划阶段，主要关注负荷需求的长期预测，侧重对规划期内的负荷增长趋势的预判；

规划期内所进行的日前和日间运行模拟,可以利用一些典型的负荷需求场景[63]。

分布式发电通常需考虑冷、热、电、气等多种负荷类型的用能需求,这些用能需求的变化受多重因素的影响。以电负荷为例[62],不同类型(工业、商业、居民等)的负荷有着不同的变化规律,分布式发电面向的用户类型自然会影响电负荷需求的变化趋势;气象对电负荷也有明显的影响,气温、阴晴等气象状况的变化都会引起电负荷的变化。找到负荷的变化规律和影响其变化的关键要素,对提高负荷预测的精度至关重要。

2. 资源信息不确定性

光伏、风机等可再生能源发电设备的加入,使分布式发电电能供应侧呈现出明显的不确定性。太阳能、风能等可再生能源的预测精度,对于估计这些分布式电源的出力水平影响显著,进而会影响到分布式发电运行方案和规划方案的实施效果。与负荷预测的划分类似,在分布式发电实际运行阶段,也需要进行可再生能源的超短期和短期预测,并和负荷预测共同参与制定相关的运行计划;对于含水电的分布式发电,由于水能利用的季节性特征,需要进行水能资源的中期预测。在分布式发电规划阶段,一般侧重太阳能、风能等可再生能源统计分布特性的分析和资源的随机模拟[64],并据此对规划期内可再生能源的利用情况进行估计。

3. 设备信息不确定性

分布式发电兼具能量的生产、配送和存储,各设备和线路运行正常与否,直接影响供能的可靠性。对于并网型分布式发电来讲,由于有外部电网的支撑,分布式发电内部出现故障时,大多数情况下还可以依赖外部电网进行供电。但对于独立型分布式发电,设备或线路故障极有可能引发系统停电,降低用户供电可靠性。在分布式发电规划阶段,需要评估因故障、保护动作等引起的设备运行状态不确定性对供电可靠性的影响,并通过方案筛选来确保系统供电可靠性达标[65]。在分布式发电运行阶段,仍然需要考虑设备运行状态不确定性对系统运行可靠性的影响[66]。

4. 市场信息不确定性

分布式发电运行阶段需要考虑的市场信息包括购电电价、燃料价格、售电价格、电力市场交易中的出清电价和申报电价等,在制定日前运行计划和日内经济调度时,需要对这些市场信息的不确定性进行分析和建模[67]。在分布式发电规划阶段,规划方案的制定既需要考虑贷款利率、通胀率等宏观经济参数,也需要研究购电电价、燃料价格、设备投资单价等微观经济参数,并根据研究的倾向选择合适的不确定性对象和分析工具[68]。

5. 政策信息不确定性

光伏、风电等可再生能源的发展初期，发电成本较高，许多国家和地区纷纷出台可再生能源发电补贴政策，支持可再生能源产业的发展[69]。发展至今，可再生能源发电成本有了显著的降低，许多国家的可再生能源发电比例有了很大提高，部分国家开始陆续减少补贴[70]。以德国为例[71]，除了降低可再生能源发电补贴之外，为了应对分布式光伏的大规模接入对配电网的影响，德国自 2013 年 5 月开始实施 KfW-储能补贴方案，培养消费者光伏+电储能的用能习惯，一方面提高分布式光伏发电的自发自用比例，另一方面也推动分布式电储能系统的发展。此外，分布式发电发展时间较短，分布式发电与外部电网之间的交易机制尚不完善。这些政策出台时间和细则的不确定性，同样会影响分布式发电运行策略和规划方案的制定。

针对计及不确定信息的分布式发电规划与运行问题，可以采用多种不确定性分析方法加以建模与处理，图 1.10 给出了常用的不确定性分析方法。

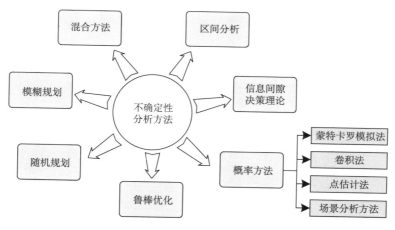

图 1.10　不确定性分析方法

（1）概率方法是利用随机变量来描述不确定性信息，并基于概率理论对研究问题进行分析，包括蒙特卡罗模拟法、卷积法、点估计法及场景分析方法等。

（2）鲁棒优化是采用不确定集来刻画不确定性信息，并通过优化求解的方式寻求研究问题在"最恶劣"运行场景下所付出代价的最小(大)化。

（3）随机规划同样是利用随机变量对不确定性信息进行描述，但与概率方法不同，该方法采用优化的方式，寻求研究问题面对不确定性环境所付出平均代价的最小(大)化。

（4）模糊规划是利用模糊集来描述不确定信息，针对研究问题给出的评价同样具有模糊性。

（5）混合方法一般是将概率方法和模糊规划相结合，用于研究同时具有随机性和模糊性的不确定信息。

（6）区间分析是利用区间变量来描述不确定信息，并基于区间计算理论确定研究问题计及不确定性所付出代价的上下限。

（7）信息间隙决策理论可以针对无法用随机变量和模糊变量来描述的不确定信息，通过优化求解得出不确定性信息不利影响最大化下的方案。

1.4.5　分布式可再生能源规划模型求解方法

1. 分析性方法

在负荷均匀分布的馈线上，文献[72]提出并证明了"2/3"法则，即分布式发电的安装容量为总的负荷功率的2/3，安装位置为距离线路首端2/3的位置处，但是该结论与方法的局限性较强，只适合均匀分布的负荷。此外，文献[73]针对固定容量的分布式发电，分别对辐射型网络和网状网络提出了最优化接入位置的两种分析性方法。文献[74]基于网络损耗的计算公式，提出了最优化单个分布式发电接入位置和接入容量的方法。文献[75]基于电流注入等式约束提出了采用灵敏度因子的单个分布式发电接入位置和容量最优化方法。文献[76]提出了多个分布式发电的接入位置最优化方法，同时通过卡尔曼滤波决策最优化接入容量。文献[77]提出了单个和两个分布式发电接入时最优化的接入位置和接入容量表达式。文献[78]针对不同种类分布式发电提出了寻找最优化接入容量和功率因数的方法。

2. 数值方法

1）梯度搜索

文献[79]和[80]分别提出了忽略和考虑故障水平约束的网状电网中的梯度搜索方法，用来优化分布式发电的接入容量。

2）线性规划

文献[81]和[82]采用线性规划构建了分布式发电的优化模型，分别实现分布式发电的渗透率最大及分布式发电能量和收益最大。

3）序贯二次规划

文献[83]和[84]分别采用序贯二次规划求解无故障和有故障水平约束的分布式发电规划模型。

4）非线性规划

文献[85]和[86]分别针对单个风机和多种类型的分布式发电提出了混合整形

非线性规划，并通过对电源-负荷概率分布模型离散化处理，获得各种可能场景从而将不确定问题转化为确定性问题。文献[87]～[89]将分布式发电的规划问题转换为多阶段的交流最优潮流问题，并采用非线性方法(nonlinear programming，NLP)求解。文献[90]将配电网中分布式发电的容量最优化问题转换为最优潮流(optimal power flow，OPF)问题并采用内点法求解。文献[91]在构建混合整形线性规划模型中考虑了市场电机的波动。文献[92]构建了混合市场模式下的分布式发电规划模型。文献[93]构建了配电网与分布式发电协同规划的混合整数非线性规划(mixed-integer nonlinear programming，MINLP)模型。文献[94]通过 MINLP 模型考虑了分布式发电接入后的电压稳定裕度。

5) 动态规划

文献[95]考虑了不同负荷情况下，以配电网运营商收益最大化为目标的分布式发电最优化问题。

6) 序优化

文献[96]通过序优化构架了分布式发电的接入位置和接入容量最优化模型，获得了系统损耗和分布式发电容量的折中解。

7) 穷举搜索

文献[97]通过穷举法求解分布式发电的最优化接入位置，规划目标是系统网损的最小化及稳定性的最大化。文献[98]～[100]针对不同的负荷等级，提出了分布式发电在配电网中的最优化模型，并采用穷举法求解。文献[101]采用穷举法求解分布式发电的多目标规划模型。

3. 启发式方法

1) 遗传算法

文献[102]提出了分布式发电容量规划的遗传算法(genetic algorithm，GA)与改进赫里福德牧场算法。文献[103]采用遗传算法求解考虑可靠性约束的分布式发电规划模型。文献[104]采用遗传算法求解变负荷功率的最优分布式发电配置(optimal distributed generation placement，ODGP)模型。文献[105]和[106]对分布负荷恒定负荷模型的 ODGP 问题采用遗传算法求解。文献[107]中构建了最大化配电网收益的 ODGP 模型并采用 GA 求解。文献[108]构建了以最小化网损为目标的 ODGP 模型，并采用模糊遗传算法求解。文献[109]和[110]采用模糊遗传算法求解多目标规划问题。文献[111]采用混合遗传算法及目标规划构建 ODGP 模型。

2) 禁忌搜索

文献[112]针对负荷均匀分布的分布式发电规划问题采用禁忌搜索求解。文献[113]中采用禁忌搜索同时优化 ODGP 问题以及无功补偿的接入位置问题。文献[114]针对 ODGP 问题构建的随机规划模型采用 GA 及禁忌搜索求解。

3) 粒子群算法

文献[115]将粒子群算法(particle swarm optimization，PSO)应用于考虑变负荷模型的非单位功率因数配电系统的 ODGP 问题。文献[116]提出了一种改进的粒子群优化算法，以优化注入各种 DG 类型实际功率和无功功率。文献[117]提出了混合遗传算法和粒子群算法。文献[118]通过离散 PSO 计算最佳 DG 位置，OPF 计算最佳 DG 容量。文献[119]采用 PSO 优化 DG 的类型、位置和接入容量，在考虑标准谐波限制和保护协调约束的情况下实现最大的分布式电源渗透率。

4) 蚁群优化算法

文献[120]提出了一种求解 ODGP 的蚁群算法。

5) 人工蜂群算法

文献[121]提出了一种人工蜂群算法，优化两个控制参数。

6) 差分进化算法

文献[122]根据母线电压灵敏度计算出最佳 DG 位置，并通过差分进化算法计算出最佳 DG 安装容量。

7) 和声搜索

文献[123]根据损耗灵敏度确定最佳的 DG 接入位置，并通过和声搜索算法获得最佳的 DG 接入容量。

8) 实用的启发式算法

文献[124]提出一种基于缺供电量指数及网络功率损耗的启发式方法来决策单个 DG 的接入位置。文献[125]提出了一种启发式方法，在竞争激烈的电力市场中，ODGP 以最佳成本效益方法满足峰值负荷需求。文献[126]基于启发式方法，通过最小化系统可靠性成本来确定单个 DG 的最佳接入位置。

表 1.4 对不同求解方法进行了对比。

表 1.4　求解方法对比

方法	分析性方法	数值方法	启发式方法
优点	方便计算与求解	有成熟的求解算法和流程，计算较为简便	鲁棒性好，适于求解各种复杂模型
缺点	需要较多的假设和简化，适用性不强	部分规划模型难以套用标准模型，算法可实施性较弱	计算量大，耗时长，对整形问题的求解能力较弱

1.4.6 高渗透率分布式可再生能源发电集群规划

1. 集群规划的必要性和主要挑战

国内外研究机构围绕电网中分布式电源的定容和选址问题开展了规划建模、指标评估方法和规划工具的研究，但仍无法解决分布式可再生能源发电大规模并网和消纳问题。天津大学提出了反映不同电压等级配电系统的发展协调性等一系列技术评价指标的方法[127,128]。基于可再生能源资源时空特性，计及多主体利益均衡的"源-网-荷-储"协同的集群优化规划设计方法，将是未来的重点突破方向和主要挑战。

不同于集中式发电规划，分布式发电具有分散区域广、接入点多和规划周期长等特点。因此，有必要在含高渗透率分布式发电的配电网中，以集群概念来开展配电网协同控制和优化规划方法的研究，指导分布式发电规划建设过程。

2. 集群规划研究目标

(1) 研究可再生能源资源和负荷的时空分布特性，提出可再生能源发电集群划分原则；研究可再生能源发电集群和负荷的不确定性建模方法，建立可再生能源发电集群和负荷的多状态概率分布模型；研究群内自治特性和不同地域的群间联络特性，按照不同区域、不同电压等级提出分布式可再生能源发电集群的多维度、多层级划分方法。

(2) 研究满足多利益主体综合效益均衡、适应可再生能源发电集群集中消纳的集群并网和电网结构协同优化规划设计方法；研究储能系统在平滑电力波动、负荷侧主动响应和电网网络联络容量中的作用，针对不同的运行策略，确定储能系统的最优接入位置和接入容量；提出分布式可再生能源发电集群的典型设计方案和应用模式，突破传统规划方法在"源-网-荷-储"协同优化规划设计方法上的局限，实现多利益主体效益均衡。

(3) 研究投资方、运营方和用户之间的利益关系；研究分布式发电集群并网对电网可靠性效益、节能效益、降损效益、延缓电网投资效益等方面的影响，研究不同利益主体的综合效益指标评估模型和评估方法；围绕各评估指标，确定各层级评估指标的权重系数，建立高渗透率分布式可再生能源发电集群综合评估指标体系。

参 考 文 献

[1] International Energy Agency. World Energy Outlook 2021[M]. Paris: OECD Publishing, 2021.

[2] IEAREW. Renewable Energy into the Mainstream[R]. http://library.um.edu.mo/ebooks/

b1362376x.pdf. Sittard: Netherlands, 2002.

[3] International Renewable Energy Agency. Renewable Capacity Statistics 2021[EB/OL]. [2022-03-12]. https://www.irena.org/publications/2021/March/Renewable-Capacity-Statistics-2021.

[4] Bloomberg N E F. New energy outlook 2018[R]. New York: Bloomberg New Energy Finance, 2019.

[5] IRENA.The Renewable Energy Power Capacity and Electricity Generation Dashboard[EB/OL]. [2022-03-12].https://www.irena.org/Statistics/View-Data-by-Topic/Capacity-and-Generation/Technologies.

[6] 国家能源局.国家能源局发布 2021 年全国电力工业统计数据[EB/OL].(2022-01-26)[2022-03-09].http://www.nea.gov.cn/2022-01/26/c_1310441589.htm.

[7] Council G W E. Global wind report[J]. GWEC, Brussels, Belgium, Technical Report, 2021.

[8] 国家发展和改革委员会,国家能源局.关于 2021 年可再生能源电力消纳责任权重及有关事项 的 通 知 [EB/OL].(2021-05-21)[2022-03-12].https://www.ndrc.gov.cn/xxgk/zcfb/tz/202105/t20210525_1280789.html?code=&state=123.

[9] 国网能源研究院有限公司.2021 中国新能源发电分析报告[R].北京:中国电力出版社,2021.

[10] 国家能源局. 2020 年上半年光伏发电并网运行情况[EB/OL]. (2020-07-31)[2020-10-08]. http: //www. nea. gov. cn/2020-07/31/c_139254346. htm.

[11] IEEE Standards Coordinating Committee. IEEE Standard for Interconnecting Distributed Resources with Electric Power Systems[J]. IEEE Std1547-2003, 2009.

[12] Gu Y, Xiang X, Li W, et al. Mode-adaptive decentralized control for renewable DC microgrid with enhanced reliability and flexibility[J]. IEEE Transactions on power electronics, 2014,29(9): 5072-5080.

[13] 杜暄, 苏义荣, 曹驰, 等. 计及光伏发电的配电网充裕度评估[J]. 电气应用, 2018, 37(09): 14-20.

[14] 卢斯煜, 周保荣, 饶宏, 等. 高比例光伏发电并网条件下中国远景电源结构探讨[J]. 中国电机工程学报, 2018, 38(S1): 39-44.

[15] 国家发展改革委办公厅, 国家能源局. 关于开展分布式发电市场化交易试点的补充通知[EB/OL]. (2017-12-28)[2019-03-02]. http: //zfxxgk. nea. gov. cn/auto87/201801/t20180103_3094. htm.

[16] 中华人民共和国国家发展和改革委员会. 国家发展改革委关于 2021 年新能源上网电价政策有关事项的通知[EB/OL]. (2021-06-07)[2021-08-12]. https://www.ndrc.gov.cn/xwdt/tzgg/202106/t20210611_1283089.html?code=&state=123.

[17] 国家能源局.国家能源局举行新闻发布会 发布 2021 年可再生能源并网运行情况等并答问[EB/OL].(2022-01-29)[2022-03-12]http://www.gov.cn/xinwen/2022-01/29/content_5671076.htm.

[18] 丁明, 王伟胜, 王秀丽, 等. 大规模光伏发电对电力系统影响综述[J]. 中国电机工程学报, 2014, 34(1): 1-14.

[19] 李文才, 彭程, 王希平, 等. 分布式光伏发电并网对配电网继电保护的影响研究[J]. 机电

信息, 2019(8): 37, 39.

[20] Harrison G P, Piccolo A, Siano P, et al. Exploring the tradeoffs between incentives for distributed generation developers and DNOs[J]. IEEE Transactions on Power Systems, 2007, 22(2): 821-828.

[21] Piccolo A, Siano P. Evaluating the impact of network investment deferral on distributed generation expansion[J]. IEEE Transactions on Power Systems, 2009, 24(3): 1559-1567.

[22] Soroudi A, Ehsan M, Caire R, et al. Hybrid immune-genetic algorithm method for benefit maximisation of distribution network operators and distributed generation owners in a deregulated environment[J]. IET Generation Transmission & Distribution, 2011, 5(9): 961-972.

[23] Hejazi H A, Araghi A R, Vahidi B, et al. Independent distributed generation planning to profit both utility and DG investors[J]. IEEE Transactions on Power Systems, 2012, 28(2): 1170-1178.

[24] Willis H L. Analytical methods and rules of thumb for modeling DG-distribution interaction[C]//Seattle:2000 Power Engineering Society Summer Meeting (Cat. No. 00CH37134). IEEE, 2000, 3: 1643-1644.

[25] 张立梅, 唐巍, 王少林, 等. 综合考虑配电公司及独立发电商利益的分布式电源规划[J]. 电力系统自动化, 2011, 4: 23-28.

[26] 滕春贤, 李智慧. 二层规划的理论与应用[M]. 北京: 科学出版社, 2002.

[27] Zhang J T, Fan H, Tang W, et al. Planning for distributed wind generation under active management mode[J]. International Journal of Electrical Power & Energy Systems, 2013(47): 140-146.

[28] 张节潭, 程浩忠, 欧阳武, 等. 主动管理模式下分布式风电源规划[J]. 电力科学与技术学报, 2009, 24(4): 12-18.

[29] 张沈习, 李珂, 程浩忠, 等. 主动管理模式下分布式风电源选址定容规划[J]. 电力系统自动化, 2015, 39(9): 208-214.

[30] 张翔, 程浩忠, 方陈, 等. 考虑主动管理模式的多目标分布式电源规划[J]. 上海交通大学学报, 2014, 48(9): 1231-1238.

[31] 张璐, 唐巍, 丛鹏伟, 等. 基于机会约束规划和二层规划的配电网广义电源优化配置[J]. 电力系统自动化, 2014, 38(5): 50-58.

[32] 郭金明, 李欣然, 邓威, 等. 基于 2 层规划的间歇性分布式电源及无功补偿综合优化配置[J]. 中国电机工程学报, 2013, 33(28): 25-33.

[33] Ding M, Xu Z C, Wang W S, et al. A review on China's large-scale PV integration: progress, challenges and recommendations [J]. Renewable and Sustainable Energy Reviews, 2016, 53: 639-652.

[34] 丁明, 王伟胜, 王秀丽, 等. 大规模光伏发电对电力系统影响综述[J]. 中国电机工程学报, 2014, 34(1): 1-14.

[35] Georgilakis P S, Hatziargyriou N D. Optimal distributed generation placement in power

distribution networks: models, methods, and future research [J]. IEEE Transactions on Power Systems, 2013, 28(3): 3420-3428.

[36] 张沈习, 李珂, 程浩忠, 等. 考虑相关性的间歇性分布式电源选址定容规划[J]. 电力系统自动化, 2015, 39(8): 53-58.

[37] 李振坤, 陈思宇, 符杨, 等. 基于时序电压灵敏度的有源配电网储能优化配置[J]. 中国电机工程学报, 2017, 37(16): 4630-4640.

[38] 李亮, 唐巍, 白牧可, 等. 考虑时序特性的多目标分布式电源选址定容规划[J]. 电力系统自动化, 2013, 37(3): 58-63.

[39] 张沈习, 陈楷, 龙禹, 等. 基于混合蛙跳算法的分布式风电源规划[J]. 电力系统自动化, 2013, 37(13): 76-82.

[40] 李珂, 邰能灵, 张沈习, 等. 考虑相关性的分布式电源多目标规划方法[J]. 电力系统自动化, 2017, 41(9): 51-57.

[41] Zhang S, Cheng H, Li K, et al. Optimal siting and sizing of intermittent distributed generators in distribution system [J]. IEEE Transactions on Electrical & Electronic Engineering, 2015, 10(6): 628-635.

[42] Giannitrapani A, Paoletti S, Vicino A, et al. Optimal allocation of energy storage systems for voltage control in LV distribution networks [J]. IEEE Transactions on Smart Grid, 2017, 8(6): 2859-2870.

[43] 白牧可, 唐巍, 谭煌, 等. 基于虚拟分区调度和二层规划的城市配电网光伏-储能优化配置[J]. 电力自动化设备, 2016, 36(5): 141-148.

[44] 郑乐, 胡伟, 陆秋瑜, 等. 储能系统用于提高风电接入的规划和运行综合优化模型[J]. 中国电机工程学报, 2014, 34(16): 2533-2543.

[45] Zhao B, Xu Z, Xu C, et al. Network partition-based zonal voltage control for distribution networks with distributed PV systems[J]. IEEE Transactions on Smart Grid, 2017, 9(5): 4087-4098.

[46] 曾博, 刘念, 张玉莹, 等. 促进间歇性分布式电源高效利用的主动配电网双层场景规划方法[J]. 电工技术学报, 2013, (9): 155-163, 171.

[47] 张彼德, 何頔, 张强, 等. 含分布式电源的配电网双层扩展规划[J]. 电力系统保护与控制, 2016, (2): 80-85.

[48] 刘洪, 范博宇, 唐翀, 等. 基于博弈论的主动配电网扩展规划与光储选址定容交替优化[J]. 电力系统自动化, 2017, 41(23): 38-45.

[49] Xing H, Cheng H, Zhang Y, et al. Active distribution network expansion planning integrating dispersed energy storage systems[J]. IET Generation, Transmission & Distribution, 2016, 10(3): 638-644.

[50] 吴万禄, 韦钢, 谢丽蓉, 等. 含分布式电源与充电站的配电网协调规划[J]. 电力系统保护与控制, 2014, (15): 65-73.

[51] 贾龙, 胡泽春, 宋永华, 等. 储能和电动汽车充电站与配电网的联合规划研究[J]. 中国电机工程学报, 2017, (1): 73-84.

[52] 邢海军, 程浩忠, 杨镜非, 等. 考虑多种主动管理策略的配电网扩展规划[J]. 电力系统自动化, 2016, 40(23): 70-76, 167.

[53] Yao W, Chung C Y, Wen F, et al. Scenario-based comprehensive expansion planning for distribution systems considering integration of plug-in electric vehicles[J]. IEEE Transactions on Power Systems, 2016, 31(1): 317-328.

[54] 马瑞, 金艳, 刘鸣春. 基于机会约束规划的主动配电网分布式风光双层优化配置[J]. 电工技术学报, 2016, 31(3): 145-154.

[55] 张璐, 唐巍, 丛鹏伟, 等. 基于机会约束规划和二层规划的配电网广义电源优化配置[J]. 电力系统自动化, 2014, (5): 50-58.

[56] 高红均, 刘俊勇. 考虑不同类型 DG 和负荷建模的主动配电网协同规划[J]. 中国电机工程学报, 2016, (18): 4911-4922, 5115.

[57] 唐念, 夏明超, 肖伟栋, 等. 考虑多种分布式电源及其随机特性的配电网多目标扩展规划[J]. 电力系统自动化, 2015, (8): 45-52.

[58] 方陈, 张翔, 程浩忠, 等. 主动管理模式下含分布式发电的配电网网架规划[J]. 电网技术, 2014, (4): 823-829.

[59] 赵静翔, 牛焕娜, 王钰竹. 基于信息熵时段划分的主动配电网动态重构[J]. 电网技术, 2017, (2): 402-408.

[60] 易海川, 张彼德, 王海颖, 等. 提高 DG 接纳能力的配电网动态重构方法[J]. 电网技术, 2016, (5): 1431-1436.

[61] 张沈习, 袁加妍, 程浩忠, 等. 主动配电网中考虑需求侧管理和网络重构的分布式电源规划方法[J]. 中国电机工程学报, 2016, (S1): 1-9.

[62] 周京阳, 于尔铿. 能量管理系统 (EMS)[J]. 电力系统自动化, 1997, 21(5): 75-78.

[63] Michael S, Chris M, Afzal S, et al. Effect of heat and electricity storage and reliability on microgrid viability: A study of commercial buildings in California and New York states[R]. San Francisco: Ernest Orlando Lawrence Berkeley National Laboratory, 2009: 1-106.

[64] Guo L, Liu W, Jiao B, et al. Multi-objective stochastic optimal planning method for stand-alone microgrid system[J]. IET Generation, Transmission & Distribution, 2014, 8(7): 1263-1273.

[65] Bahramirad S, Reder W, Khodaei A. Reliability-constrained optimal sizing of energy storage system in a microgrid[J]. IEEE Transactions on Smart Grid, 2012, 3(4): 2056-2062.

[66] Wang M Q, Gooi H B. Spinning reserve estimation in microgrids[J]. IEEE Transactions on Power Systems, 2011, 26(3): 1164-1174.

[67] Shi L, Luo Y, Tu G Y. Bidding strategy of microgrid with consideration of uncertainty for participating in power market[J]. International Journal of Electrical Power & Energy Systems, 2014, 59: 1-13.

[68] Khodaei A, Bahramirad S, Shahidehpour M. Microgrid planning under uncertainty[J]. IEEE Transactions on Power Systems, 2014, 30(5): 2417-2425.

[69] IEA. Global Energy Review 2020 [EB/OL]. [2020-10-08]. https://www.iea.org/reports/global-energy-review-2020.

[70] Dusonchet L, Telaretti E. Comparative economic analysis of support policies for solar PV in the most representative EU countries[J]. Renewable and Sustainable Energy Reviews, 2015, 42: 986-998.

[71] Reutter F. Battery storage business models and their positive real-time balancing externalities[C]. The International Conference on Power Electronics, Machines and Drives. IET, 2019.

[72] Rau N S, Wan Y. Optimum location of resources in distributed planning[J]. IEEE Transactions on Power Systems, 1994, 9(4): 2014-2020.

[73] Wang C, Nehrir M H. Analytical approaches for optimal placement of distributed generation sources in power systems[J]. IEEE Transactions on Power Systems, 2004, 19(4): 2068-2076.

[74] Acharya N, Mahat P, Mithulananthan N. An analytical approach for DG allocation in primary distribution network[J]. International Journal of Electrical Power & Energy Systems, 2006, 28(10): 669-678.

[75] Gözel T, Hocaoglu M H. An analytical method for the sizing and siting of distributed generators in radial systems[J]. Electric power systems research, 2009, 79(6): 912-918.

[76] Lee S H, Park J W. Selection of optimal location and size of multiple distributed generations by using Kalman filter algorithm[J]. IEEE Transactions on Power Systems, 2009, 24(3): 1393-1400.

[77] Costa P M, Matos M A. Avoided losses on LV networks as a result of microgeneration[J]. Electric Power Systems Research, 2009, 79(4): 629-634.

[78] Hung D Q, Mithulananthan N, Bansal R C. Analytical expressions for DG allocation in primary distribution networks[J]. IEEE Transactions on energy conversion, 2010, 25(3): 814-820.

[79] Willis H L. Analytical methods and rules of thumb for modeling DG-distribution interaction[C]//2000 Power Engineering Society Summer Meeting (Cat. No. 00CH37134). IEEE, 2000, 3: 1643-1644.

[80] Vovos P N, Bialek J W. Direct incorporation of fault level constraints in optimal power flow as a tool for network capacity analysis[J]. IEEE Transactions on Power Systems, 2005, 20(4): 2125-2134.

[81] Keane A, O'Malley M. Optimal allocation of embedded generation on distribution networks[J]. IEEE Transactions on Power Systems, 2005, 20(3): 1640-1646.

[82] Keane A, O'Malley M. Optimal utilization of distribution networks for energy harvesting[J]. IEEE Transactions on Power Systems, 2007, 22(1): 467-475.

[83] AlHajri M F, AlRashidi M R, El-Hawary M E. Improved sequential quadratic programming approach for optimal distribution generation deployments via stability and sensitivity analyses[J]. Electric Power Components and Systems, 2010, 38(14): 1595-1614.

[84] Vovos P N, Harrison G P, Wallace A R, et al. Optimal power flow as a tool for fault level-constrained network capacity analysis[J]. IEEE Transactions on Power Systems, 2005, 20(2): 734-741.

[85] Atwa Y M, El-Saadany E F. Probabilistic approach for optimal allocation of wind-based distributed generation in distribution systems[J]. IET Renewable Power Generation, 2011, 5 (1): 79-88.

[86] Atwa Y M, El-Saadany E F, Salama M M A, et al. Optimal renewable resources mix for distribution system energy loss minimization[J]. IEEE Transactions on Power Systems, 2009, 25 (1): 360-370.

[87] Ochoa L F, Dent C J, Harrison G P. Distribution network capacity assessment: Variable DG and active networks[J]. IEEE Transactions on Power Systems, 2009, 25 (1): 87-95.

[88] Dent C J, Ochoa L F, Harrison G P. Network distributed generation capacity analysis using OPF with voltage step constraints[J]. IEEE Transactions on Power Systems, 2010, 25 (1): 296-304.

[89] Ochoa L F, Harrison G P. Minimizing energy losses: Optimal accommodation and smart operation of renewable distributed generation[J]. IEEE Transactions on Power Systems, 2010, 26 (1): 198-205.

[90] Harrison G P, Wallace A R. Optimal power flow evaluation of distribution network capacity for the connection of distributed generation[J]. IEE Proceedings-Generation, Transmission and Distribution, 2005, 152 (1): 115-122.

[91] Porkar S, Poure P, Abbaspour-Tehrani-fard A, et al. Optimal allocation of distributed generation using a two-stage multi-objective mixed-integer-nonlinear programming[J]. European Transactions on Electrical Power, 2011, 21 (1): 1072-1087.

[92] Kumar A, Gao W. Optimal distributed generation location using mixed integer non-linear programming in hybrid electricity markets[J]. IET Generation, Transmission & Distribution, 2010, 4 (2): 281-298.

[93] El-Khattam W, Hegazy Y G, Salama M M A. An integrated distributed generation optimization model for distribution system planning[J]. IEEE Transactions on Power Systems, 2005, 20 (2): 1158-1165.

[94] Al Abri R S, El-Saadany E F, Atwa Y M. Optimal placement and sizing method to improve the voltage stability margin in a distribution system using distributed generation[J]. IEEE transactions on Power Systems, 2013, 28 (1): 326-334.

[95] Khalesi N, Rezaei N, Haghifam M R. DG allocation with application of dynamic programming for loss reduction and reliability improvement[J]. International Journal of Electrical Power & Energy Systems, 2011, 33 (2): 288-295.

[96] Jabr R A, Pal B C. Ordinal optimisation approach for locating and sizing of distributed generation[J]. IET Generation, Transmission & Distribution, 2009, 3 (8): 713-723.

[97] Zhu D, Broadwater R P, Tam K S, et al. Impact of DG placement on reliability and efficiency with time-varying loads[J]. IEEE Transactions on Power Systems, 2006, 21 (1): 419-427.

[98] Singh D, Misra R K, Singh D. Effect of load models in distributed generation planning[J]. IEEE Transactions on Power Systems, 2007, 22 (4): 2204-2212.

[99]　Kotamarty S, Khushalani S, Schulz N. Impact of distributed generation on distribution contingency analysis[J]. Electric Power Systems Research, 2008, 78(9): 1537-1545.

[100]　Khan H, Choudhry M A. Implementation of Distributed Generation (IDG) algorithm for performance enhancement of distribution feeder under extreme load growth[J]. International Journal of Electrical Power & Energy Systems, 2010, 32(9): 985-997.

[101]　Ochoa L F, Padilha-Feltrin A, Harrison G P. Evaluating distributed time-varying generation through a multiobjective index[J]. IEEE Transactions on Power Delivery, 2008, 23(2): 1132-1138.

[102]　Kim J O, Nam S W, Park S K, et al. Dispersed generation planning using improved Hereford ranch algorithm[J]. Electric Power Systems Research, 1998, 47(1): 47-55.

[103]　Borges C L T, Falcao D M. Optimal distributed generation allocation for reliability, losses, and voltage improvement[J]. International Journal of Electrical Power & Energy Systems, 2006, 28(6): 413-420.

[104]　Singh D, Singh D, Verma K S. Multiobjective optimization for DG planning with load models[J]. IEEE transactions on power systems, 2009, 24(1): 427-436.

[105]　Singh R K, Goswami S K. Optimum siting and sizing of distributed generations in radial and networked systems[J]. Electric Power Components and Systems, 2009, 37(2): 127-145.

[106]　Shukla T N, Singh S P, Srinivasarao V, et al. Optimal sizing of distributed generation placed on radial distribution systems[J]. Electric power components and systems, 2010, 38(3): 260-274.

[107]　Singh R K, Goswami S K. Optimum allocation of distributed generations based on nodal pricing for profit, loss reduction, and voltage improvement including voltage rise issue[J]. International Journal of Electrical Power & Energy Systems, 2010, 32(6): 637-644.

[108]　Kim K H, Lee Y J, Rhee S B, et al. Dispersed generator placement using fuzzy-GA in distribution systems[C]//IEEE Power Engineering Society Summer Meeting. IEEE, 2002, 3: 1148-1153.

[109]　Akorede M F, Hizam H, Aris I, et al. Effective method for optimal allocation of distributed generation units in meshed electric power systems[J]. IET Generation, Transmission & Distribution, 2011, 5(2): 276-287.

[110]　Vinothkumar K, Selvan M P. Fuzzy embedded genetic algorithm method for distributed generation planning[J]. Electric Power Components and Systems, 2011, 39(4): 346-366.

[111]　Kim K H, Song K B, Joo S K, et al. Multiobjective distributed generation placement using fuzzy goal programming with genetic algorithm[J]. European Transactions on Electrical Power, 2008, 18(3): 217-230.

[112]　Nara K, Hayashi Y, Ikeda K, et al. Application of tabu search to optimal placement of distributed generators[C]//2001 IEEE Power Engineering Society Winter Meeting. Conference Proceedings (Cat. No. 01CH37194). IEEE, 2001, 2: 918-923.

[113]　Golshan M E H, Ali Arefifar S. Optimal allocation of distributed generation and reactive

sources considering tap positions of voltage regulators as control variables[J]. European Transactions on Electrical Power, 2007, 17(3): 219-239.

[114] Novoa C, Jin T. Reliability centered planning for distributed generation considering wind power volatility[J]. Electric Power Systems Research, 2011, 81(8): 1654-1661.

[115] El-Zonkoly A M. Optimal placement of multi-distributed generation units including different load models using particle swarm optimisation[J]. IET Generation, Transmission & Distribution, 2011, 5(7): 760-771.

[116] Prommee W, Ongsakul W. Optimal multiple distributed generation placement in microgrid system by improved reinitialized social structures particle swarm optimization[J]. European Transactions on Electrical Power, 2011, 21(1): 489-504.

[117] Moradi M H, Abedini M. A combination of genetic algorithm and particle swarm optimization for optimal DG location and sizing in distribution systems[J]. International Journal of Electrical Power & Energy Systems, 2012, 34(1): 66-74.

[118] Gomez-Gonzalez M, López A, Jurado F. Optimization of distributed generation systems using a new discrete PSO and OPF[J]. Electric Power Systems Research, 2012, 84(1): 174-180.

[119] Pandi V R, Zeineldin H H, Xiao W. Determining optimal location and size of distributed generation resources considering harmonic and protection coordination limits[J]. IEEE Transactions on Power Systems, 2012, 28(2): 1245-1254.

[120] Wang L, Singh C. Reliability-constrained optimum placement of reclosers and distributed generators in distribution networks using an ant colony system algorithm[J]. IEEE Transactions on Systems, Man, and Cybernetics, Part C (Applications and Reviews), 2008, 38(6): 757-764.

[121] Abu-Mouti F S, El-Hawary M E. Optimal distributed generation allocation and sizing in distribution systems via artificial bee colony algorithm[J]. IEEE Transactions on Power Delivery, 2011, 26(4): 2090-2101.

[122] Arya L D, Koshti A, Choube S C. Distributed generation planning using differential evolution accounting voltage stability consideration[J]. International Journal of Electrical Power & Energy Systems, 2012, 42(1): 196-207.

[123] Rao R S, Ravindra K, Satish K, et al. Power loss minimization in distribution system using network reconfiguration in the presence of distributed generation[J]. IEEE Transactions on Power Systems, 2012, 28(1): 317-325.

[124] Hamedi H, Gandomkar M. A straightforward approach to minimizing unsupplied energy and power loss through DG placement and evaluating power quality in relation to load variations over time[J]. International Journal of Electrical Power & Energy Systems, 2012, 35(1): 93-96.

[125] El-Khattam W, Bhattacharya K, Hegazy Y, et al. Optimal investment planning for distributed generation in a competitive electricity market[J]. IEEE Transactions on Power Systems, 2004, 19(3): 1674-1684.

[126] Banerjee B, Islam S M. Reliability based optimum location of distributed generation[J]. International Journal of Electrical Power & Energy Systems, 2011, 33（8）: 1470-1478.

[127] 柴园园, 郭力, 王成山, 等. 含高渗透率光伏的配电网分布式电压控制[J]. 电网技术, 2018, 42（3）: 738-746.

[128] 路畅, 郭力, 柴园园, 等. 含高渗透分布式光伏的增量配电网日前优化调度方法[J]. 电力系统保护与控制, 2019, 47（18）: 90-98.

第2章 分布式可再生能源发电接入方式与技术特点

2.1 分布式可再生能源发电接入方式

分布式可再生能源发电通过接入中低压配电网实现并网发电，参照《分布式电源并网技术要求》（GB/T 33593—2017）[1]中对分布式发电的并网点相关内容进行定义：并网点是指有升压站的分布式发电的高压节点，或无升压站的分布式发电的输出汇总点。分布式发电的并网点，包括分布式发电与公共电网和分布式发电与用户电网的连接点，连接方式如图 2.1 所示。

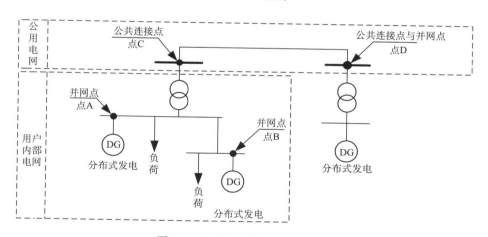

图 2.1 并网点公共连接点示意图

用户电网通过公共连接点 C 与公用电网连接。在用户电网内部，有两个分布式发电，分别通过点 A 和点 B 与用户电网相连，点 A 和点 B 均为并网点，但不是公共连接点。在点 D，有分布式发电直接与公共电网相连，点 D 既是并网点，也是公共连接点

根据并网点电压等级和接线形式的不同可将分布式可再生能源发电在配电网中的接入方式分为 4 种：低压单相接入、三相接入，中压配电网中的分散接入及专线接入[2]。参照《分布式电源并网继电保护技术规范》（GB/T 33982—2017）[3]，分布式发电的具体接线形式可见图 2.2。

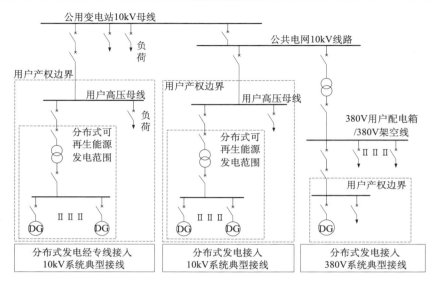

图 2.2　分布式发电不同接入方式接线示意图

2.1.1　低压单相接入

由于居民用电一般为单相电，分布式发电的个人用户接入方式大多采用单相接入的模式，并网点位置如图 2.1 中并网点 B 所示。低压单相接入具有接入分散、接入点多的特点，装机容量一般为 3~10kW。根据国家电网公司统计数据，户用分布式光伏 2015 年新增并网 2 万户，2016 年新增并网 15 万户，截至 2020 年底，全国户用光伏累计装机已超过 20GW，安装户数超过了 150 万户。随着我国光伏扶贫政策和 2021 年 676 个整县屋顶分布式光伏开发试点的持续推进，以及对清洁能源的迫切需求，户用分布式发电数量将进一步增长。

2.1.2　低压三相接入

低压三相接入模式适用于集体小容量分布式可再生能源发电的建设和推广，分布式发电接入配电变压器低压侧 380V 电压母线上。接入点选择在靠近变压器的一侧，并网点如图 2.1 中的并网点 A 所示，具体接线模式如图 2.2 中分布式发电系统接入 380V 系统典型接线所示。对于负荷而言，线路潮流方向并没有改变。由于分布式电源直接接入配电变压器低压侧母线，可以起到平衡本地负荷的作用。因为分布式发电发出的功率穿越配电变压器向 10kV 系统供电需要设置一定的上限，因此一般需要安装逆功率保护装置。此外，为了电网调度的需要，还需要在分布式光伏发电的接入点加装电力公司可控的断路器。

以光伏发电为例，实际工程安装主要有两种形式，一类是在工业厂房等拥有较大面积的屋顶上大量安装光伏发电单元，由于工业用户负荷需求量大，这类光伏电站多采用自发自用、余电上网的运行模式。另一类为地面小型光伏电站，采用集中并网发电的运行模式,例如村级扶贫电站根据扶贫对象户数确定安装规模，按照每户 3kW 或 5kW,单户上限 7kW,单个村级光伏电站总装机容量不超过 300kW 的规模进行配置，在具备就地消纳的条件下，可配置为 500kW。安徽省金寨县受光伏扶贫政策的支持，选择有安装条件的村落配置村集体光伏电站，电站容量一般为 60kW。由国家能源局、国务院扶贫办于 2018 年印发的《光伏扶贫电站管理办法》[4]中强调，对村集体扶贫光伏的调度要保证光伏电站输出电能的优先利用，就地充分消纳，且不参与市场竞价。今后以扶贫为主要目的的村集体光伏电站的光伏利用模式将是扶贫电站的主要建设模式。

2.1.3　中压分散接入

在 10kV 电压等级上，直接将分布式光伏发电通过控制设备接入配电线路。分布式光伏发电通过断路器接入配电线路,接入点类型如图 2.1 中接入点 D 所示，中压分散接入的分布式光伏发电容量较大，通常以小型电站的形式经过升压变压器接于中压侧并网点，具体的接入方式可参照图 2.2 中分布式发电 T 接入 10kV 系统典型接线。较大的容量将会对配电网电压水平及短路电流带来较大影响，中压分散接入的分布式发电输出功率全部直接上网，无直接连接的用户。

2.1.4　中压专线接入

在 10kV 及以上电压等级下，当分布式光伏发电容量较大，入网电压等级在 35kV 及以下的项目，单体容量不应超过 20MW（有自身电力消费的，扣除当年用电最大负荷后不超过 20MW）。单体项目容量超过 20MW 但不高于 500MW，入网电压等级不超过 110kV 的，应在该电压等级范围内就近消纳。由于接入的容量加大，在对电能质量影响较大的情况下，为避免对用户优质服务产生影响，区别于分散接入连接于公共配电线路的接入方式，中压专线接入方式是以专线形式直接接入变电站低压母线。在接入变电站低压侧母线时需要加装断路器，其接入模式如图 2.2 中分布式发电经过专线接入 10kV 系统典型接线所示。中压专线接入模式引入的分布式光伏发电将会对配电网的电压、损耗及短路电流带来较大影响。专线接入的光伏装机容量一般较大，在调度策略上与光伏电站的调度策略一致。电网调度机构根据光伏发电站的规模和消纳范围确定光伏电站的调度关系，形成一定规模的光伏电站应参与地区电网无功平衡及电压调整。

2.2　分布式可再生能源发电运营模式

2.2.1　我国分布式发电的运营模式

随着配电网中分布式发电的大规模接入，以及电力市场改革的逐步深入，除配电网运营商的经济利益外，分布式发电投资/运营商方面的利益也需要纳入到规划范围内。

以分布式光伏发电为例，具有投资主体多元化、投资驱动力复杂、运营模式尚未完全理顺等诸多问题。现阶段市场运营模式主要可分为三大类：统购统销、自发自用和余电上网。以统购统销模式为主，其次是电源投资方与用户不是同一法人的合同能源管理模式(余电上网模式)，用户自建的自发自用模式应用最少[5]。

统购统销模式，即第三方投资方负责分布式光伏的投资、建设和运维，享有发电设施的经营权，所发电量全部送入公共电网，供电企业负责全额收购所发电量。在这种模式下，分布式光伏作为独立的电源接入到电网中，对下级电网造成的影响相对较小[6]。

合同能源管理模式，即第三方投资者投资建设光伏发电，所发电量优先满足与光伏发电位于同一地点的用户使用，多余电量上网，不足电量由电网企业按当地销售电价向用户提供。此模式下，实现了新能源的就地消纳，余电上网，缺额由电网提供。其中，由新能源直接向本地区用户供电的电能部分，投资者可以获得全电量的政府补贴，上网部分的电量则按照上网电价由供电企业支付给投资者。

自发自用模式，用户自己承担光伏发电的建设和维护费用，光伏发电产生的电量优先供给自己使用，电量不足时则由电网提供，多余电量上网出售给电网企业。目前这种投资模式的投资者主要是装机容量较大的工商业用户、偏远地区用户及部分以提高供电可靠性为目的的用户。

鉴于目前分布式发电市场化的程度较低，公共服务管理体系不健全等，2017年10月31日，国家发展和改革委员会、国家能源局发布了《关于开展分布式发电市场化交易试点的通知》[7]，涉及分布式发电市场化交易机制的内容是：分布式发电所属个人或单位与其所在配电网络内就近用户进行电力交易，而电网企业主要负责电力的输送和配合有关电力交易机构组织分布式发电市场化交易，按政府核定的标准收取"过网费"。通知提出了三种分布式发电市场化交易模式以供选择。

第一种是分布式发电所有者与就近电力用户进行直接交易，并向电网支付"过网费"。其中，交易的范围限制在接入点上一级变压器的供电范围内，也就是分布式发电向接入点上一级变压器高压侧电网进行功率输送。

第二种是分布式发电所有者委托电网公司代为售电，电网公司在对代售电量按照综合售电价格扣除"过网费"后的收入支付给分布式发电所有者。这种模式与现有的电网向分布式发电所有者直接购电的模式较为类似。

第三种模式则为电网公司按照各类发电的标杆上网电价购电，其中国家对电网企业的度电补贴要扣减配电网区域最高电压等级用户对应的输配电价。

2.2.2　分布式发电的经济效益分析

就分布式发电所有者而言，分布式发电的成本效益中成本主要来自于建设成本、运营成本及残值。其中，建设成本与残值大致与分布式发电的装机容量正相关，而运营成本中则涉及运营模式的不同而有所区别，主要体现在第三方运营单位在整体的利益分配中的构成[8]。

效益则包含了售电收益、电价补贴及节省的购电费用。其中，售电收益包含两部分，一部分为直接向电网售电，由配电网运营公司支付的售电费用；另一部分则是通过分布式发电直接向邻近用户供电，由用户支付的电费。电价补贴为分布式发电作为清洁能源享受到的政策上的优惠，而近年来相应的补贴退坡，补贴范围和费用均显著降低。节省的购电成本仅针对包含有自用电部分的投资方式，即自发自用模式。

分布式发电商的收益受到诸多因素的影响，包括分布式发电有效输出功率的有效年利用小时数、单位装机成本、政府补贴、上网标杆电价、电网平均售电电价、第三方分享的效益比例、运营成本、用户自发自用比例等。其中，有效年利用小时数存在较大的不确定性，与分布式发电安装的具体环境存在较大的关联。第三方享有的效益比例越大，分布式发电投资商的收益与其敏感度越大。光伏运营成本相对整个项目而言相对较小，因此关联度相对较低。分布式发电的上网标杆电价与电网的平均售电电价相差较小，因此自发自用比例因素对总体的收入相关性较低，但是由于电网售电价格存在"峰"、"平"和"谷"之分，而分布式光伏发电基本在"峰"和"平"时段，效益对自发自用比例的敏感程度应根据分布式光伏在不同电价时段的自发自用电量进一步核算[5]。

分布式发电在电网中的广泛应用还对电网产生了间接的经济效益，在分布式发电接入后，在降低线损、减低电价、节能减排、减少发电容量及延缓配电网建设投资等方面均起到了积极效果[9]。

2.2.3　分布式发电补贴政策

新能源产业是一项研究投入力度不足、赢利能力不够显著的产业，因此各国针对新能源领域的投资出台了相关的优惠政策和财政补贴。针对我国幅员辽阔、各种可再生能源的分布不均衡的特点，财政补贴也将考虑不同资源区内的相应生产成本。现有的优惠补贴政策都是为扶持可再生能源的新兴产业而服务的，而新能源技术的不断进步及成本的降低使相应的优惠政策也会随之产生变化。

2013 年，国家发展和改革委员会出台了《关于发挥价格杠杆作用促进光伏产业健康发展的通知》，根据年等效利用小时数将全国划分为三类太阳能资源区，年等效利用小时数大于 1600h 为 I 类资源区，年等效利用小时数在 1400～1600h 之间为 II 类资源区，年等效利用小时数在 1200～1400h 之间为Ⅲ类资源区，实行不同的光伏标杆上网电价。同样地，根据风能密度和可利用的风能年积累小时数将我国风能资源划分成四个区域，现有的划分给出了不同区域所包含的具体区域城市列表[10]。

1. 国家补贴

1）光伏

2013 年 8 月 26 日国家发展和改革委员会发布的发改价格〔2013〕1638 号[11]文件中明确提出：电价补贴标准为每千瓦时 0.42 元(含税)，光伏发电项目自投入运营起执行标杆上网电价或电价补贴标准，期限原则上为 20 年。

根据《国家发展改革委关于 2018 年光伏发电项目价格政策的通知》[12]的相关内容，关于分布式光伏上网电价做了相关规定：①2018 年 1 月 1 日以后投运的"自发自用、余量上网"模式的分布式光伏发电项目，全电量度电补贴标准降为每千瓦时 0.37 元(含税)。采用"全额上网"模式的分布式光伏发电项目按 I 类、II 类、Ⅲ类资源区标杆上网电价分别调整为每千瓦时 0.55 元、0.65 元、0.75 元(含税)。此外，规定了分布式光伏发电项目自用电量的一系列的并网服务费。②对于 0.5MW 及以下村级光伏扶贫电站标杆电价、户用分布式光伏扶贫项目度电补贴标准保持不变。充分发挥电价信号作用，合理引导投资、促进资源高效利用，推动光伏发电、风电等新能源产业高质量发展。2021 年 6 月 7 日，《国家发展改革委关于 2021 年新能源上网电价政策有关事项的通知》[13]中指出：2021 年起，对新备案集中式光伏电站、工商业分布式光伏项目和新核准陆上风电项目，中央财政不再补贴，实行平价上网；2021 年新建项目上网电价，按当地燃煤发电基准价执行；新建项目可自愿通过参与市场化交易形成上网电价。表 2.1 给出了近年来不同资源区、分布式形式的光伏电源上网电价。

表 2.1　各年份不同资源区光伏发电项目标杆上网电价　　　（单位：元/(kW·h)）

地区	2013～2015 年	2016 年	2017 年	2018 年	2019 年	2020 年	2021 年
I 类资源区	0.9	0.8	0.65	0.55	0.4	0.35	当地燃煤发电基准价
II 类资源区	0.95	0.88	0.75	0.65	0.45	0.4	
Ⅲ类资源区	1	0.98	0.85	0.75	0.55	0.49	
分布式	0.42	0.42	0.42	0.37	0.18	0.08	

2）风电

2015 年 12 月 22 日，《国家发展改革委关于完善陆上风电光伏发电上网标杆电价政策的通知》[14]指出，实行陆上风电上网标杆电价随发展规模逐步降低的价格政策，规定了 2016 年和 2018 年风电补贴标准。2018 年 4 月 3 日，国家能源局《分散式风电项目开发建设暂行管理办法》[15]中规定，分布式布置的风电上网电价应与对应地区的风电标杆上网电价保持一致，不做单独补贴。该办法中指出分散式风电也可选择"自发自用、余量上网"或"全额上网"两种模式中的一种，其中自发自用的部分不享受国家可再生能源发展基金补贴。上网电量由电网企业按照当地风电标杆上网电价收购，其中电网企业承担燃煤机组标杆上网电价部分，当地风电标杆上网电价与燃煤机组标杆上网电价差额部分由可再生能源发展基金补贴。具体电价及地区分类见表 2.2[15-17]。

表 2.2　不同资源区不同年份风电上网价格表　　　　（单位：元/(kW·h)）

地区	2014 年	2015 年	2016 年	2018 年	2019 年	2020 年	2021 年
Ⅰ类资源区	0.51	0.49	0.47	0.40	0.34	0.29	陆上风电全面平价上网
Ⅱ类资源区	0.54	0.52	0.50	0.45	0.39	0.34	
Ⅲ类资源区	0.58	0.56	0.54	0.49	0.43	0.38	
分布式	0.61	0.61	0.60	0.57	0.52	0.47	

2021 年起，新核准陆上风电项目中央财政不再补贴，实行平价上网，按当地燃煤发电基准价执行；可自愿通过参与市场化交易形成上网电价；新核准海上风电项目上网电价由当地省级价格主管部门制定，具备条件的可通过竞争性配置方式形成[13]。

2. 地方补贴

1）光伏

地方政府根据自身可再生能源的发展情况，结合当地特点，也有制定相应的财政补贴政策。地方区域内针对分布式光伏项目的补贴政策，以国家政策为依据，在补贴调整的幅度上也基本一致，以下列举部分省市的相关政策：

浙江省在《关于浙江省 2018 年支持光伏发电应用有关事项的通知》[18]中，指出浙江省在 2018 年 6 月 1 日后并网的分布式光伏发电项目中，采用"自发自用，余电上网"模式的全电量度电补贴标准调整为 0.42 元/(kW·h)；采用"全额上网"模式的上网电价调整为 0.8 元/(kW·h)。河南省发展和改革委员会《关于转发〈国家发展改革委关于 2018 年光伏发电项目价格政策的通知〉》中，规定各类光伏扶贫项目度电补贴标准保持不变[19]。江西省在村级光伏扶贫电站（0.5MW 及以下）

标杆电价、户用分布式光伏扶贫项目补贴标准为 0.85 元/(kW·h)、0.42 元/(kW·h)，自 2019 年起，纳入财政补贴年度规模管理的光伏发电项目全部按投运时间执行对应的标杆电价[20]。

2) 风电

分布式风电相对于各地风电标杆电价不设另外的补贴，以下以不同地区当地风电标杆上网电价和部分实际项目中的上网标杆电价举例。

云南省昆明市发展和改革委员会发布《云南省物价局转发国家发展改革委关于调整光伏发电陆上风电标杆上网电价文件的通知》[21]，通知明确，云南省陆上风电上网电价均执行全国统一标杆电价政策。全省陆上风电标杆上网电价为：2018年 1 月 1 日以后核准并纳入财政补贴年度规模管理的陆上风电项目按每千瓦时 0.45元(含税)执行。广东韶关市 2018 年新建陆上风电标杆上网电价 0.57 元/(kW·h)(含税)[22]。

以网上公开数据整理的部分省市陆上风电场补贴价格如表 2.3[23-30]。

表 2.3　部分省市风电场标杆上网电价

省	年份	风电厂	风电标杆上网电价(元/(kW·h))
广西	2014	兴安县界首一期风电场	0.61(含税)
广东	2017	清远阳山雷公岩风电场	0.62
广西	2018	北流隆盛风电场一期	0.61
广西	2018	浦北龙门风电场 七星岭风电场 北流隆盛风电场二期	0.6
青海	2018	海南共和 200MW 风力发电项目 茫崖二期 50MW 风力发电项目	0.6
湖北	2018	襄州峪山风电场 中广核广水寿山风电场	0.61
湖北	2018	利川中槽风电场	0.6
内蒙古	2018	巴林右旗查干花风电	0.5

3. 政策变化

"十三五"以来，我国可再生能源的总装机容量持续增长，相应的技术水平也不断提升，以风电和太阳能为代表的新能源发电成本持续降低。其中，全球光伏的度电成本在 2017 年已经降低到 0.1 美元/(kW·h)。随着规模的扩大，清洁能源电站的安装成本也在持续降低，其中我国光伏电站的安装成本在 2010 年到 2017年下降了 68%。新能源发电成本的持续降低使得对国家补贴的需求相应降低，因此也为国家终止补贴创造了相应的条件[31]。

2019 年 1 月 10 日，国家发展和改革委员会、国家能源局联合印发《关于积极推进风电、光伏发电无补贴平价上网有关工作的通知》[32]。为推动风电、光伏发电平价上网顺利实施，对无补贴平价上网项目提出了多项支持政策措施。如在平价和低价上网项目建设的支持，体现在利用新技术在资源优良并具备消纳能力的地区建设试点项目，限制和降低需要交纳的输配电费用并提供政策上的减免；在项目建设中基于土地支持并保证项目发电能够全额上网，由省级电网企业承担相关责任，并签订不少于 20 年的购售电合同；鼓励用电的大用户与风电、光伏等新能源平价上网项目开展中长期交易；鼓励具备跨省跨区输电通道的送端地区优先配置无补贴风电、光伏发电项目。

2019 年 5 月 23 日，国家发展和改革委员会办公厅、国家能源局综合司《关于公布 2019 年第一批风电、光伏发电平价上网项目的通知》，共有 16 个省（自治区、直辖市）能源主管部门向国家能源局报送了 2019 年第一批风电、光伏发电平价上网项目名单，总装机规模 2076 万 kW[33]。

2019 年 5 月 30 日，国家能源局发布了《关于 2019 年风电、光伏发电项目建设有关事项的通知》[34]。首先，进一步明确了可再生能源平价上网的总体要求：积极推进风电光伏发电平价上网项目的建设，优先推进平价上网项目建设，再开展需国家补贴的项目的竞争配置工作。其次，仍然给予部分项目补贴，但会严格规范补贴项目竞争配置，根据规划和电力消纳能力，按风电和光伏发电项目竞争配置工作方案确定需纳入国家补贴范围的项目。根据规划和电力消纳能力，按风电和光伏发电项目竞争配置工作方案确定需纳入国家补贴范围的项目，将上网电价作为重要竞争条件，优先建设补贴强度低、退坡力度大的项目。

2019 年 7 月 11 日，国家可再生能源信息管理中心发布了《2019 年光伏发电项目国家补贴竞价工作总体情况》，对申报项目进行了复核和竞价排序，国家能源局正式公布了 2019 年光伏发电项目国家补贴竞价结果。表 2.4 中统计了拟纳入 2019 年国家竞价补贴范围项目的电价情况。拟纳入国家竞价补贴范围的项目总装机容量 2278.8642 万 kW。表 2.5 中统计了拟纳入 2019 年国家竞价补贴范围项目的电价补贴情况[35]。

表 2.4　拟纳入 2019 年国家竞价补贴范围光伏项目上网电价情况　　（单位：元/(kW·h)）

项目		I 类资源区	II 类资源区	III 类资源区
普通光伏电站	平均电价	0.3281	0.3737	0.4589
	最低电价	0.2795	0.3298	0.3570
全额上网分布式项目	平均电价	0.3419	0.4027	0.4817
	最低电价	0.2899	0.3832	0.4110

表 2.5 拟纳入 2019 年国家竞价补贴范围光伏项目平均补贴强度　　（单位：元/(kW·h)）

项目		I 类资源区	II 类资源区	III 类资源区
普通光伏电站	平均电价	0.0663	0.0381	0.0749
	最低电价	0.0050	0.0020	0.0001
全额上网分布式项目	平均电价	0.0624	0.0558	0.0846
	最低电价	0.006	0.0188	0.0047

2019 年 9 月 26 日，李克强主持召开国务院常务会议，会议决定从 2020 年 1 月 1 日起，取消煤电价格联动机制，将现行标杆上网电价机制，改为"基准电价 +上下浮动"的市场化机制。2021 年，《国家发展改革委关于 2021 年新能源上网电价政策有关事项的通知》[13]指出，2021 年起，对新备案集中式光伏电站、工商业分布式光伏项目和新核准陆上风电项目：①中央财政不再补贴，实行平价上网；②上网电价按当地燃煤发电基准价执行；③可自愿通过参与市场化交易形成上网电价；④新核准备案海上风电项目、光热发电项目上网电价由当地省级价格主管部门制定，具备条件的可通过竞争性配置方式形成，上网电价高于当地燃煤发电基准价的，基准价以内的部分由电网企业结算。

2.3 分布式发电及电储能

2.3.1 分布式风力发电模型

风力发电机(简称风机)是一种可将风能资源转换为电能资源的系统。作为一种可再生能源，风能如今已经得到了大规模的应用和发展，在可再生能源发电中占有较大的比重，下面对几种典型结构的风机的并网模型和稳态出力模型做介绍[36,37]。

1. 类型/并网方式

根据转速可以将风机划分为恒频/恒速和恒频/变速两种类型，其中恒频/变速形式的风机应用更加广泛。恒频/变速风力发电系统中，可以根据风速的大小适当调整转速，令风机运行在最佳的叶尖速比附近，提高风机运行的效率，同时通过控制系统的调节将风机的输出功率保持相对恒定。恒频/变速风机常见的类型有两种，分别是双馈风力发电机和永磁同步直驱风力发电机。

1) 双馈风力发电机系统

双馈风力发电机系统的并网方式和控制结构如图 2.3 所示，变桨距控制可以调节风机，使得风机在不同外部环境下，尽可能运行在最佳的运行状态以提高风运行效率。双馈风机的定子与电网直接相连，转子通过变频器与电网相连，通过变频器的调节,以保证风机输出与电网系统同频。图 2.4 为中车 CWT2000 型 2MW 变速恒频双馈机组示意图。

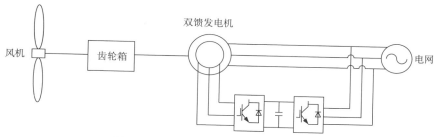

图 2.3　双馈风力发电机系统结构示意图

图 2.4　中车 CWT2000 型 2MW 变速恒频双馈机组

　　双馈风力发电系统最大的优点是可实现能量双向流动。当风机运行在超同步速度时,功率从转子流向电网;而当运行在次同步速度时,功率从电网流向转子。相对恒频/恒速风力发电系统,双馈风力发电系统控制方式更复杂,机组价格昂贵,但性能上较恒频/恒速风力机具有较大的优势:转子侧通过变频器并网,可对有功和无功进行控制,不需要无功补偿装置;风机采用变桨距控制,可以追踪最大风能,提高风能利用率;转子侧采用电力电子接口,可降低输出功率的波动,提高电能质量;此外,变频器接在转子侧,相对于装在定子侧的全功率变频器,损耗及投资大大降低。因此,目前大型风力发电机组一般采用该种变桨距控制的双馈式风力发电机组。

　　2) 永磁同步直驱风力发电系统

　　图 2.5、图 2.6 为用同步直驱风力发电机的并网结构图。根据并网方式的不同,可以划分为两种不同类型。

（1）不可控整流器接 PWM（pulse width modulation，脉冲宽度调制）逆变器并网，如图 2.5 所示。并网回路采用不可控二极管整流，结构和控制都相对简单，在小型变频调速装置中有较多应用，成本也较低；但是转速较低时风机机端电压偏低，能量不足以支撑向电网侧输送电能。

（2）永磁同步直驱风力发电系统并网如图 2.6 所示，风力发电机通过两个全功率 PWM 变频器与电网相连并网。这种结构中定子通过变频器与电网相连，无需并联电容器补偿，提高了风机的动态特性。风机通过变桨距控制追踪最大风能以提高风机效率。图 2.7 为江苏泰坦新能源技术开发有限公司和新疆金风科技股份有限公司的部分永磁同步风力发电机产品。

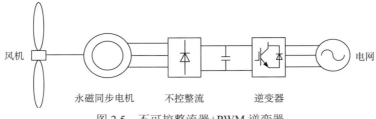

图 2.5　不可控整流器+PWM 逆变器

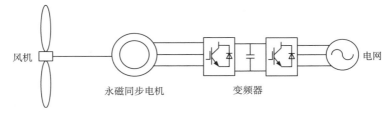

图 2.6　永磁同步直驱风力发电系统并网结构

(a)江苏泰坦 T-20000 型 20kW 永磁同步发电机　　(b)金风科技 GW3.0MW 型 3MW 永磁直驱发电机

图 2.7　永磁风力发电机实物图

2. 并网控制

双馈风机主要是对电网侧和风机侧的换流器以及桨距角进行控制，以实现最大风能效率跟踪。永磁同步直驱风机控制目标包含最大功率点跟踪控制、维持背靠背电压源换流器直流链电压稳定、对电网接入点进行一定的无功支撑。其中对风机的输出功率控制主要涉及两类控制：桨距角控制和最大功率点跟踪控制。

(1) 桨距角控制。通过控制桨距角可以有效改变不同风速下功率转化的效率。一般情况下，桨距角固定在最佳数值使得功率转换效率最高，在风速超过额定风速时，受制于发电机及换流器的容量上限，风机的输出功率不能随风速的提高而增大，这时需要控制桨距角以降低风机获得的风能，保证风机的安全稳定运行。此外在短路故障时发生脱网，为限制风机转速超过安全范围，也需要通过桨距角控制进行调节。

(2) 最大功率点跟踪控制。对于变速风机，通过电压源换流器的控制，根据风速条件的变化调整风机转速，使风轮捕获的功率始终为最大值。

3. 部分厂家产品

部分厂家生产的风机参数如表 2.6 所示。

表 2.6　部分厂家风机产品参数表

参数	风机型号					
	江苏泰坦		上海志远		中国海装	
	T-15000	T-20000	FD25-100	FD25-60	H120-2.0MW	H165-5.0MW
额定功率/kW	15	20	100	60	2000	5000
额定电压/V	220	220	—	—	690	1140
切入风速/(m/s)	3	3	3	3	3	3
额定风速/(m/s)	10	10	11	9	8.8	9.8
切出风速/(m/s)	18	18	18	18	23	25
生存风速/(m/s)	45	45	52.5	52.5	—	—
风轮直径/m	10	10	25	25	120	165
发电机	永磁同步发电机		永磁直驱发电机		双馈感应发电机	

2.3.2　分布式光伏发电模型

1. 类型/结构

按照光伏材料的不同，光伏电池可分为硅光伏电池、化合物光伏电池、有机半导体光伏电池等多种。其中，硅光伏电池应用最为广泛，又可分为单晶硅、多晶硅和非晶硅薄膜光伏电池等。其中，单晶硅光伏电池光电转换效率最高，但价格也最昂贵；多晶硅、非晶硅薄膜光伏电池虽然光电转换效率相对较低，但因为价格低廉，近年来得到日益广泛的应用。从光伏电池的技术发展现状看，硅光伏电池在今后相当长的一段时间内都将是太阳能光伏电池的主流。本节以硅光伏电池为例介绍分布式光伏的特点[36]。

光伏电池的单个容量和输出功率比较有限，因此发电单元通常由数个基本的光伏电池并联和串联组成光伏阵列，以求达到可观的输出功率。光伏发电单元由光伏电池构成，以直流形式输出功率，在交流电网中并网需要通过逆变器进行连接。

2. 并网方式

光伏并网系统是指光伏阵列输出端通过 DC/DC 变换器进行直流侧电压幅值变换，再通过 DC/AC 变换器进行逆变完成并网的系统。其中 DC/DC 变换器部分通常采用的升压斩波电路，Boost 升压斩波电路是最为常用的升压电路。图 2.8 为典型的双极式光伏并网发电系统拓扑结构图。

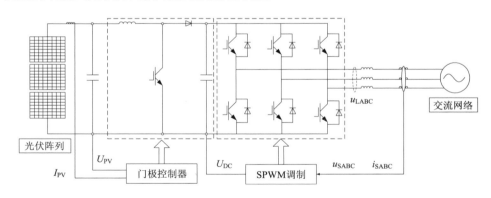

图 2.8　双级式光伏并网发电系统拓扑结构图

双极式并网模式中，通过控制斩波电路的门极控制器，即可以实现光伏阵列的最大功率跟踪控制(maximum power point tracking，MPPT)，再通过逆变器进行并网控制。逆变电路和斩波电路负责相对独立的功能，这样控制器的设计相对简单，但是增加了电路环节，使得整体效率有所下降。

光伏并网逆变器主要分两种：集中式逆变器和组串式逆变器。分布式光伏发电中，组串式逆变器的使用更加普遍。集中型逆变器一般采用单路 MPPT 跟踪，大量光伏组件输出经过直流汇流后通过逆变器并网。由于汇流的多个光伏组件的输出特性或时间上存在一定差异，集中型逆变器的汇流直流母线并不能准确反映全部光伏组件的最大出力特性，集中型逆变器的典型拓扑结构与图 2.8 中一致。组串式逆变器的规格一般在 20～60kW，每 1～2 个组串接入 1 路 MPPT，每 6～8 个组串（约 40～50kW）对应 1 台并网逆变器，组串间电压的差异不影响 MPPT 电压的跟踪，可以跟踪到每个组串的最大功率点，其 MPPT 运行方式更加灵活，在阴雨天、雾天较多的地区发电时间更长。通过减少不同组串与各自最大功率特性的不匹配，理论上可以大幅提高发电量[38]。图 2.9 为组串式光伏并网逆变器的典型拓扑结构图。

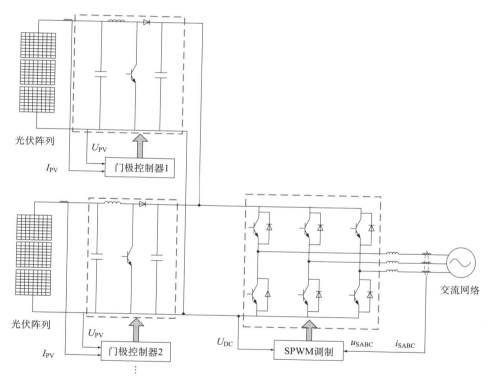

图 2.9　组串式光伏并网发电系统拓扑结构图

　　就经济技术上而言，使用组串式光伏逆变器解决方案，能够适应不同类型光伏电站，如地面电站、山地电站等[39]，可以降低系统的整体建设成本，提升系统的发电量。同时组串式逆变器简单灵活的组网方式和精细化管理也在工程设计、系统运维、设备维护等方面为客户带来了更多的价值和便利。图 2.10 为阳光电源公司的 SG6K-D 型组串式光伏逆变器产品图。

图 2.10　阳光电源 SG6K-D 型组串式光伏逆变器产品图

2.3.3　分布式水力发电模型

小水电开发初期,分散开发的电源一般都是发、供、用独立运行,主要解决当地县城、乡镇和农村地区的日常生活、农副产品加工及农业生产用电。大多以分散、分布的方式接入配电网,特别是 10kV 及以下配电网;出力受水文条件的影响极大,大部分的小水电站为径流式或者库容很小的水电站,其运行状况主要取决于季节性降水量[40]。

1. 结构

小型水电发电机可以分为三种类型:三次谐波励磁同步发电机、电容励磁异步发电机和永磁同步发电机[41]。其中三次谐波励磁同步发电机和永磁同步发电机运行效率高,可靠性较好,但电压调节性能较差,成本较高;电容励磁异步发电机价格低,发电效率低;三次谐波励磁同步发电机在小型水电发电机中应用最为广泛,属于同步发电机类型电源。图 2.11 为水电机组控制的通用简化模型图[42]。

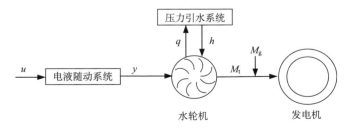

图 2.11　水轮同步发电机控制简化模型

2. 并网方式

小型水轮同步发电机通过交流同步发电机与电网直接相连，并通过机端出线整流获得励磁电流，并网方式简图如图 2.12 所示。

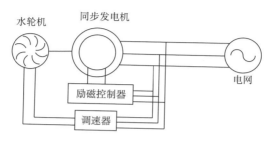

图 2.12　水轮同步发电机并网方式简图

2.3.4　分布式生物质能发电模型

生物质是指利用大气、水、土地等通过光合作用而产生的各种有机体，即一切有生命的、可以生长的有机物质的通称。利用生物质存储的化学能进行发电的方式称作生物质能发电。

1. 结构

目前，利用生物质发电主要有 3 种形式：生物质燃烧发电、沼气发电和生物质气化发电。

作为碳氢燃料的沼气可被多种动力设备使用，如内燃机、燃气轮机、锅炉等。生物质气化发电技术处于初步商业化阶段，基本原理是生物质在缺氧状态下热解生成气体燃料，净化后的气体燃料燃烧驱动燃气轮机，或燃烧后产生蒸汽驱动发电机发电[43]。生物质燃烧发电是目前生物质能发电的主要途径，可以分为与煤混合燃烧和生物质的直接燃烧，利用蒸汽轮机带动发电机进行电能的生产。图 2.13 为通过锅炉、汽轮机、同步发电机发电的生产简化图[44]。

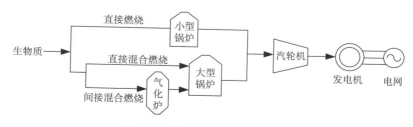

图 2.13　生物质电能生产结构简图

2. 并网方式

通过同步发电机直接并网发电，与水轮同步发电机并网结构相类似，不再做详细介绍。

2.3.5 锂电池储能系统

储能系统按照能量存储形态可以分为机械储能、电磁储能、电化学储能和相变储能。电化学储能系统应用相对成熟，其中锂电池凭借其比能量高、使用寿命长、额定电压高、具备高功率承受力、安全环保等优势，得到了广泛的应用。锂电池是一类由锂金属或锂合金为负极材料、使用非水电解质溶液的电池。常见的锂电池主要有锰酸锂电池、钴酸锂电池和磷酸铁锂电池。其中，磷酸铁锂电池有较好的安全性能、高温性能、环保性能和超长寿命，在大容量储能应用方面具有较大的优势。磷酸铁锂电池在充电过程中，磷酸亚铁锂中的部分锂离子脱出，经电解质传递到负极，嵌入负极碳材料，同时正极释放出电子，自外电路到达负极，维持化学反应平衡；放电时，锂离子自负极脱出，经电解质到达正极，同时负极释放出电子，自外电路达到正极，为外界提供能量。目前锂离子储能电站已达到 M 级，用于电力系统调峰、调频、平抑分布式发电功率波动等。

锂电池储能系统主要由四部分构成，基本的结构示意图如图 2.14 所示，实物图如图 2.15 所示。其中，电池管理系统（battery management system，BMS）可以实时检测电池系统的不同状态，如电压、电流、荷电状态、温度等；对电池充放电过程进行安全管理，防止过充和过放；对电池系统可能出现的故障进行报警和应急保护处理以及对电池系统的运行进行优化控制，并保证电池系统安全、可靠、稳定地运行。

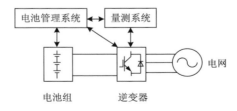

图 2.14　锂电池储能系统结构示意图

图 2.15　宁德时代 100MW·h 级储能电站电池室照片

2.4　分布式可再生能源和负荷的功率特性分析

可再生能源和负荷特性的研究对大规模分布式可再生能源并网具有非常重要的意义，可再生能源和负荷的功率波动对配电网的规划和运行会产生影响。例如，风电、光伏的出力与发电机所处自然环境的状态呈强相关性，随着物理环境的变化输出功率也会迅速变化，自然环境中风速、光照强度等均呈现出较强的不确定性，具体可以表现为季节特性、日特性和波动特性。

2.4.1　光伏发电功率特性

光伏发电的输出功率与光照强度及环境温度密切相关，受天气变化影响严重，具有很强的随机性和时序性特征。在不同的天气类型、不同的季节条件下，各地区的光照强度和温度差异较大，因此光伏发电的时序特性也各不相同。研究某地区的光伏出力特性，可以通过整理分析该地区的气象资料得到光照强度和温度曲线，进而计算光伏的输出日时序特征曲线。下面分别对光伏发电的各个特性进行具体研究，分析特性的数据为间隔 15min 的全年数据。

1. 季节特性与日特性

光伏出力具有多种特性，其中最为典型的特性就是季节特性与日特性。季节特性主要体现在同一年中的不同月份间光伏出力的大小的差异，日特性体现在其上午时段与下午时段的光伏出力变化趋势的不同。为分析其季节特性与日特性，将原始数据根据月份分为 12 个数据片段，对每个月的数据根据其 24 h 分为 24 个数据片段，则原始数据一共被分为 288 个数据片段，计算每个数据片段的最大值、最小值和平均值，将其作比较，得到图 2.16。由图 2.16 可以看出，对于 12 个月的数据其最大值、最小值和平均值基本趋势相似，但是平均值和最小值在数值上有较大区别。

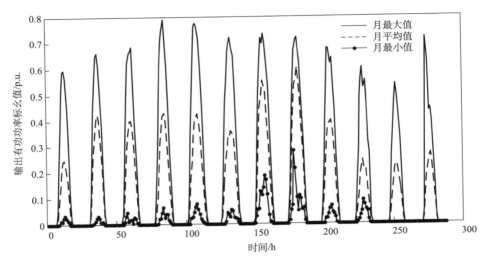

图 2.16　光伏小时发电功率范围

　　以安徽省金寨县为例，该地区地处中纬度，属北亚热带湿润性季风气候，四季分明气候温和梅雨显著且夏雨集中。地域特点决定光伏发电功率平均值在春季、初夏和秋季较大，在夏季和冬季较小。由于夏季梅雨季节雨天比较多，其辐射强度受到较大影响，进而影响光伏发电功率，导致出现夏季光伏发电功率平均值下降的结果。而最小值在夏季较大，在冬季较小，春秋季节位于两者之间。季节特性体现在光伏功率在各月有不同功率范围，功率趋势与细节也不尽不同，若将各月功率的特性放在一起建模处理可能无法体现各月的细节特性，从而导致生成数据的准确性下降，故在建立模型时需要考虑光伏发电功率的季节特性。

　　光伏发电功率具有间歇性。夜间无太阳辐射，故在夜间光伏功率为零，光伏发电功率零点与非零点的分界为地区日出日落时间。从日出点开始在上午时段光伏功率呈现上升趋势，到了中午到达功率最大点后，由最大点到日落时点的下午时段则呈下降趋势。对于不同月份日出日落时间和功率最大值所对应的时间点同样存在差异。

　　2. 天气特性

　　1) 天气类型定义

　　地面光照辐射是太阳发出的天文辐射经过大气层、云层和空气的衰减得到的，其中云层的影响尤其大。这种衰减效果越小，则光照辐射就越强，进而影响光伏发电功率。天气状况的不同会导致云层厚度不同，使衰减效果有很大的不同，光照辐射的随机性就来自于这种云层厚度的随机性。研究光伏发电功率的天气特性，首先需要对天气状态进行分类。描述天气状态可以有多种不同的方式，例如温度的高低、天空晴朗的程度、降水量的多少等。天气类型作为描述大气物理状态的标签，综合了各种气象因素在时间和空间上的分布，能够比较全面地表征天气状态的特点。中国气象局制订的国家标准 GB/T 22164—2008 中，将天气状态分为 33 种不同的类型[45]。但是对于光伏功率的预测进行研究不需要将天气状况划分得那么细，可定义广义天气类型。根据地外天文辐射与地表辐射的相关关系，可以将天气特性分为四种类型：晴、多云、阵雨、大雨[46]。表 2.7 给出了 4 种广义天气类型的范围。

表 2.7　广义天气类型分类

天气类型	气象天气类型
晴	晴、晴间多云、多云间晴
多云	多云、阴、阴间多云、多云间阴、雾
阵雨	阵雨、雷阵雨、雷阵雨伴有冰雹、雨夹雪、小雨、阵雪、小雪、冻雨、小到中雨、小到中雪
大雨	中雨、大雨、暴雨、大暴雨、特大暴雨、中雪、大雪、暴雪、中到大雨、大到暴雨、暴雨到大暴雨、大暴雨到特大暴雨、中到大雪、大到暴雪、沙尘暴

实际应用中，用于研究的光伏发电功率的数据量是有限的，过多的天气类型可能导致对于原始数据集划分过多，而每个数据集的数据过少无法精确描述该种天气状况的功率特性。使用集中多种气象天气类型的广义天气类型可以集中数据集，同时由于影响光伏功率的主要因素就是光照辐射，而广义天气类型是根据辐射关系进行划分，合并后对于光伏发电功率的影响不会很大。对于天气类型的广义划分减少了数据集个数，简化了研究过程。故研究时根据表中对于广义天气类型分类定义，便可以对原始数据中给出的气象天气类型进行划分。

2）天气特性分析

基于广义天气类型划分，同时为了在研究天气特性时不受季节特性的影响，需要选取同一月中的不同天气类型数据进行研究。以下利用实际原始数据对光伏功率天气特性进行分析，图 2.17 给出金寨县 100MW 草楼光伏电站在 2018 年 6 月中不同天气类型下典型的光伏功率曲线，包括晴天、多云天、阵雨天和大雨天 4 种类型。

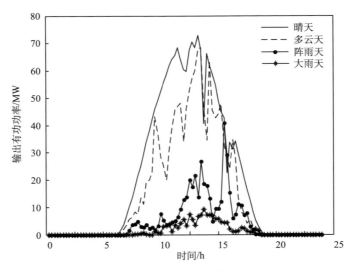

图 2.17　不同天气状态下典型日光伏功率

　　图 2.17 表明,在不同的天气类型条件下,光伏出力差异较大。晴天条件下云层很薄,故其地面辐射的随机波动性就会变小。天文辐射经过衰减后得到的地面光照辐射较强,保持了天文辐射基本的抛物线趋势,规律性较强。这种地面辐射得到的光伏功率同样也是抛物线形的,且规律性强。多云和阵雨条件下,可以看出,光伏功率的随机波动性变大,规律性相较于晴天功率变小。同一变电站的光伏功率在同一个月中同一时间点时在这 4 种天气类型条件下的大小关系是:晴天>多云天>阵雨天>大雨天。分析可知,对于光伏发电功率来说,天气状况的影响极大,不同天气类型下光伏功率的曲线相差也较大。

3. 波动特性

　　光伏发电受到很多因素的影响,既有自然因素如太阳位置、云层衰减、大气清洁度和其他遮挡因素等,也有设备因素比如光伏阵列的分布、光伏电池的转换特性、光伏电池板布置角度等,这些因素共同导致了光伏功率具有很强的随机性。这种随机性和光伏功率本身的规律性决定了光伏功率具有波动性。

　　因此,需要对光伏功率进行波动性的量化定义与分析。在对光伏系统并网进行模拟评估时,考虑光伏功率波动特性对于电网的远期规划与评估极其重要。由于电力系统对于光伏功率波动最直观的感受是当前时刻与下一时刻光伏出力的差异性,故利用光伏功率在当前单位时间内的平均光伏出力与下一单位时间内的平均光伏出力的差值来定义其波动性。用公式表示如下:

$$\Delta P_{\mathrm{PV}} = P_t - P_{t-1}, \quad t = 2, 3, \cdots \tag{2.1}$$

式中，ΔP_{PV} 为光伏发电功率的波动量；P_t 为第 t 个单位时间内光伏发电功率的平均值。经统计浙江省某地光伏全年共计 8760 h 的输出功率波动情况概率百分比如图 2.18 所示。

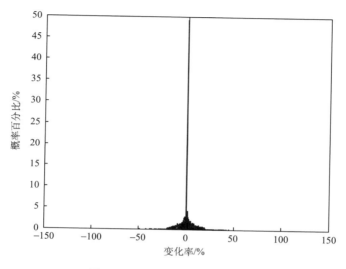

图 2.18　光伏功率波动概率密度

由图 2.18 可见，光伏输出功率波动情况具有"抛物线"形特性。在全部的 8760 个统计数据中有 4361 个时刻光伏输出功率为零，占全部比例的 49.78%。在去除了光伏输出功率为零的数据点后，光伏功率波动概率密度如图 2.19 所示，可见光伏输出功率在变化率为零时，概率百分比曲线相对更加平滑，零变化率的比例为 6.05%，变化率在–10%～10%的比例为 35%，在–20%～20%的比例为 82%。

综上所示，不同月份中光伏功率平均值、最大值等特征参数的不同体现了光伏发电功率的季节特性；天气状况不同造成的光伏发电功率曲线的差异性表明天气状况对于光伏功率的影响。对于波动特性来说，研究其对电网的影响及根据电网对于光伏波动的感受并量化其波动特性显得更为重要。

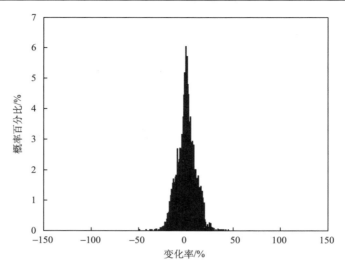

图 2.19　调整后光伏功率波动概率密度

2.4.2　风力发电功率特性

　　风力发电输出功率相较于光伏功率影响因素更加复杂，其并不是像光伏功率受到那么明显的天气状况影响，故在研究风功率特性时不能与光伏发电功率特性等同。本节着重研究风能发电功率的日特性、波动特性、状态转移特性和空间特性[47]。

　　1. 日特性

　　对于风电功率的日特性的研究，有助于了解风功率在不同时段内的功率特性，对于常规机组出力规划具有指导意义。将一年中的每小时的风功率平均值加以统计就可以得到日特性曲线。为更加具体研究不同季节的风功率日特性，统计我国西北某地风电场的全年输出功率后，得到每个季节的 24 h 内各个时段的平均输出功率曲线，即风功率特性曲线如图 2.20 所示，夏秋两季风电功率特性曲线如图 2.20(a) 所示，冬春两季风电功率特性曲线如图 2.20(b) 所示。

　　与光伏功率具有典型的日特性不同，风功率由于其影响因素较多，随机性较大，日特性并没有那么明显的规律性。由图 2.20 可知，春季风功率最高和最低分别出现在 15 点～20 点区间；夏季风功率最高出现在 15 点～24 点区间；秋季风功率最高出现在 3 点～5 点区间；冬季风功率最高和最低分别出现在 15 点和 12 点左右。冬春季的功率最低点相近都在中午，夏秋季的功率最低点相近都在上午。由图 2.20 可知，风功率在不同季节中的日功率特性有较大差异。

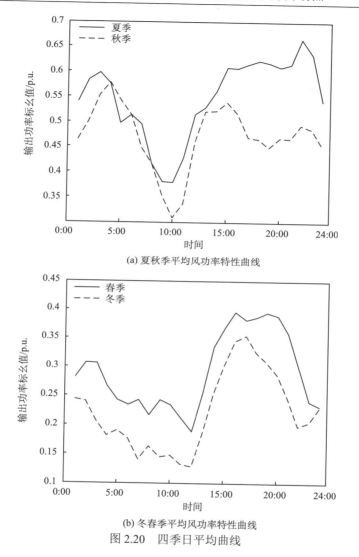

(a) 夏秋季平均风功率特性曲线

(b) 冬春季平均风功率特性曲线

图 2.20　四季日平均曲线

2. 波动特性

　　风功率受到多种随机因素影响，具有随机波动性，是风能发电功率最明显的特点。风功率的波动性会使电力系统偏离稳定运行点，甚至造成系统失稳，对可靠性和安全性都有不同程度的影响。对于风功率波动特性的研究离不开对于波动特性的量化定义。由于电网系统对于风功率波动的直观感受与光伏功率波动相似，也是来自于前后时刻功率的差值，故定义风功率波动量为前后时刻风功率的一阶差分量，与式(2.1)一致。经统计西北某地风电场的输出功率变化率如图 2.21 所示。

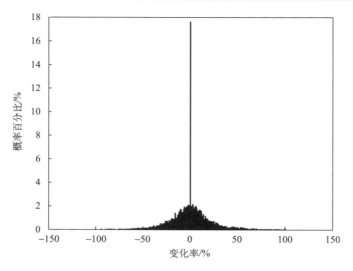

图 2.21　风功率波动量概率密度

　　图 2.21 表明，全年范围内，60%以上的风功率波动率在–20%～20%，而 33%以上的风功率在–10%～10%，由于统计时间尺度较大的关系，零值波动量占到了17%以上。但风电输出功率为零的时刻有 1359 个，占全部 8760 个统计时刻的15.51%。在去除风电输出功率为 0 的时刻后，变化率如图 2.22 所示。

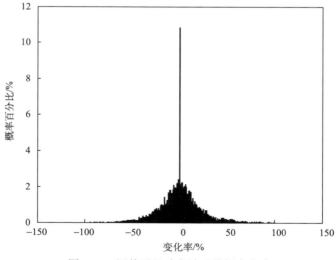

图 2.22　调整后风功率波动量概率密度

　　可见，即使排除了功率为零的多个时刻点，相较于光伏输出功率的变化率，风电输出功率中的零变化率时刻仍明显偏高，对应于实际中风度稳定的状况。其中零值变化率时刻占比 11%, 变化率在–10%～10%占比 28%, 变化率在–20%～20%占比 59%, 变化率在–30%～30%占比 77%, 变化率在–40%～40%占比 86%。相较光伏的输出功率变化率而言, 风电前后时刻功率变化率较大的可能性更高, 不确定性更强。因此, 风电功率的预测和规划的难度更大。

3. 状态转移特性

太阳地面辐射基于天文辐射, 具有较强规律性。风速相较于太阳辐射规律性弱, 故风功率与光伏功率相比规律性也弱。其随机影响因素很多, 风速随机分量很大, 研究其状态转移特性, 有利于了解风速的特定变化趋势。对状态转移特性的研究, 首先需要根据马尔可夫链的状态分类方法和状态转移矩阵的建立方法, 建立风功率的状态转移矩阵[48]。状态转移矩阵的建立步骤如下。

(1) 根据状态数 N 要求和风功率范围划分状态区间。

(2) 建立阶数为 $N \times N$ 的零矩阵 $\boldsymbol{F}$, 用以统计各状态之间的转移频数。

(3) 根据状态区间的范围确定当前时刻和下一时刻的状态, 假设当前时刻为 i, 下一时刻 j, 则状态转移矩阵 $\boldsymbol{F}$ 矩阵的第 i 行 j 列的元素 F_{ij} 加 1。

(4) 重复步骤 (3) 遍历原始风功率数据。

(5) 建立阶数为 $N \times N$ 状态转移概率矩阵 $\boldsymbol{P}$, 根据转移频率矩阵 $\boldsymbol{F}$ 计算转移转移概率。

$$P_{ij} = \frac{F_{ij}}{\sum_{k=1}^{N} F_{ik}} \tag{2.2}$$

根据上述步骤分别建立风功率 10 状态矩阵和 20 状态矩阵。利用这些矩阵数据画出状态转移三维图如图 2.23 所示。

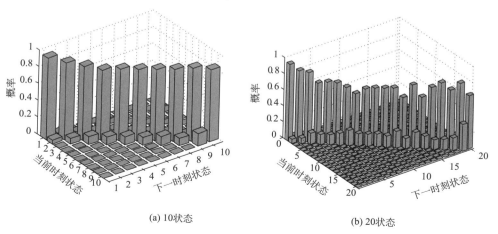

(a) 10状态　　　　　　　　　　　(b) 20状态

图 2.23　不同状态数下状态转移特性比较

图 2.23 表明，在划分为不同状态数后的状态转移特性都具有"山脊"特性，是风功率最典型的状态转移特性，表明风功率的状态趋向于状态不变或跳变向其相邻状态。

状态数的不同也会对状态转移特性造成影响，随着状态数的增大，对角线上的概率值相应减小，对角线两侧概率值会相对增大，且状态数的增大使各个状态的概率进一步向对角线侧集中。10 状态转移三维图中，95%以上的状态转移概率都聚集在对角线上和紧邻对角线两侧的状态，风电功率状态转移特性对于衡量风场出力水平的跳变有重要的参考价值，表明风电的输出功率在前后时刻存在较强的关联性，对风电输出功率的短时预测具有一定的参考意义。

2.4.3 负荷特性分析

当分布式电源在配电网中的接入规模达到一定程度时，就成为影响配电网综合负荷特性的重要因素[49]。因此，对负荷特性及净负荷特性的分析和指标评价，对于含分布式电源的配电网规划具有重要指导意义。在接入分布式电源的变电站下，负荷特性用于描述规划地区原有的负荷特性，不包含发电单元。而净负荷特性则针对整个或部分规划范围，通常以变压器及其下级电网作为划分的范围，进行净负荷特性分析。净负荷特性反映的是制定区域的整体对外特性。

1. 负荷指标分析

日负荷率和日最小负荷率的数值大小，与用户的性质和类别、组成、生产班次及系统内的各类用电(生活用电、动力用电、工艺用电)所占的比重有关，还与调整负荷的措施相关。随着电力系统的发展，用户构成、用电方式及工艺特点可能发生变化，各类用户所占的比重也可能发生变化，日负荷率和日最小负荷率也会随之发生变化。

研究负荷特性对大规模分布式电源并网规划具有重要意义，为了客观描述负荷的时序变化特性，需要建立相应的负荷特性评价指标体系。图 2.24 给出的评价体系中包含三种类型的评价指标：描述类、比较类和曲线类。其中描述类给出单一地区的负荷峰值、均值等典型特性；比较类则是针对不同地区负荷特性的横向比较；曲线类则包含了某一地区的时序变化曲线，数据的涵盖内容更全面。

根据实际需求对其中几类主要的负荷特性指标进行介绍。

1) 负荷率

负荷率指标用于表征负荷的不均衡性，具体包括平均负荷率、最小负荷率等，可以根据日、月、年等不同时间段再进行细分。以日负荷率和日最小负荷率为例，负荷率的定义如下：

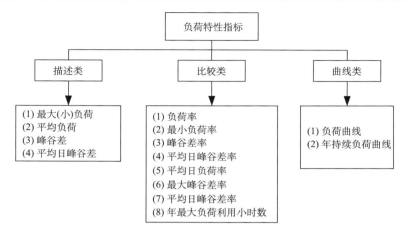

图 2.24　负荷特性指标分类

$$日负荷率(\%) = \frac{日平均负荷(kW)}{日最大负荷(kW)} \times 100\% \tag{2.3}$$

$$日最小负荷率(\%) = \frac{日最小负荷(kW)}{日最大负荷(kW)} \times 100\% \tag{2.4}$$

日负荷率和日最小负荷率的数值大小，与用户的性质和类别、组成、生产班次及系统内的各类用电(生活用电、动力用电、工艺用电)所占的比重有关，还与调整负荷的措施相关。随着电力系统的发展，用户构成、用电方式及工艺特点可能发生变化，各类用户所占的比重也可能发生变化，日负荷率和日最小负荷率也会随之发生变化。

2)峰谷差

峰谷差指负荷最大值与最小值之差，峰谷差率为峰谷差与最高负荷的比率，平均负荷与高峰之间的负荷称峰荷，平均负荷与低谷之间的负荷称为腰荷。峰谷差的大小直接反映了电网所需的调峰能力，其受用电结构与季节变化的影响较大。

3)年最大负荷利用小时数

年最大负荷利用小时数主要用于衡量负荷的时间利用率，其定义如下：

$$年最大负荷利用小时数 = \frac{年用电量}{年最高负荷} = 8760 \times 年负荷率 \tag{2.5}$$

由定义可知年最大负荷利用小时数是一个综合性的指标，与各产业用电所占比重有关。一般来讲，重工业比重较大的地区，其年最大负荷利用小时数可达 6000h 以上；而公共设施类以及居民负荷占比较大的地区，年最大负荷利用小时数相对较低。同理可定义月最大负荷利用小时数为当月用电量与当月最高负荷的比值，此处不再详述。

4) 持续负荷曲线

持续负荷曲线可分为月持续负荷曲线和年持续负荷曲线。以月负荷曲线为例,月持续负荷曲线是把系统负荷按照其一个月中的数值大小和持续小时数顺序排列绘制而成。该曲线可以反映不同负荷大小的持续时间,主要起到安排发电计划、估计系统可靠性等作用。

2. 负荷指标案例分析

以安徽省金寨县 35kV 全军 35kV 变电站(简称全军变)为例,对负荷特性指标进行计算,数据选取 2017 年 9 月 1 日～2018 年 9 月 1 日的 365 天,共计 8760 h 进行计算。对于指标中的日特性,采用全年每个月的首日,共计 12 天进行计算。

1) 描述类

描述类指标按照时间跨度可以分为日特性、月特性、年特性,按照本节上述的计算方法计算得到指标值如表 2.8～表 2.10 所示。

表 2.8　全军变负荷描述类日特性指标表　　　　（单位：kW）

特性指标	典型日序号					
	1	2	3	4	5	6
日最大负荷	2374.36	982.843	2356.02	2808.24	1852.47	2168.97
日最小负荷	61.966	48.884	629.212	184.727	162.206	284.33
日平均负荷	1174.30	379.726	1406.08	1216.82	1207.26	1288.62
日峰谷差	2312.39	933.959	1726.80	2623.52	1690.26	1884.64
特性指标	典型日序号					
	7	8	9	10	11	12
日最大负荷	2446.25	1854.62	3110.66	3881.97	2723.71	3856.68
日最小负荷	206.537	115.385	32.221	224.147	199.089	0
日平均负荷	904.166	945.784	1419.01	1829.82	1635.22	1577.49
日峰谷差	2239.72	1739.24	3078.44	3657.83	2524.62	3856.68

表 2.9　全军变负荷描述类月特性指标表　　　　（单位：kW）

特性指标	月序号					
	1	2	3	4	5	6
月最大负荷	2600.52	3199.46	3614.47	3630.97	3101.17	2949.87
月最小负荷	0	0	8.723	0	9.999	0
月最大峰谷差	2600.52	3199.46	3605.7	3630.97	3091.17	2949.87
月平均日峰谷差	1557.08	2218.40	2378.50	2140.26	1885.95	1844.63

特性指标	月序号					
	7	8	9	10	11	12
月最大负荷	4849.77	4523.30	4399.79	4225.62	5388.57	4369.19
月最小负荷	6.674	0	7.777	0	0	0
月最大峰谷差	4843.09	4523.30	4392.01	4225.62	5388.57	4369.19
月平均日峰谷差	2479.67	2976.48	2620.37	1911.04	3180.16	2748.30

表 2.10　全军变负荷描述类年特性指标表

指标项	指标值
年负荷率	0.2268
年最小负荷/kW	0
年最大负荷/kW	5388.576
年最大峰谷差/kW	5388.576
年日平均峰谷差/kW	2338.67

通过描述类指标可以看到，全军变下的统计年内全年最大负荷为5388.576kW，而最小负荷为零，且年最大峰谷差为 5388.576kW，因而全军变下的负荷存在特定的运行时段且负荷构成类型相对单一，这也是直接导致峰谷差过大的原因。描述类指标可以直观地体现研究地区负荷的量值。

2) 比较类

比较类指标通过不同变电站的横向对比起到对照作用，按照时间跨度可以分为日特性、月特性、年特性。其中全军变计算得到指标值如表 2.11～表 2.13所示。

表 2.11　全军变负荷比较类日特性指标表

特性指标	典型日序号					
	1	2	3	4	5	6
日负荷率	0.4946	0.3864	0.5968	0.4333	0.6517	0.5941
日最小负荷率	0.0261	0.0497	0.2671	0.0658	0.0876	0.1311
日峰谷差率	0.9739	0.9503	0.7329	0.9342	0.9124	0.8689
特性指标	典型日序号					
	7	8	9	10	11	12
日负荷率	0.3696	0.5100	0.4562	0.4714	0.6004	0.4090
日最小负荷率	0.0844	0.0622	0.0104	0.0577	0.0731	0
日峰谷差率	0.9156	0.9378	0.9896	0.9423	0.9269	1.0000

表 2.12 全军变负荷比较类月特性指标表

特性指标	月序号					
	1	2	3	4	5	6
月负荷率	0.2947	0.3610	0.4011	0.3281	0.3827	0.3483
月最小负荷率	0	0	0.0024	0	0.0032	0
月平均日峰谷差率	0.5988	0.6934	0.658	0.5894	0.6081	0.6253
特性指标	月序号					
	7	8	9	10	11	12
月负荷率	0.2663	0.3155	0.2836	0.2324	0.2811	0.3094
月最小负荷率	0.0014	0	0.0018	0	0	0
月平均日峰谷差率	0.5113	0.6580	0.5956	0.4523	0.5902	0.6290

表 2.13 全军变负荷比较类年特性指标表

指标项	指标值
年负荷率	0.2268
年最小负荷率	0
年利用小时数	1986.96
年平均月负荷率	0.317
年平均日负荷率	0.4978
年最大峰谷差/kW	5388.576
年日平均峰谷差/kW	2338.67

另外选取银湾变作为对照，计算相应的指标如表 2.14～表 2.16 所示。

表 2.14 银湾变负荷比较类日特性指标表

特性指标	典型日序号					
	1	2	3	4	5	6
日负荷率	0.6411	0.6356	0.6376	0.6449	0.6407	0.6684
日最小负荷率	0.2997	0.2997	0.3089	0.2594	0.2908	0.3138
日峰谷差率	0.7003	0.7003	0.6911	0.7406	0.7092	0.6862
特性指标	典型日序号					
	7	8	9	10	11	12
日负荷率	0.679	0.6805	0.7126	0.7416	0.7013	0.8045
日最小负荷率	0.3006	0.3594	0.3702	0.3994	0.4114	0.6101
日峰谷差率	0.6994	0.6406	0.6298	0.6006	0.5886	0.3899

表 2.15　银湾变负荷比较类月特性指标表

特性指标	月序号					
	1	2	3	4	5	6
月负荷率	0.5789	0.5798	0.4707	0.5127	0.5371	0.4694
月最小负荷率	0.2698	0.2697	0.1804	0.1901	0.184	0.1412
月平均日峰谷差率	0.5879	0.5876	0.5171	0.5877	0.5939	0.4925
特性指标	月序号					
	7	8	9	10	11	12
月负荷率	0.4784	0.5935	0.5776	0.5009	0.6175	0.4818
月最小负荷率	0.2108	0.2621	0.276	0.1958	0.1871	0.1716
月平均日峰谷差率	0.4717	0.5415	0.5314	0.4154	0.4925	0.3792

表 2.16　银湾变与全军变负荷比较类年特性指标对照表

指标项	银湾变	全军变
年负荷率	0.3362	0.2268
年最小负荷率	0.101	0
年利用小时数	2945.0484	1986.96
年平均月负荷率	0.5332	0.317
年平均日负荷率	0.6823	0.4978
年最大峰谷差/kW	12492.345	5388.576
年日平均峰谷差/kW	4548.4114	2338.67

　　通过对照全军变与银湾变的比较类统计数据，可以看到，银湾变在日负荷率和日最小负荷率上高于全军变，而日峰谷差则低于全军变。这表明银湾变中的负荷比重和构成与全军变有较大差异，负荷率低表明全军变中负荷相对较少，而峰谷差较大则表明全军变内的负荷构成相对单一，呈现出负荷使用时段分化的特点。在月负荷率和月最小负荷率上，全军变较银湾变同样明显偏低，而两者的月平均峰谷差相对接近，但银湾变仍然略小于全军变。年负荷率、年最小负荷率、年利用小时数、年平均月负荷率、年平均日负荷率、年最大峰谷差、年日平均峰谷差几项比较类年特性指标上，银湾变均高于全军变。

　　以上对比表明银湾变的负荷较大，而且构成也更加复杂，这与实际中情况相符。银湾变处于金寨县中心地段，而全军变位于相对偏僻的郊区地段，因此上述比较类负荷特性指标可较好地反映不同地区的负荷特性。

　　3) 曲线类

　　(1) 日负荷曲线。以统计数据中全年每个月的第一天负荷曲线为例，全军变全年 12 个典型日负荷数据如图 2.25 所示。

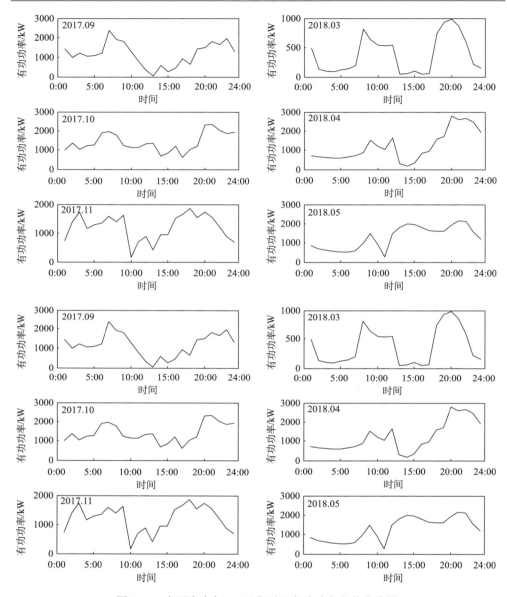

图 2.25　全军变全年 12 天典型日有功功率负荷曲线图

　　由日负荷特性曲线可知，全年的 12 个典型日负荷之间有明显的区别，但是在 12 点到 17 点之间的负荷较其他时段偏低。

　　(2)周负荷曲线。以统计数据中全年每个月的第一个星期的负荷曲线为例，全军变全年 12 个星期负荷数据如图 2.26 所示，可见全军变负荷在周特性曲线上

存在一定的以天为单位的周期性，全年不同时段的负荷相对稳定，平均负荷基本
维持在 500～3000kW。

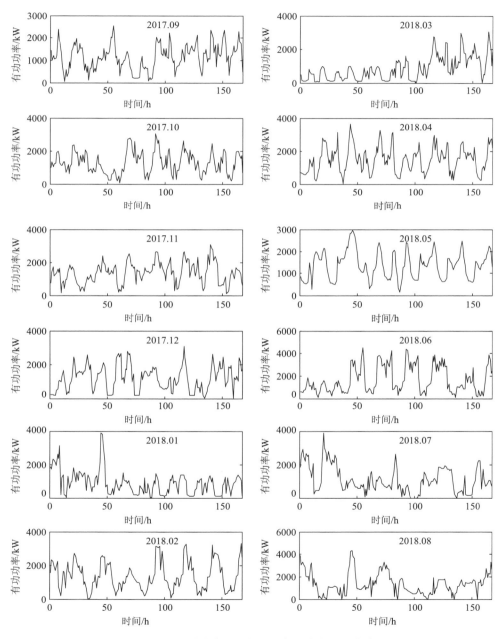

图 2.26　全军变全年 12 个星期有功功率负荷曲线图

(3)年负荷曲线。年负荷曲线反映了全军变在统计数据覆盖时段内有功功率的时序曲线，如图 2.27 所示。

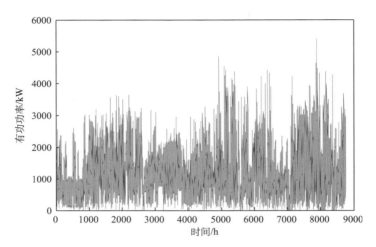

图 2.27 全军变全年有功功率年负荷曲线图

(4)年持续负荷曲线。全军变下年持续负荷曲线如图 2.28 所示。

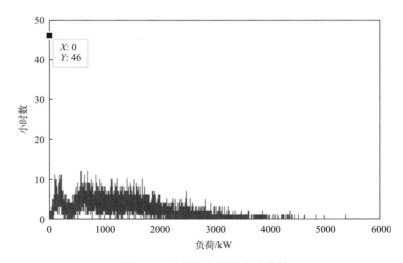

图 2.28 全军全年持续负荷曲线

由年持续负荷曲线可知，全军变在一年中的负荷有大量时间集中在 100～2000kW，在 2000～3000kW 的负荷随着负荷的增长开始缓慢下降，超过 4000kW 的负荷时段明显减小。

4)结论

通过对负荷指标特性的案例分析，描述类指标可以较为直观地反映全军变下的负荷指标特性，如年负荷率偏低、最大峰谷差较大等。而通过比较类指标则可以对比不同变电站的负荷特性，全军变在年负荷率、年最小负荷率和年利用小时数等相对性指标上均低于银湾变，全军变位于郊区乡镇而银湾变位于中心城区，因而以上指标均相对较低。在曲线类指标中也可以得到全军变整体负荷相对较少，持续负荷主要集中在 100～2000kW，处于较低的水平。上述指标均可反映出全军变的整体负荷水平相对较低，这与其处于乡镇的客观实际相符合。

3. 净负荷指标特性

净负荷特性用以描述研究对象整体的对外特性，可通过倒送功率容载比、集群功率平衡度指标、容量渗透率指标和能量渗透率指标进行描述。

1)倒送功率容载比

以变压器作为研究对象为例，倒送功率容载比可以定义如下：

$$\alpha_{\text{clu}} = \begin{cases} \dfrac{S_{\text{T,N}}}{S_{\text{T}}}, & S_{\text{T,N}} < 0 \\ 0, & S_{\text{T,N}} \geqslant 0 \end{cases} \tag{2.6}$$

式中，α_{clu} 为倒送功率容载比；$S_{\text{T,N}}$ 为变压器净功率，当变压器产生倒送功率时，净功率为负；S_{T} 为变压器容量。

2)功率平衡度指标

以变压器作为研究对象为例，平衡度指标可由以下定义构成：

$$\varphi_{\text{P,T}} = \frac{1}{T} \sum_{t=1}^{T} P_{\text{T}}(t) / \max(P_{\text{T}}(t)) \times 100\% \tag{2.7}$$

$$\varphi_{\text{Q,T}} = \begin{cases} Q_{\text{S}} / Q_{\text{N}} \times 100\%, & Q_{\text{S}} < Q_{\text{N}} \\ 1 \times 100\%, & Q_{\text{S}} \geqslant Q_{\text{N}} \end{cases} \tag{2.8}$$

$$\varphi_{\text{B,T}} = \varphi_{\text{P,T}} + \varphi_{\text{Q,T}} \tag{2.9}$$

式中，$\varphi_{\text{P,T}}$ 为变压器的有功功率平衡度；$P_{\text{T}}(t)$ 为变压器的净功率特性，其是基于各节点典型时间场景获得的；T 为典型时间场景的时间尺度；$\varphi_{\text{Q,T}}$ 为变压器的无功供需平衡度；Q_{S} 为变压器下级网络无功功率供应的最大值，包括节点上无功补偿装置提供的无功功率及部分逆变器所能提供的无功功率，其中，逆变器所能提供的无功功率表示为：$Q = f(S, P, \cos\varphi)$，其中，S 为逆变器的额定视在功率，P 为逆变器的输出有功功率，$\cos\varphi$ 为逆变器输出功率的功率因数；Q_{N} 为变压器夏季电网中无功功率的需求值，不仅指节点正常无功需求，也包含在网络中可再生能源出力渗透率过高时，调节节点过电压所需的最小无功功率；$\varphi_{B,T}$ 为功率平衡度指标。

3）容量渗透率

容量渗透率指分布式发电全年最大小时发电量与系统负荷全年最大小时用电量的百分比。计算时将规划期间各年的容量渗透率求平均值。计算公式如下：

$$\varphi_{SP} = \frac{1}{N_N} \sum_{j=1}^{N_N} \frac{P_{DG,i,j,max}}{S_{L,i,j,min}} \times 100\% \qquad (2.10)$$

式中，φ_{SP} 表示规划期间的平均功率渗透率；$P_{DG,i,j,max}$ 为第 i 个分布式发电在第 j 年全年最大小时发电量；$S_{L,j,min}$ 为系统第 i 个分布式发电第 j 年负荷全年最大小时用电量；N_N 表示电压节点的个数。

4）能量渗透率

能量渗透率指分布式发电全年提供的电量占系统负荷全年耗电总量的百分比，计算时将规划期间各年的能量渗透率求平均值，计算公式如下：

$$\varphi_{PP} = \frac{1}{N_N} \sum_{j=1}^{N_N} \max_t \left(\frac{\sum_{i=1}^{N_{dg}} P_{DG,i,j,t}}{S_{L,j,t}} \right) \times 100\% \qquad (2.11)$$

式中，φ_{PP} 表示规划期间的平均功率渗透率；$P_{DG,i,j,t}$ 为第 j 年第 i 个分布式发电在第 t 个时刻的瞬时有功功率；$S_{L,i,j,t}$ 为第 j 年第 t 个时刻总的系统负荷；N_{dg} 为分布式发电个数。

5）能量渗透率

能量渗透率指分布式发电全年提供的电量占系统负荷全年耗电总量的百分比。计算时将规划期间各年的能量渗透率平均求值。计算公式如下：

$$\varphi_{EP} = \frac{1}{N_N} \sum_{j=1}^{N_N} \frac{\sum_{t=1}^{8760} \sum_{i=1}^{N_{DG,j}} P_{DG,j,i,t}}{\sum_{t=1}^{8760} S_{L,j,t}} \times 100\% \qquad (2.12)$$

式中，φ_{EP} 表示规划期间的平均能量渗透率；$N_{DG,j}$ 表示节点 j 上的分布式发电的个数。

4. 净负荷时间特性分析

净负荷时间特性分析以安徽省金寨县全军变为例，以相应的净负荷时序曲线对部分净负荷特性指标进行说明。

以 2017 年 9 月 1 日～2018 年 9 月 1 日全年数据为基础，运用本节提出的净负荷指标特性计算方法给出相应指标的计算结果并加以分析。

全军变站内装有两台 35kV 变 10kV 变压器(简称主变)，容量分别为 6.3MV·A 和 3.15MV·A。而在上述时间内仅有 1 台主变常年运行，但考虑到两台主变本身在运行方式上较为灵活，在以下计算中，按照总容量 9.45MV·A 进行计算。

1)倒送功率容载比

全军变统计数据时间范围内全年倒送功率容载比时序曲线如图 2.29 所示，表 2.17 中列出了相应的全年容载比最大值、最小值和平均值。

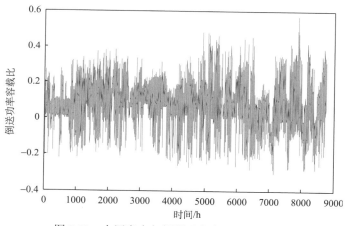

图 2.29　全军变全年倒送功率容载比变化曲线

表 2.17　全军变倒送功率容载比结果表

全年容载比最大值	全年容载比最小值	全年容载比平均值
0.5702	− 0.3067	0.0808

2)功率平衡度指标

在统计数据的一年内，功率平衡度指标计算结果如表 2.18 所示：

表 2.18　全军变功率平衡度计算结果表

有功功率平衡度	无功功率平衡度	功率平衡度
0.1416	0.6181	0.7597

全军变逆变器所能提供的无功功率为 1711.4kvar，变压器全年最大的无功功率需求值为 2769.0kvar。由于统计数据所在的全部时段中，全军变电站内的电容

器组均没有投入运行，所以在计算中也仅考虑逆变器的无功功率。

3) 渗透率

统计数据的一年内，计算得到全军变容量渗透率为 6.0681，能量渗透率为 0.0992。能量渗透率仅 0.0992，在一定程度上反映了全军变本身产生的倒送能量相对较小，而高达 6.0681 的容量渗透率却表明全军变的光伏装机容量相比于当地的负荷偏大。如图 2.25 中所示，全军变负荷在 10 点到 15 点间负荷相对较低，此时段内光照强度在一天中达到最高，因而导致了容量渗透率偏大。在一天中的其他时段内，光伏输出功率相对较小，而负荷却反而较大，导致全军变分布式发电的能量渗透率相对较小。在一定的条件下将会产生大量的倒送功率至 35kV 侧，这也是光伏出力特性与当地负荷特性不匹配所造成的。

4) 结论

由全年的倒送功率容载比曲线可知，在统计数据所在年中，全军变存在功率倒送问题。在倒送功率较大时，倒送功率容载比甚至可以达到 -0.3。而在功率平衡度指标上，有功功率平衡度为 0.1416，无功功率平衡度由于没有考虑电容器的作用，计算结果则会相对保守。在容量渗透率方面，全军变达到了 6.0681，这表明某一时刻全军变下能够消纳的有功功率十分有限，将会产生大量的功率倒送至 35kV 线路上。这也表明全军变的光伏出力特性与负荷特性存在较大差异，需要通过其他手段来改善较高渗透率可能引发的过电压问题。而全军变的能量渗透率仅为 0.0992，表明在倒送功率的总量上仍然处在一个较低的水平。

参 考 文 献

[1] 中国电力科学研究院, 中电普瑞张北风电研究检测有限公司. 分布式电源并网技术要求: GB/T 33593—2017[S]. 北京:中国标准出版社, 2017.

[2] 杨书强. 配电网中高渗透率分布式电源优化规划方法[D]. 天津:天津大学, 2018.

[3] 中国电力科学研究院, 国家电力调度控制中心, 国网浙江省电力公司, 等. 分布式电源并网继电保护技术规范: GB/T 33982-2017[S]. 北京:中国标准出版社, 2017.

[4] 国家能源局, 国务院扶贫办. 光伏扶贫电站管理办法[EB/OL]. （2018-04-10)[2019-06-09]. http://www. cpad. gov. cn/art/2018/4/10/art_343_881. html.

[5] 薛金花, 叶季蕾, 陶琼, 等. 面向不同投资主体的分布式光伏运营策略研究[J]. 电网技术, 2017, 41（01）:93-98.

[6] 苏剑, 周莉梅, 李蕊. 分布式光伏发电并网的成本/效益分析[J]. 中国电机工程学报, 2013, 33（34）:50-56, 11.

[7] 国家发展和改革委员会, 国家能源局. 关于开展分布式发电市场化交易试点的通知[EB/OL].（2017-10-31)[2019-06-09].http://zfxxgk. nea. gov. cn/auto87/201711/t20171113_3055. htm.

[8] 李蕊. 基于不同商业运营模式的分布式电源/微电网综合效益评价方法[J]. 电网技术, 2017, 41 (06): 1748-1758.

[9] 曾鸣, 田廓, 李娜, 等. 分布式发电经济效益分析及其评估模型[J]. 电网技术, 2010, 34 (08): 129-133.

[10] 国家发展和改革委员会. 国家发展改革委关于调整光伏发电陆上风电标杆上网电价的通知[EB/OL]. (2016-12-28) [2019-06-09]. http://www. ndrc. gov. cn/zwfwzx/zfdj/jggg/201612/ t20161228_833062. html.

[11] 国家发展和改革委员会. 国家发展改革委关于发挥价格杠杆作用促进光伏产业健康发展的通知[EB/OL]. (2013-08-31) [2019-06-09]. http://www. ndrc. gov. cn/fzgggz/jggl/zcfg/201308/ t20130830_748416. html.

[12] 国家发展和改革委员会. 国家发展改革委关于 2018 年光伏发电项目价格政策的通知[EB/OL]. (2017-12-19) [2019-06-09]. http://www.ndrc.gov.cn/fzgggz/jggl/zcfg/201712/t20171222_ 871329. html.

[13] 国家发展和改革委员会. 国家发展改革委关于 2021 年新能源上网电价政策有关事项的通知[EB/OL]. (2021-06-07) [2021-08-12]. https://www.ndrc.gov.cn/xwdt/ tzgg/ 202106/ t20210611_ 1283089.html?code=&state=123.

[14] 国家发展和改革委员会. 国家发展改革委关于完善陆上风电光伏发电上网标杆电价政策的通知[EB/OL]. (2015-12-22) [2019-06-09]http://www. ndrc. gov. cn/fzgggz/jggl/zcfg/201512/ t20151224_768571. html.

[15] 国家能源局. 分散式风电项目开发建设暂行管理办法[EB/OL]. (2018-04-03) [2019-06-09]. http://zfxxgk. nea. gov. cn/auto87/201804/t20180416_3150. htm.

[16] 国家发展和改革委员会. 国家发展改革委关于完善风电上网电价政策的通知[EB/OL]. (2019-05-21) [2019-06-09].http://www. ndrc. gov. cn/fzgggz/jggl/zcfg/201905/t20190524_936695. html.

[17] 国家能源局. 2021 年光伏发电建设运行情况[EB/OL]. (2022.03.09) [2022.06.09].http://www. nea.gov.cn/2022-03/09/c_1310508114.htm.

[18] 浙江省发展和改革委员会, 浙江省经济和信息化委员会, 浙江省财政厅, 等. 关于浙江省 2018 年支持光伏发电应用有关事项的通知[EB/OL]. (2018-10-08) [2019-06-09].http://xxgk. zhoushan. gov. cn/art/2018/ 10/8/art_1277237_21683768. html.

[19] 河南省发展和改革委员会. 关于转发《国家发展改革委关于 2018 年光伏发电项目价格政策的通知》的通知[EB/OL]. (2017-12-27) [2019-06-09]. http://www. hndrc. gov. cn/2017/12-28/ 721785. html.

[20] 江西省发展和改革委员会. 江西省发展改革委转发国家发展改革委关于 2018 年光伏发电项目价格政策的通知[EB/OL]. (2018-02-24) [2019-06-09]. http://drc. jiangxi. gov. cn/art/2018/ 2/26/art_14654_616015. html.

[21] 昆明市发展和改革委员会. 云南省物价局转发国家发展改革委关于调整光伏发电陆上风电标杆上网电价文件的通知[EB/OL]. (2017-03-03) [2019-06-09].http://fgw. km. gov. cn/c/2017- 03-03/1717388. shtml.

[22] 韶关市人民政府. 光伏发电和路上分店标杆上网电价下调[EB/OL]. (2017-05-25) [2019-06-09].http://www. sg. gov. cn/zsyz/tzzc/201705/t20170523_143882. html.

[23] 广西壮族自治区发展和改革委员会. 广西壮族自治区物价局关于兴安县界首一期电场上网电价的复函[EB/OL]. (2018-11-02)[2019-06-09].http://www. gxdrc. gov. cn/sites_34015/wjj_1_1/wjjgg/201811/t20181106_774772. html.

[24] 广西壮族自治区发展和改革委员会. 广西壮族自治区物价局关于浦北龙门风电场一期电场上网电价的复函[EB/OL]. (2018-05-08)[2019-06-09].http://www. gxdrc. gov. cn/fzgggz/ spjg/wjjgg/201805/t20180514_761864. html.

[25] 广西壮族自治区发展和改革委员会. 广西壮族自治区物价局关于港北七星岭风电场上网电价的复函[EB/OL]. (2018-11-07)[2019-06-09].http://www. gxdrc. gov. cn/sites_34015/wjj_1_1/wjjgg/201811/t20181105_774727. html.

[26] 青海省发展和改革委员. 青海省发展和改革委员会关于核定海南共和 2 家风力发电项目上网电价的通知[EB/OL]. (2017-08-24)[2019-06-09].http://www. qhfgw. gov. cn/xxgk/xxgkml/fgwwj/201811/t20181113_66625. html.

[27] 恩施土家族苗族自治州发展和改革委员会. 恩施土家族苗族自治州发改委转发省发改委关于协合襄州峪山等风电场和利川市小沙溪一级等水电站上网电价批复的通知[EB/OL]. (2019-07-29)[2019-09-01].http://fgw. enshi. gov. cn/2019/0108/692705. shtml.

[28] 鄂尔多斯市发展和改革委员会. 鄂尔多斯市发展和改革委员会关于核定杭锦旗都城绿色能源有限公司 100MW 风电清洁供暖项目上网电价的批复[EB/OL]. (2017-12-06) [2019-06-09]. http://fgw. ordos. gov. cn/xxgk1/xxgkml_78553/201812/t20181218_2315178. html.

[29] 湛江市人民政府. 转发省发展和改革委关于核定清远阳山雷公岩风电场等可再生能源发电项目上网电价的批复[EB/OL]. (2017-03-15)[2019-06-09].http://www. zhanjiang. gov. cn/fileserver/statichtml/2017-04/1dde03d5-ebb1-4336-b668-a8914f648aff.htm?cid=61e48158-c6ad-4e54-bf7b-aff8cbe1e316.

[30] 赤峰市发展和改革委员会. 关于国电联合动力技术有限公司巴林右旗查干花风电上网电价的通知[EB/OL]. (2018-12-29)[2019-06-09].http://fgw. chifeng. gov. cn/dtzx/tzgg/ 2018-11-29-1189. html.

[31] 国家能源局. 《关于积极推进风电、光伏发电无补贴平价上网有关工作的通知》解读[EB/OL]. (2019-01-10)[2019-06-09].http://www. nea. gov. cn/2019-01/10/c_137733708. htm.

[32] 国家发展和改革委员会, 国家能源局. 关于积极推进风电、光伏发电无补贴平价上网有关工作的通知[EB/OL]. (2019-02-19)[2019-06-09].http://www. ndrc. gov. cn/zcfb/zcfbtz/201901/t20190109_925398. html.

[33] 国家发展和改革委员会办公厅, 国家能源局综合司. 关于公布 2019 年第一批风电、光伏发电平价上网项目的通知[EB/OL]. (2019-05-23)[2019-06-09].http://www. gov. cn/xinwen/2019-05/ 23/content_5393967. htm.

[34] 国家能源局. 关于 2019 年风电、光伏发电项目建设有关事项的通知[EB/OL]. (2019-05-30) [2019-06-09].http://www. nea. gov. cn/2019-05/30/c_138102793. htm.

[35] 国家可再生能源信息管理中心. 2019 年光伏发电项目国家补贴竞价工作总体情况[EB/OL].

(2019-07-11) [2019-09-01].http://www. nea. gov. cn/2019-07/11/c_138217905. htm.

[36] 王成山. 微电网分析与仿真理论[M]. 北京:科学出版社, 2017.

[37] 彭克. 微网稳定性仿真系统开发中的若干问题研究[D]. 天津：天津大学, 2012.

[38] 高立刚, 范宪国. 集中式与组串式逆变器方案在大型并网光伏电站中的投资成本分析[J]. 太阳能, 2015(4):19-21, 40.

[39] 柴亚盼, 童亦斌. 阴影遮挡下组串式 MPPT 应用研究[J]. 大功率变流技术, 2014(4):20-24.

[40] 刘阳. 分布式小水电对电网小干扰稳定性的影响研究[D]. 长沙:湖南大学, 2012.

[41] 叶阳建, 肖蕙蕙, 古亮, 等. 基于双馈发电机的并网型微水电交流励磁控制策略[J]. 分布式能源, 2017, 2(02):62-67.

[42] 刘益剑. 水轮发电机组 BGNN 模型辨识控制及控制器参数优化研究[D]. 武汉:武汉大学, 2009.

[43] 盛建菊. 生物质气化发电技术的进展[J]. 节能技术, 2007(1):67-70.

[44] 王爱军, 张燕, 张小桃. 生物质发电燃料成本分析[J]. 农业工程学报, 2011(S1): 17-20.

[45] 中国气象局. GB/T 22164—2008 公共气象服务——天气图形符号[S]. 北京:中国标准出版社, 2008.

[46] 王飞, 米增强, 甄钊, 等. 基于天气状态模式识别的光伏电站发电功率分类预测方法[J]. 中国电机工程学报, 2013, 33(34):75-81.

[47] 倪时远, 胡志坚. 基于概率密度拟合的风电功率波动特性研究[J]. 湖北电力, 2014, 38(6):12-15.

[48] 卿湘运, 杨富文, 王行愚. 采用贝叶斯-克里金-卡尔曼模型的多风电场风速短期预测[J]. 中国电机工程学报, 2012, 32(35):107-114.

[49] 马亚辉. 含分布式电源的综合负荷建模方法研究[D]. 长沙：湖南大学, 2013.

第 3 章　分布式可再生能源发电接入分析技术

分布式可再生能源发电的接入使配电网由传统的单源网络变为多源网络,分布式发电出力的波动性,增加了配电网状态的不确定性。传统的配电网状态分析方法无法直接应用到含高渗透率的分布式发电配电网中,需要对分布式发电接入配电网开展综合性评估,分析配电网在分布式发电接入后稳态运行特性的变化[1],进而讨论配电网接纳分布式发电的能力、配电网与分布式发电的协同规划、调度运行及电压控制策略等问题。

由于配电网网架结构的多样性和复杂性,需要从多个角度选取合适的指标系统科学地分析分布式发电接入配电网的影响。本章基于安全性、经济性和可靠性的考虑,选取电压分布、网络损耗、电网可靠性 3 个指标分析配电网的运行情况。潮流计算是电力系统规划和运行最基本的电气计算方法,可获取节点电压分布和支路功率分布,并进一步计算网络损耗,而配电网可靠性评估可评估配电网的充裕度,获取所需的可靠性评估指标。

本章首先分别介绍常规的潮流计算方法、含分布式发电的潮流计算方法和含分布式发电的概率潮流计算方法,然后介绍含分布式发电的配电网可靠性计算方法,最后采用典型地区算例应用所提方法并进行配电网稳态运行的分析。

3.1　含分布式发电的潮流计算方法

3.1.1　常用的潮流计算方法

电力系统的潮流计算最初是针对高压输电网提出的,而配电网具有许多不同于高压输电网的特征,因而对潮流算法提出了一些特殊的要求。

(1)由于配电支路参数的电阻与电抗的比值较大,原来在高压输电网中行之有效的算法,如快速解耦法等,在配电网中不再有效,收敛性问题在配电网潮流算法中需受到格外重视。

(2)由于配电系统中存在大量不对称负荷、单相和多相线路混合供电模式,配电网的各相之间不再对称,不能像对待输电系统那样看作是正序电路,必须分相计算。

(3)大量分布式电源的接入,使得配电网的模型越来越复杂,在传统的 PQ 之外出现新的 PV 和 PI 节点,需要将各种节点转换成传统方法能够处理的 PQ 或 PV

节点。

(4)配电网的供电方式将从辐射状向网状结构发展，潮流计算需要能适应这一变化。

配电系统一般运行结构为树状结构，其三相不对称问题比较突出，潮流计算常采用三相潮流计算算法[2]。配电系统潮流算法可以从不同的角度进行划分，根据采用的系统状态变量的不同，可以分为节点法和支路法，根据系统状态变量采用相分量还是序分量表示，可分为相分量法、序分量法及二者结合的方法。节点法以节点的电流或功率注入以及节点的电压作为系统的状态变量，此类方法包括隐式 Z_{bus} 高斯算法、牛顿类法(传统牛顿法、快速解耦法、改进牛顿-拉弗森法、改进快速解耦法等)。支路法以配电网的支路电流或功率流作为状态变量，此类方法包括前推回代法、回路阻抗法等。各种算法的特点比较如表 3.1 所示。

表 3.1　典型配电网潮流计算方法比较

名称	基本思想	优点	缺点
牛顿-拉弗森法	把非线性潮流方程展开成泰勒级数形式，取其线性部分，多次迭代进行修正，直至收敛	收敛速度快，能够进行自动校正	雅可比矩阵计算量大，占用内存多，对初值要求高，易形成病态方程
前推回代法	根据根节点的电压和各节点负荷前推求得各支路上的电流，回代求得各节点电压，反复迭代直至收敛	辐射型网络中编程简单，计算速度快	不能处理 PV 节点，环网处理能力差
回路阻抗法	用恒定阻抗来表示各节点负荷，从根节点到每个负荷节点形成一个回路，列出回路电流方程进行求解	环网处理能力强，原理简单	求解速度慢，内存占用大
改进牛顿-拉弗森法	在牛顿-拉弗森法的基础上对节点优化进行变革，生成近似雅可比矩阵进行潮流计算	处理环网能力强	收敛性差，占用内存多
Z_{bus} 高斯法	使用稀疏节点导纳矩阵来求解潮流方程	对于电压节点很少的系统，此方法收敛速度快	当系统中节点电压增多时，收敛速度变慢

在以上方法中，选择节点法中的 Z_{bus} 高斯算法、牛顿-拉弗森法及支路法中的前推回代法作为配电网潮流计算的典型方法进行具体介绍。

1. Z_{bus} 高斯算法

1)配电系统编号方案

潮流计算时需要先形成导纳矩阵 Y，导纳矩阵是零元素很多的稀疏矩阵，分解后得到的三角矩阵一般也是稀疏矩阵。但导纳矩阵中非零元素的分布和分解后三角矩阵常常是不同的，这是由于在消去过程或三角分解过程中可能产生注入元素，增加计算工作量和对内存的需要，而注入元素的多少与系统节点的编号顺序密切相关。

　　若进行节点编号时遵循子节点总排在父节点之前或子节点总排在父节点之后的排列规律，则所形成的节点导纳矩阵的因子表与节点导纳矩阵具有相同的稀疏结构，因此该因子表可以直接由节点导纳矩阵写出，这样就可以实现注入元素的数目为 0，即无注入元素的目标。此外，考虑到配电网中存在单相、两相以及三相等不同的拓扑结构，在节点编号的同时，需要记录每一相的位置以便形成导纳矩阵。以图 3.1 所示的简单系统为例，系统有三个节点，节点编号按照从平衡节点开始的顺序，依次编号为 1、2、3；但每个节点又存在不同的相分量，因此节点 1 中 ABC 三相分别编号为①②③，节点 2 中 ABC 三相分别编号为④⑤⑥，而节点 3 中 AC 两相编号为⑦⑧。由此形成的三相导纳矩阵如式(3.1)所示，以第一行元素为例，Y_{11} 表示节点 1 的 A 相自导纳，Y_{12} 表示节点 1 的 AB 相间互导纳，Y_{13} 表示节点 1 的 AC 相间互导纳，Y_{14} 表示节点 1、2 的 A 相互导纳，Y_{15} 表示节点 1、2 的 B 相互导纳，Y_{16} 表示节点 1、2 的 C 相互导纳。

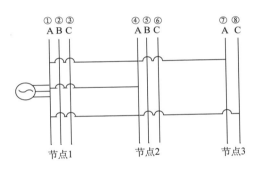

图 3.1　简单配电系统示例

$$Y = \begin{bmatrix} Y_{11} & Y_{12} & Y_{13} & Y_{14} & Y_{15} & Y_{16} & & \\ Y_{21} & Y_{22} & Y_{23} & Y_{24} & Y_{25} & Y_{26} & & \\ Y_{31} & Y_{32} & Y_{33} & Y_{34} & Y_{35} & Y_{36} & & \\ Y_{41} & Y_{42} & Y_{43} & Y_{44} & Y_{45} & Y_{46} & Y_{47} & Y_{48} \\ Y_{51} & Y_{52} & Y_{53} & Y_{54} & Y_{55} & Y_{56} & Y_{57} & Y_{58} \\ Y_{61} & Y_{62} & Y_{63} & Y_{64} & Y_{65} & Y_{66} & Y_{67} & Y_{68} \\ & & & Y_{74} & Y_{75} & Y_{76} & Y_{77} & Y_{78} \\ & & & Y_{84} & Y_{85} & Y_{86} & Y_{87} & Y_{88} \end{bmatrix} \tag{3.1}$$

　　潮流计算本质上是对一组非线性方程组进行求解，在形成三相导纳矩阵后，采用 Z_{bus} 高斯算法进行计算。

2) 配电系统潮流计算方法

如果将交流配电系统的平衡节点和其他节点分离，则可以将系统方程写为式 (3.2) 的形式：

$$\begin{bmatrix} \boldsymbol{I}_1 \\ \boldsymbol{I}_2 \end{bmatrix} = \begin{bmatrix} Y_{11} & Y_{12} \\ Y_{21} & Y_{22} \end{bmatrix} \begin{bmatrix} \boldsymbol{U}_1 \\ \boldsymbol{U}_2 \end{bmatrix} \tag{3.2}$$

式中，$\boldsymbol{I}_1$ 和 $\boldsymbol{U}_1$ 为平衡节点的电流和电压向量；$\boldsymbol{I}_2$ 和 $\boldsymbol{U}_2$ 为其他节点的电流和电压向量。对交流配电系统而言，一般平衡节点电压 $\boldsymbol{U}_1$ 是给定的，如果系统节点注入电流 $\boldsymbol{I}_2$ 是已知的恒定电流，则系统中除平衡节点外其他节点的电压即可求出，如式 (3.3) 所示：

$$\boldsymbol{U}_2 = Y_{22}^{-1}[\boldsymbol{I}_2 - Y_{21}\boldsymbol{U}_1] \tag{3.3}$$

若节点注入电流随着节点电压而变化 (如恒定功率类型负荷的注入电流)，可以用估计电压下的等值电流注入来代替，节点电流注入向量成为节点电压向量的函数。在高斯迭代算法中，在第 k 次迭代时，利用了第 $k-1$ 次迭代产生的 $\boldsymbol{U}_2$ 值，如式 (3.4) 所示：

$$\boldsymbol{U}_2^{(k)} = Y_{22}^{-1}[\boldsymbol{I}_2\boldsymbol{U}_2^{(k-1)} - Y_{21}\boldsymbol{U}_1] \tag{3.4}$$

当两次迭代间电压变化值小于精度要求时，算法终止。可见，高斯算法的实现过程包括两部分，计算 $\boldsymbol{I}_2\boldsymbol{U}_2^{(k-1)}$ 和对式 (3.4) 利用 Y_{22} 的因子表进行前代和回代运算。算法具体计算步骤如下。

(1) 输入配电系统网络参数，进行系统遍历及节点编号。

(2) 对各节点三相电压赋初值。

(3) 形成三相节点导纳矩阵 $\boldsymbol{Y}$。

(4) 按照式 (3.2)，得到各个子导纳矩阵。

(5) 对 Y_{22} 进行因子分解。

(6) 计算节点电流注入向量 $\boldsymbol{I}_2$。

(7) 利用高斯迭代法求解方程，得到 $\boldsymbol{U}_2$ 的值。

(8) 对各节点计算电压差 $\boldsymbol{U}_2^{(k)} - \boldsymbol{U}_2^{(k-1)}$，并同收敛精度进行比较，判断是否收敛。若不收敛，转步骤 (6)，若收敛，迭代结束。

Z_{bus} 高斯算法是以系统节点导纳矩阵为基础的一种潮流算法，原理比较简单，要求的内存量也比较小。它虽然是一阶收敛的算法，但具有接近牛顿法的收敛速度和收敛特性，对于一般的配电系统具有较好的适应性。

2. 牛顿-拉弗森法

牛顿-拉弗森法是采用节点功率方程进行计算的一种潮流计算方法，其方程如式(3.5)所示。

$$\begin{cases} \Delta P_i = \sum P_{\mathrm{DG}} - P_{\mathrm{L}} - U_i \sum U_j (G_{ij} \cos\theta_{ij} + B_{ij} \sin\theta_{ij}) \\ \Delta Q_i = \sum Q_{\mathrm{DG}} - Q_{\mathrm{L}} - U_i \sum U_j (G_{ij} \sin\theta_{ij} - B_{ij} \cos\theta_{ij}) \end{cases} \tag{3.5}$$

形成雅可比矩阵时，需要考虑系统的三相不对称性，以图 3.1 所示系统节点 1 为例，给出其雅可比矩阵的各元素如图 3.2 所示。其中方框 1 中各元素表示节点 1 的 A 相功率对 A 相电压与相位的求导，与传统算法中的 H_{11}、J_{11}、L_{11}、N_{11} 对应；方框 2 中的元素表示 BC 相对 A 相电压与相位的求导，存在相间耦合时这些元素不为零；方框 3 中元素表示节点 2 的 A 相功率对节点 1 的 A 相电压与相位求导，与传统算法中的 H_{12}、J_{I2}、L_{12}、N_{12} 对应。

1　　2　　3

节点 1

$$\begin{matrix}
\frac{\partial\Delta P_{1A}}{\partial\theta_{1A}} & \frac{\partial\Delta Q_{1A}}{\partial\theta_{1A}} & \frac{\partial\Delta P_{1B}}{\partial\theta_{1A}} & \frac{\partial\Delta Q_{1B}}{\partial\theta_{1A}} & \frac{\partial\Delta P_{1C}}{\partial\theta_{1A}} & \frac{\partial\Delta Q_{1C}}{\partial\theta_{1A}} & \frac{\partial\Delta P_{2A}}{\partial\theta_{1A}} & \frac{\partial\Delta Q_{2A}}{\partial\theta_{1A}} & \frac{\partial\Delta P_{2B}}{\partial\theta_{1A}} & \frac{\partial\Delta Q_{2B}}{\partial\theta_{1A}} & \frac{\partial\Delta P_{2C}}{\partial\theta_{1A}} & \frac{\partial\Delta Q_{2C}}{\partial\theta_{1A}} & 0 & 0 & 0 & 0 \\
\frac{\partial\Delta P_{1A}}{\partial U_{1A}} & \frac{\partial\Delta Q_{1A}}{\partial U_{1A}} & \frac{\partial\Delta P_{1B}}{\partial U_{1A}} & \frac{\partial\Delta Q_{1B}}{\partial U_{1A}} & \frac{\partial\Delta P_{1C}}{\partial U_{1A}} & \frac{\partial\Delta Q_{1C}}{\partial U_{1A}} & \frac{\partial\Delta P_{2A}}{\partial U_{1A}} & \frac{\partial\Delta Q_{2A}}{\partial U_{1A}} & \frac{\partial\Delta P_{2B}}{\partial U_{1A}} & \frac{\partial\Delta Q_{2B}}{\partial U_{1A}} & \frac{\partial\Delta P_{2C}}{\partial U_{1A}} & \frac{\partial\Delta Q_{2C}}{\partial U_{1A}} & 0 & 0 & 0 & 0 \\
\frac{\partial\Delta P_{1A}}{\partial\theta_{1B}} & \frac{\partial\Delta Q_{1A}}{\partial\theta_{1B}} & \frac{\partial\Delta P_{1B}}{\partial\theta_{1B}} & \frac{\partial\Delta Q_{1B}}{\partial\theta_{1B}} & \frac{\partial\Delta P_{1C}}{\partial\theta_{1B}} & \frac{\partial\Delta Q_{1C}}{\partial\theta_{1B}} & \frac{\partial\Delta P_{2A}}{\partial\theta_{1B}} & \frac{\partial\Delta Q_{2A}}{\partial\theta_{1B}} & \frac{\partial\Delta P_{2B}}{\partial\theta_{1B}} & \frac{\partial\Delta Q_{2B}}{\partial\theta_{1B}} & \frac{\partial\Delta P_{2C}}{\partial\theta_{1B}} & \frac{\partial\Delta Q_{2C}}{\partial\theta_{1B}} & 0 & 0 & 0 & 0 \\
\frac{\partial\Delta P_{1A}}{\partial U_{1B}} & \frac{\partial\Delta Q_{1A}}{\partial U_{1B}} & \frac{\partial\Delta P_{1B}}{\partial U_{1B}} & \frac{\partial QP_{1B}}{\partial U_{1B}} & \frac{\partial\Delta P_{1C}}{\partial U_{1B}} & \frac{\partial QP_{1C}}{\partial U_{1B}} & \frac{\partial\Delta P_{2A}}{\partial U_{1B}} & \frac{\partial\Delta Q_{2A}}{\partial U_{1B}} & \frac{\partial\Delta P_{2B}}{\partial U_{1B}} & \frac{\partial\Delta Q_{2B}}{\partial U_{1B}} & \frac{\partial\Delta P_{2C}}{\partial U_{1B}} & \frac{\partial\Delta Q_{2C}}{\partial U_{1B}} & 0 & 0 & 0 & 0 \\
\frac{\partial\Delta P_{1A}}{\partial\theta_{1C}} & \frac{\partial\Delta Q_{1A}}{\partial\theta_{1C}} & \frac{\partial\Delta P_{1B}}{\partial\theta_{1C}} & \frac{\partial\Delta Q_{1B}}{\partial\theta_{1C}} & \frac{\partial\Delta P_{1C}}{\partial\theta_{1C}} & \frac{\partial\Delta Q_{1C}}{\partial\theta_{1C}} & \frac{\partial\Delta P_{2A}}{\partial\theta_{1C}} & \frac{\partial\Delta Q_{2A}}{\partial\theta_{1C}} & \frac{\partial\Delta P_{2B}}{\partial\theta_{1C}} & \frac{\partial\Delta Q_{2B}}{\partial\theta_{1C}} & \frac{\partial\Delta P_{2C}}{\partial\theta_{1C}} & \frac{\partial\Delta Q_{2C}}{\partial\theta_{1C}} & 0 & 0 & 0 & 0 \\
\frac{\partial\Delta P_{1A}}{\partial U_{1C}} & \frac{\partial\Delta Q_{1A}}{\partial U_{1C}} & \frac{\partial\Delta P_{1B}}{\partial U_{1C}} & \frac{\partial\Delta Q_{1B}}{\partial U_{1C}} & \frac{\partial\Delta P_{1C}}{\partial U_{1C}} & \frac{\partial\Delta Q_{1C}}{\partial U_{1C}} & \frac{\partial\Delta P_{2A}}{\partial U_{1C}} & \frac{\partial\Delta Q_{2A}}{\partial U_{1C}} & \frac{\partial\Delta P_{2B}}{\partial U_{1C}} & \frac{\partial\Delta Q_{2B}}{\partial U_{1C}} & \frac{\partial\Delta P_{2C}}{\partial U_{1C}} & \frac{\partial\Delta Q_{2C}}{\partial U_{1C}} & 0 & 0 & 0 & 0
\end{matrix}$$

图 3.2　节点 1 各雅可比矩阵元素

算法具体计算步骤如下。

(1) 输入配电系统网络参数，进行系统遍历及节点编号。

(2) 对各节点三相电压赋初值。

(3) 形成三相节点导纳矩阵 $\boldsymbol{Y}$。

(4) 按照图 3.2 计算方法，形成三相雅可比矩阵。

(5) 对雅可比矩阵进行因子分解。

(6) 计算节点的不平衡功率。

(7) 求解方程得到修正量。

(8) 对各节点计算差值 $\begin{cases} \Delta P^{(k)} - \Delta P^{(k-1)} \\ \Delta Q^{(k)} - \Delta Q^{(k-1)} \end{cases}$，并同收敛精度进行比较，判断是否收敛。若不收敛，转步骤(4)，若收敛，迭代结束。

牛顿-拉弗森算法具有二阶收敛速度，具有收敛速度快，能够进行自动校正的特点。

3. 前推回代法

配电网的显著特征是从任意节点到源节点的路径唯一，前推回代法利用配电网的这一特点，按照唯一的供电路径来修正电流与电压。下面介绍前推回代法的配电系统编号方案与潮流计算方法。

1）配电系统编号方案

前推回代法一般采用分层编号方案，包括节点分层编号方案与分支线分层编号方案。节点分层编号方案较为直观，其编程实现也比较容易。而分支线分层编号方案虽然比节点分层编号方案略显复杂，但使系统方程及变量数目与分支数目相关，而不是与母线数目相关，通过该方式减少系统规模。此处的"分支"是指不再包含分支线的分支线路，可以包含 1 条及以上的母线，因此分支数目小于母线数目。

2）潮流计算方法

在回代过程中计算各节点的注入功率。从配电馈线的末端开始，通过对支路传输功率或电流进行求和计算，得到各支路始端的传输功率或电流，同时修正节点电压。在前推过程中，将回代过程得到的源节点电压作为边界条件，计算各支路的电压降与各节点电压，同时修正支路传输功率或电流。如此，重复前推和回代两个步骤，直到算法收敛。

设母线 k 的进支称为支路 k，出支称为支路 $k+1$。支路 k 的系统方程如下：

$$\begin{bmatrix} I_k \\ I_k' \end{bmatrix} = \begin{bmatrix} Y_k^{11} & Y_k^{12} \\ Y_k^{21} & Y_k^{22} \end{bmatrix} \begin{bmatrix} U_{k-1} \\ U_k \end{bmatrix} \tag{3.6}$$

令 $w_k = \begin{bmatrix} U_k \\ I_{k+1} \end{bmatrix}$，前推回代法可视为以下两个方程的反复计算。

（1）回代过程 $w_{k-1} = g_k(w_k)$。由母线 k 的三相电压向量 U_k 和进支三相电流向量 I_k'，计算母线 $k-1$ 的三相电压向量 U_{k-1} 和出支电流三相向量 I_k。

（2）前推过程 $w_k = f_k(w_{k-1})$。由母线 $k-1$ 的三相电压向量 U_{k-1} 和出支三相电流向量 I_k，计算母线 k 的三相电压向量 U_{k-1} 和进支电流三相向量 I_k'。

如此，重复上述两步，直至各母线的三相电压向量幅值与相角与上一次的偏差低于收敛阈值。

前推回代算法无须计算潮流方程的偏微分，具有计算简单灵活的特点，在辐射状配电网的潮流计算中应用广泛。

3.1.2　含分布式发电的潮流计算方法

3.1.1 节中所介绍的潮流计算方法均面向交流配电网。与交流配电网相比，分布式发电引入了直流系统，因此需要将直流系统与交流系统混合求解。

分布式电源主要分为同步电机并网、异步电机并网、电力电子装置并网三种并网方式，其中同步电机并网可视作 PV 节点，异步电机并网方式可视作 PQV 节点，与传统电力系统并无区别[3]。采用电力电子装置并网时，一般采用正序控制策略，因此与网络接口要采用相序混合的建模方法，具体如图 3.3 所示。

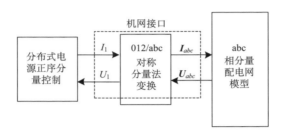

图 3.3　分布式电源与网络相序接口

根据分布式电源控制策略的不同，其潮流节点如表 3.2 所示具有不同的类型。

表 3.2　分布式电源潮流节点分类

控制方式	控制变量	潮流节点类型
PQ 控制	交流侧有功功率与无功功率	PQ 节点
PU_{AC} 控制	交流侧有功功率与交流电压	PU 节点
$U_{DC}Q$ 控制	直流侧电压与交流侧无功功率	$U_{DC}Q$ 节点
$U_{DC}U_{AC}$ 控制	直流侧电压与交流侧电压	$U_{DC}U_{AC}$ 节点
$U_{AC}\theta$ 控制	交流侧电压与交流侧相角	$U\theta$ 节点
$M\Phi$ 控制	换流器调制参数幅值与相角	/

当采用 $M\Phi$ 控制时，换流器的调制系数为固定控制量，相当于开环运行，换流器可视作联系交流与直流的变换器，不宜采用节点类型来描述。

与传统电力系统不同的是，分布式电源存在直流量，因此其控制方式具有 $U_{DC}Q$ 与 $U_{DC}U_{AC}$ 两种新型的控制策略，下文主要针对这两种策略下的潮流节点处理方式进行介绍。

1. $U_{DC}Q$ 节点

$U_{DC}Q$ 节点对应于换流器的直流电压-无功功率控制方式，直流电压及无功功率已知，交流电压及有功功率待求。直流侧电压恒定，因此首先对分布式电源直流侧进行潮流求解。假设经过 k 次迭代后其交流电压为 $\boldsymbol{U}_{abc}^{(k)}$，下面以第 $k+1$ 次的迭代过程给出该节点的具体计算步骤。

(1) 求解直流节点方程 $\boldsymbol{G}_{\mathrm{DC}}\boldsymbol{U}_{\mathrm{DC}}=\boldsymbol{I}_{\mathrm{DC}}$，计算出直流电流 $I_{\mathrm{DC}}^{(k+1)}$，其中，$\boldsymbol{G}_{\mathrm{DC}}$ 为系统电导矩阵。

(2) 求解直流功率 $P_{\mathrm{DC}}^{k+1}=U_{\mathrm{DC}}I_{\mathrm{DC}}^{k+1}$，直流系统在交流系统中等效的交流源注入功率 $P_{\mathrm{f}}^{(k+1)}=P_{\mathrm{DC}}^{(k+1)}$。

(3) 忽略换流器的损耗，换流器注入交流系统的有功功率 $P^{(k+1)}=P_{\mathrm{f}}^{(k+1)}$。

(4) 计算等效交流源正序电压 $\boldsymbol{U}_{\mathrm{f1}}^{(k+1)}$。

(5) 计算等效交流源电压相分量 $\boldsymbol{U}_{fabc}^{(k+1)}$（负序分量和零序分量为 0，即在正、负及零序等效电路中，仅有正序电路中有等效电源存在，其余两序没有），之后求出每一相的注入电流值，其中交流母线节点电压采用上一次迭代的交流电压 $\boldsymbol{U}_{abc}^{(k)}$。

(6) 将交流系统注入电流代入交流节点方程 $\boldsymbol{Y}_{\mathrm{AC}}\boldsymbol{U}_{\mathrm{AC}}=\boldsymbol{I}_{\mathrm{AC}}$，进行交流系统潮流迭代，求出 $\boldsymbol{U}_{abc}^{(k+1)}$。

(7) 判断方程 $\begin{cases} P^{(k+1)}-P^{(k)}<\varepsilon \\ \boldsymbol{U}_{\mathrm{DC}}^{(k+1)}-\boldsymbol{U}_{\mathrm{DC}}^{(k)}<\varepsilon \end{cases}$ 是否成立，其中 ε 是给定的潮流迭代误差，如果成立则交流系统潮流收敛，否则返回步骤(1)继续迭代。

2. $\mathrm{U}_{\mathrm{DC}}\mathrm{U}_{\mathrm{AC}}$ 节点

$\mathrm{U}_{\mathrm{DC}}\mathrm{U}_{\mathrm{AC}}$ 节点对应于换流器的直流电压-交流电压控制方式，直流电压及交流电压幅值已知，有功功率、无功功率及交流电压相角待求。由于直流侧电压恒定，因此首先对分布式电源直流侧进行潮流求解。假设经过 k 次迭代后其无功功率 $Q^{(k)}$ 和交流电压相角 $\theta^{(k)}$ 已知，下面以第 $k+1$ 次的迭代过程给出该节点的具体计算步骤。

(1) 求解直流节点方程 $\boldsymbol{G}_{\mathrm{DC}}\boldsymbol{U}_{\mathrm{DC}}=\boldsymbol{I}_{\mathrm{DC}}$，计算出直流电流 $I_{\mathrm{DC}}^{(k+1)}$。

(2) 求解直流功率 $P_{\mathrm{DC}}^{k+1}=U_{\mathrm{DC}}I_{\mathrm{DC}}^{k+1}$，直流系统在交流系统中等效的交流源注入功率 $P_{\mathrm{f}}^{(k+1)}=P_{\mathrm{DC}}^{(k+1)}$。

(3) 忽略换流器的损耗，换流器注入交流系统的有功功率 $P_{\mathrm{s}}^{(k+1)}=P_{\mathrm{f}}^{(k+1)}$。

(4) 此时交流节点的有功功率及交流电压已知，交流系统中可按照 $\mathrm{PU}_{\mathrm{AC}}$ 节点计算。判断第 k 次迭代后其无功功率 $Q^{(k)}$ 是否越限 $\begin{cases} Q^{(k+1)}<Q_{\max} \\ Q^{(k+1)}>Q_{\min} \end{cases}$，其中 $Q_{\max}$ 与 $Q_{\min}$

为无功的上下限值。若该式成立，则继续步骤(5)，否则将无功功率设定为限定值，PU$_{AC}$节点转化为PQ节点。

(5)由已知的有功功率P及第k次迭代后的无功功率$Q^{(k)}$，进行一次交直流潮流求解，具体过程同PQ节点，求出$U_{abc}^{(k+1)}$。

(6)计算换流器交流侧母线正序电压分量$U_1^{(k+1)}$。

(7)计算电压幅值误差，$\Delta U = U_1^{(k+1)} - U$。

(8)计算无功功率的修正量$\Delta Q^{(k+1)} = X^{-1}U^{(k+1)}\Delta U^{(k+1)}$，其中X为除PU$_{AC}$节点外的网络等效阻抗虚部。

(9)修正无功功率$Q^{(k+1)} = Q^{(k)} + \Delta Q^{(k+1)}$。

(10)判断 $\begin{cases} \theta^{(k+1)} - \theta^{(k)} < \varepsilon \\ Q^{(k+1)} - Q^{(k)} < \varepsilon \\ P^{(k+1)} - P^{(k)} < \varepsilon \end{cases}$ 是否成立，其中ε是给定的潮流迭代误差。若成立

则潮流收敛，否则返回步骤(1)继续迭代。

3.1.3　含分布式发电的概率潮流计算方法

配电系统规划和运行期间存在着许多不确定性因素，包括负荷的随机波动和分布式电源出力的波动等。传统的含分布式发电的确定性潮流计算方法无法考虑不确定性因素，需要采用概率潮流计算方法分析含不确定性因素的配电系统潮流特性，以进行配电系统稳态运行分析。

1. 可再生能源资源与负荷概率模型

概率潮流计算是基于概率论方法而提出的，概率论基本的定义是随机变量，概率潮流计算中需要考虑各可再生能源资源和负荷等的随机变量，并研究各随机变量的概率密度函数和概率分布函数[4]。

1)风力出力概率模型

(1)风机发电效能模型。本节研究的是可与电网并联运行的风力发电机，单台机组容量为200~2500kW，既可单独并网，也可由多台组成风力发电场后并网。单台风力发电机主要参数包括额定功率$P_{G,n}$、切入风速v_{ci}、切出风速v_{co}、额定风速v_r等。当风速v高于切入风速v_{ci}时，风机启动；当风速高于额定风速v_r时，风机恒定输出额定功率$P_{G,n}$；当风速高于切除风速v_{co}时，风机停机。风机输出功率特性曲线见图3.4。

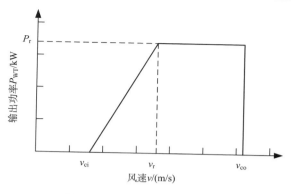

图 3.4 典型风机输出功率特性

$$P_{\mathrm{WT}}\left(v\right)=\begin{cases}0, & v<v_{\mathrm{ci}}\text{或}v>v_{\mathrm{co}}\\[2mm] P_{\mathrm{G,n}}\dfrac{v-v_{\mathrm{ci}}}{v_{\mathrm{r}}-v_{\mathrm{ci}}}, & v_{\mathrm{ci}}\leqslant v\leqslant v_{\mathrm{r}}\\[2mm] P_{\mathrm{G,n}}, & v_{\mathrm{r}}<v<v_{\mathrm{co}}\end{cases} \tag{3.7}$$

式中，$P_{\mathrm{WT}}\left(v\right)$ 为风机关于风速的输出功率。

（2）风速概率分布模型。一般认为风速服从双参数 Weibull 分布，其概率密度函数如式（3.8）所示。

$$f_{\mathrm{V}}\left(v\right)=\frac{k_{\mathrm{sp}}}{c_{\mathrm{sf}}}\left(\frac{v}{c_{\mathrm{sf}}}\right)^{k_{\mathrm{sp}}-1}\exp\left[-\left(\frac{v}{c_{\mathrm{sf}}}\right)^{k}\right] \tag{3.8}$$

式中，$f_{\mathrm{V}}\left(v\right)$ 为风机风速的概率密度函数；c_{sf} 为尺度系数；k_{sp} 为形状参数。

形状参数 k_{sp} 和尺度系数 c_{sf} 决定了风速的概率分布特性，可由式（3.9）、式（3.10）表达。

$$k_{\mathrm{sp}}=\left(\frac{\sigma_{\mathrm{W}}}{v_{\mathrm{ave}}}\right)^{-1.086} \tag{3.9}$$

$$c_{\mathrm{sf}}=\frac{v_{\mathrm{ave}}}{\Gamma\left(1+1/k_{\mathrm{sp}}\right)} \tag{3.10}$$

式中，v_{ave} 为风速平均值；σ_{W} 为风速概率分布的标准差；$\Gamma(\cdot)$ 为伽马函数。

由式（3.7）可知风速的概率分布函数如式（3.10）所示。

$$F_{\mathrm{WT}}\left(v\right)=1-\exp\left[-\left(\frac{v}{c_{\mathrm{sf}}}\right)^{k_{\mathrm{sp}}}\right] \tag{3.11}$$

式中，$F_{\mathrm{WT}}\left(v\right)$ 为风机风速的概率分布函数。

（3）风机出力概率分布模型。基于风速的概率分布函数和风机的输出功率特性函数，可以得到风机出力的概率分布函数，如式(3.12)所示。

$$
F_{\mathrm{WT}}(P_{\mathrm{WT}}) = \begin{cases} F_{\mathrm{V}}(v_{\mathrm{ci}}) + 1 - F_{\mathrm{V}}(v_{\mathrm{co}}) = 1 - \exp\left[-\left(\dfrac{v_{\mathrm{ci}}}{c_{\mathrm{sf}}}\right)^{k_{\mathrm{sp}}}\right] + \exp\left[-\left(\dfrac{v_{\mathrm{co}}}{c_{\mathrm{sf}}}\right)^{k_{\mathrm{sp}}}\right], & P_{\mathrm{WT}}=0 \\[3mm] F_{\mathrm{V}}(v) + 1 - F_{\mathrm{V}}(v_{\mathrm{co}}) = 1 - \exp\left\{-\left[\dfrac{v_{\mathrm{ci}}(P_{\mathrm{G,n}}+hP_{\mathrm{WT}})}{c_{\mathrm{sf}}P_{\mathrm{G,n}}}\right]^{k_{\mathrm{sp}}}\right\} + \exp\left[-\left(\dfrac{v_{\mathrm{co}}}{c_{\mathrm{sf}}}\right)^{k_{\mathrm{sp}}}\right], & 0<P_{\mathrm{WT}}<P_{\mathrm{G,n}} \\[3mm] 1, & P_{\mathrm{WT}}=P_{\mathrm{G,n}} \end{cases}
$$

$$(3.12)$$

式中，$F_{\mathrm{WT}}(P_{\mathrm{WT}})$ 为风机出力的概率分布函数；$h=(v_{\mathrm{ci}}/v_{\mathrm{r}})-1$。

其中，在风机出力的连续部分($0<P_{\mathrm{WT}}<P_{\mathrm{G,n}}$)的概率密度函数如式(3.12)所示。

$$
f_{\mathrm{WT}}(P_{\mathrm{WT}}) = \frac{k_{\mathrm{sp}}}{c_{\mathrm{sf}}}\left[\frac{v_{\mathrm{ci}}(P_{\mathrm{G,n}}+hP_{\mathrm{WT}})}{c_{\mathrm{sf}}P_{\mathrm{G,n}}}\right]^{k-1}\exp\left\{-\left[\frac{v_{\mathrm{ci}}(P_{\mathrm{G,n}}+hP_{\mathrm{WT}})}{c_{\mathrm{sf}}P_{\mathrm{G,n}}}\right]^{k}\right\} \tag{3.13}
$$

式中，$f_{\mathrm{WT}}(P_{\mathrm{WT}})$ 为风机出力的概率密度函数。

2）光伏出力概率模型

（1）光伏发电效能模型。光伏出力的计算采用常用的光伏分段出力模型，其光伏出力与光照强度的关系如图3.5所示。

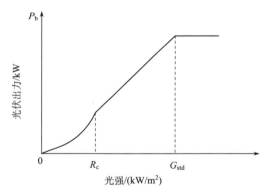

图3.5　典型光伏输出功率与光强之间特性关系

光伏发电功率和光照强度的关系如下式所示：

$$
P_{\mathrm{PV}} = \begin{cases} P_{\mathrm{S,n}}[G_{\mathrm{bt}}^{2}/(G_{\mathrm{std}}R_{\mathrm{c}})], & 0 \leqslant G_{\mathrm{bt}} < R_{\mathrm{c}} \\ P_{\mathrm{S,n}}(G_{\mathrm{bt}}/G_{\mathrm{std}}), & R_{\mathrm{c}} \leqslant G_{\mathrm{bt}} < G_{\mathrm{std}} \\ P_{\mathrm{S,n}}, & G_{\mathrm{bt}} \geqslant G_{\mathrm{std}} \end{cases} \tag{3.14}
$$

式中，P_{PV} 为光伏发电功率；G_{bt} 为太阳光照强度；$P_{\mathrm{S,n}}$ 为光伏的额定功率；G_{std}

为额定光照强度；R_c 为特定强度的光强，表示光伏出力与光强的关系由非线性到线性的转折点。

（2）光照强度的概率分布。光伏阵列出力大小取决于当地太阳光照的强弱，一般认为在一段时间内光照强度服从 Beta 分布，光伏阵列的出力与光照强度间的关系如式（3.15）所示。

$$f_r\left(\frac{r}{r_{\max}}\right)=\frac{\varGamma\left(\alpha_{sf}+\beta_{sf}\right)}{\varGamma\left(\alpha_{sf}\right)\varGamma\left(\beta_{sf}\right)}\left(\frac{r}{r_{\max}}\right)^{\alpha_{sf}-1}\left(1-\frac{r}{r_{\max}}\right)^{\beta_{sf}-1} \tag{3.15}$$

式中，$f_r(\cdot)$ 为光照强度的概率密度函数；$r_{\max}$ 表示最大光照强度，单位 W/m^2；α_{sf} 和 β_{sf} 为此分布的形状参数，如式（3.16）所示。

$$\begin{cases}\alpha_{sf}=\mu_{PV}\left[\dfrac{\mu_{PV}\left(1-\mu_{PV}\right)}{\sigma_{PV}^2}-1\right]\\[3mm]\beta_{sf}=\left(1-\mu_{PV}\right)\left[\dfrac{\mu_{PV}\left(1-\mu_{PV}\right)}{\sigma_{PV}^2}-1\right]\end{cases} \tag{3.16}$$

式中，μ_{PV} 和 σ_{PV} 分别为光伏发电一段时间内的光照强度的均值和标准差。

（3）光伏发电出力的概率分布。基于光照强度的概率密度函数和光伏阵列出力与光照强度的关系式，可以推出光伏阵列出力的概率密度函数也服从 Beta 分布，如式（3.17）所示。

$$f_{PV}\left(P_{PV}\right)=\frac{1}{R_{\max}}\frac{\varGamma\left(\alpha_{sf}+\beta_{sf}\right)}{\varGamma\left(\alpha_{sf}\right)\varGamma\left(\beta_{sf}\right)}\left(\frac{P_{PV}}{R_{\max}}\right)^{\alpha_{sf}-1}\left(1-\frac{P_{PV}}{R_{\max}}\right)^{\beta_{sf}-1} \tag{3.17}$$

式中，$f_{PV}(\cdot)$ 为光照强度的概率分布函数；$R_{\max}=r_{\max}A\eta$ 为光伏阵列的最大发电功率；$r_{\max}$ 为光照强度的最大值。

3）负荷模型

基于长期的实践发现，负荷作为随机变量服从正态分布，概率密度函数如式（3.18）和式（3.19）所示。

$$f(P_L)=\frac{1}{\sqrt{2\pi}\sigma_L}\exp\left[-\frac{\left(P_L-\mu_L\right)^2}{2\sigma_L^2}\right] \tag{3.18}$$

$$Q_L=P_L\tan\varphi_L \tag{3.19}$$

式中，μ_L 和 σ_L 分别为负荷有功功率的均值和标准差；P_L、Q_L 为负荷的有功功率和无功功率；φ_L 为负荷的功率因数角。

2. 概率潮流计算方法

相比只能用于计算确定性参数下电力系统运行状况的确定性潮流计算方法，

概率潮流计算方法可用于求解计及随机参数的电力系统潮流，发现系统运行的薄弱点，更好地进行系统状态分析[5]。常见的输入随机变量为电力系统节点注入的有功和无功功率，一般包括风机出力、光伏出力、负荷的波动以及发电机的启停；输出随机变量为各节点的电压幅值、相角和支路潮流。

合格的概率潮流计算应满足以下两个特征。

(1) 可根据输入随机变量的期望值、方差或概率分布来得到输出随机变量的期望值、方差或概率分布。

(2) 能够处理多个输入随机变量的相关性。常用的概率潮流计算方法可分为模拟法、解析法和近似法 3 大类[6]。模拟法在样本数量足够时可以获得精确输出随机变量，但由于计算量过大，一般作为其他概率潮流计算方法的评估基准，以蒙特卡罗仿真法(Monte Carlo simulation method，MCSM)为代表；解析法通过简化非线性潮流方程得到输入随机变量的线性关系，通过较少次数的计算即可得到潮流结果，但该方法要求各输入变量之间保证相互独立，包括卷积法和半不变量法；近似法计算速度较快，但当考虑输入变量相关性时，计算会非常复杂且高阶矩的误差较大，包括点估计法和一次二阶矩法。下面对常用的蒙特卡罗仿真法和半不变量法的计算原理、计算步骤、改进措施和相关应用进行介绍。

1) 蒙特卡罗仿真法

模拟法的代表为蒙特卡罗仿真法，是一种以概率论和数理统计为基础的试验统计方法。MCSM 计算包括 3 个步骤。

(1) 基于输入随机变量的概率分布，通过抽样技术生成满足相关条件的样本。

(2) 对每组输入随机变量样本进行确定性潮流计算，得到输出随机变量的多组计算值。

(3) 采用统计学方法，对输出随机变量的所有计算值进行分析并获取其概率统计特性。

MCSM 所得输出随机变量的概率统计特性的准确性，取决于输入随机变量样本的准确性以及确定性潮流计算模型的准确性。当采用准确的非线性潮流计算模型时，主要考虑输入随机变量样本的准确性对于输出随机变量的准确性的影响。提高输入随机变量样本的准确性有增加抽样规模和提高抽样效率两种方法。增加抽样规模会增加确定性潮流计算的次数，增加计算时间，降低潮流计算的效率。提高抽样效率可有效减少确定性潮流计算次数，在减少潮流计算时间的同时保证潮流计算的准确性，是现在学者的主要研究方向。在简单随机抽样的基础上，提出了包括全周期抽样法、自适应重要抽样法、分层抽样法、拉丁超立方抽样法等高效率的方法。其中拉丁超立方抽样法的应用最为广泛，分为样本生成和相关性控制两步，前者确保输入随机变量分布区域能够被采样点完全覆盖，后者通过改变输入随机变量抽样值的顺序以使其具有和输入随机变量相同的相关性。

MCSM 方法原理简单，在保证样本规模足够大的情况下具有很高的精度，且收敛性几乎不受系统规模和复杂程度的影响。该方法可模拟电力系统的实际运行方式，可考虑输入随机变量的相关性，无需对电力系统模型和不同输入随机变量的统计参数进行过多简化，可采用准确的非线性潮流计算模型，适用性广。但该方法求解速度限制了其发展，无法对规模庞大的系统进行在线潮流计算。通常认为该方法是最准确、鲁棒性最强的概率潮流计算方法，是其他概率潮流计算方法评估准确性的基准。

2) 半不变量法

解析法的代表是半不变量法概率潮流 (probabilistic load flow based on cumulant method，PLFCM)，其基本思路是将非线性潮流方程简化处理，得到输入随机变量间的近似线性关系，再用半不变量法求得输出随机变量的概率分布。

解析法包括 2 个步骤。

(1) 对非线性潮流方程进行简化处理。

(2) 利用随机变量间的关系通过半不变量法得到状态量的概率分布。

非线性潮流方程简化处理主要有线性直流潮流模型、线性交流潮流模型、近似二阶潮流模型和完整二阶潮流模型等几类方法。其中，直流潮流模型有利于加快计算速度，但仅能分析系统有功，无法考虑节点电压幅值和支路无功功率；线性交流模型能同时分析系统有功无功；近似二阶或完整二阶模型精度高，但求解速度相对较慢。因此，线性交流潮流模型最常被采用。输入随机变量波动较小时，线性交流潮流模型在输入随机变量期望值附近进行线性化引起的误差不大；反之，会使远离期望值的输出随机变量概率分布的尾部误差较大，而该尾部是判断输出随机变量是否越限及越限概率的评判关键。针对不能采用单一点处的线性交流潮流方程求取输出随机变量概率分布的问题，有学者提出了交流潮流模型多点分段线性化处理方法[7]和保留非线性的交流潮流模型等方法[8]。

线性交流潮流模型的原理是分别把输入/输出随机变量表示为其均值与波动部分之和，然后把潮流方程在输入随机变量的均值处进行泰勒展开并忽略高次项，得到输出随机变量的波动部分与输入随机变量波动部分的近似线性关系。在电力系统潮流计算中，节点注入功率的方程式可概括为

$$S=f(X) \tag{3.20}$$

式中，S 为节点注入变量，包括有功功率和无功功率；X 为节点状态变量，包括节点的电压幅值和相角。概率潮流计算中，S 为输入随机变量；X 为输出随机变量，可表示为

$$\begin{cases} S=S_0+\Delta S \\ X=X_0+\Delta X \end{cases} \tag{3.21}$$

式中，S_0 和 X_0 为期望值；ΔS 和 ΔX 为随机扰动，可视为满足一定分布的随机变量。

将式(3.21)进行泰勒级数展开，可得

$$S_0 + \Delta S = f(X_0 + \Delta X) = f(X_0) + J_0 \Delta X + \cdots \tag{3.22}$$

式中，$S_0 = f(X_0)$，X_0 可由牛顿-拉弗森法潮流计算得到；J_0 为最后一次迭代时所用的雅可比矩阵。忽略式(3.22)中的高阶项并改变形式，可得

$$\Delta X = J_0^{-1} \Delta S \tag{3.23}$$

式(3.23)即为简化非线性潮流方程得到的输出随机变量的波动部分与输入随机变量波动部分的近似线性关系；基于该近似线性关系，可采用半不变量法，利用输入随机变量 ΔS 的概率分布来求解输出随机变量 ΔX 的概率分布。

半不变量是随机变量的一种数字特征，又称为累积量。当输出随机变量与输入随机变量满足线性函数关系且输入随机变量相互独立时，可采用半不变量代数运算代替卷积运算，提高计算效率[9]。

半不变量法概率潮流计算方法(PLFCM)基本思路如下。

(1)根据输入随机变量的概率统计特性计算其各阶半不变量。

(2)在输入随机变量期望值处进行一次确定性潮流计算，并由输出随机变量与输入随机变量的线性函数关系式得到输出随机变量的各阶半不变量。

(3)根据输出随机变量的各阶半不变量，通过 Gram-Charlier 级数、Edgeworth 级数或 Cornish-Fisher 级数等级数方法得到其概率分布。

半不变量的定义如下：设 $F(x)$ 为一个一元累积分布函数，t 为实数，由于 $|e^{itx}|=1$，故函数 $g(x)=e^{itx}=\cos tx + i\sin tx$ 在 $(-\infty, +\infty)$ 上关于 $F(x)$ 可积，由黎曼-斯蒂尔切斯积分可知，实变量 t 的函数对应于 $F(x)$ 的分布特征函数如下所示：

$$\varphi(t) = E(e^{it\xi}) = \int_{-\infty}^{+\infty} e^{itx} dF(x) \tag{3.24}$$

若分布的 k 阶矩存在，对式(3.24)的特征函数取自然对数并在 $t(t=0)$ 取较小的邻域内展开为麦克劳林级数有：

$$\ln \varphi(t) = 1 + \sum_{n=1}^{k} \frac{\gamma_n}{n!}(it)^n + o(t^k) \tag{3.25}$$

式中，γ_n 为随机变量的 n 阶半不变量；k 为展开式的项数；$o(t^k)$ 为展开式余项。

对于正态分布的随机变量，一阶半不变量为变量均值，二阶半不变量为变量方差，三阶及以上半不变量为零；对于其他分布的随机变量可由式(3.24)和式(3.25)得到半不变量与各阶中心矩的换算关系。

半不变量的齐次性为：若随机变量 X、Y 满足 $Y=aX+b$，则 X 与 Y 对应 k 阶半不变量关系如式(3.26)所示。

$$\gamma_k(Y) = \begin{cases} a\gamma_k(X) + b, & k = 1 \\ a^k \gamma_k(X), & k > 1 \end{cases} \tag{3.26}$$

半不变量的可加性为：若随机变量 X、Y 相互独立，且 $Z = X + Y$，则 Z 与 X、Y 对应 k 阶半不变量关系如式 (3.27) 所示。

$$\gamma_k(Z) = \gamma_k(X) + \gamma_k(Y) \tag{3.27}$$

根据半不变量的可加性与齐次性，采用半不变量代数运算代替卷积运算，得到输出随机变量的各阶半不变量，之后利用诸如 Gram-Charlier 级数展开式逼近得到其概率密度函数和累积分布函数。

Gram-Charlier 级数可以把随机变量的分布函数展开成由正态随机变量的各阶导数所组成的级数，而级数的系数则可表示为该随机变量各阶半不变量的表达式，为了简化级数的形式，给出如下定义：

$$g_\nu = \frac{\gamma_\nu}{\sigma^\nu} = \frac{\gamma_\nu}{\gamma_2^{\nu/2}} \tag{3.28}$$

式中，g_ν 为 ν 阶规格化半不变量；随机变量 X 的均值和标准差为 μ 和 σ，其标准化形式为 $\overline{X} = (X - \mu)/\sigma$。

设 $F(x)$ 和 $f(x)$ 分别为标准化随机变量 $\overline{X}$ 的概率分布函数和概率密度函数，则二者的 Gram-Charlier 级数展开式如下：

$$F(x) = \int_x^\infty \varphi(\overline{x})\mathrm{d}x + \varphi(\overline{x})[\frac{g_3}{3!}H_2(\overline{x}) + \frac{g_4}{4!}H_3(\overline{x}) + \frac{g_5}{5!}H_4(\overline{x}) + \frac{g_6 + 10g_3^2}{6!}H_5(\overline{x})$$

$$+ \frac{g_7 + 35g_3g_4}{7!}H_6(\overline{x}) + \frac{g_8 + 56g_3g_5 + 35g_4^2}{8!}H_7(\overline{x}) + \cdots] \tag{3.29}$$

$$f(x) = \varphi(\overline{x})[1 + \frac{g_3}{3!}H_3(\overline{x}) + \frac{g_4}{4!}H_4(\overline{x}) + \frac{g_5}{5!}H_5(\overline{x}) + \frac{g_6 + 10g_3^2}{6!}H_6(\overline{x})$$

$$+ \frac{g_7 + 35g_3g_4}{7!}H_7(\overline{x}) + \frac{g_8 + 56g_3g_5 + 35g_4^2}{8!}H_8(\overline{x}) + \cdots] \tag{3.30}$$

式中，$\varphi(\overline{x})$ 为标准正态分布密度函数；$H_y(\overline{x})$ 为 Hermite 多项式，前六项的 Hermite 多项式如下所示。

$$\begin{aligned} H_1(\overline{x}) &= 1 \\ H_2(\overline{x}) &= x \\ H_3(\overline{x}) &= x^2 - 1 \\ H_4(\overline{x}) &= x^3 - 3x \\ H_5(\overline{x}) &= x^4 - 6x^2 + 2 \\ H_6(\overline{x}) &= x^5 - 10x^3 + 15x \end{aligned} \tag{3.31}$$

PLFCM 只需进行一次确定性潮流计算，没有卷积运算过程，具有计算效率高的优点。但该方法一般存在以下近似或假设：输出随机变量与输入随机变量满足线性函数关系，电网结构不变，输入随机变量相互独立。简化后的潮流模型会对计算精度造成一定的影响。

3.1.4 分布式发电接入的电压分析和网损分析

本节对稳态情况下含分布式电源的配电网的电压变化进行理论推导，并仿真分析分布式电源接入不同接入位置、不同接入数量、不同运行方式下对配电网电压和网损的影响[10]。分布式发电接入的电压和网损分析是时间序列的问题，本质上是多个时间断面的分析，本节主要针对单时间断面进行分析。

1. 分布式发电接入对电压影响的数学分析

在上面潮流算法基础上，以辐射型配电网中压馈线为例展开分析，其典型结构如图 3.6 所示。线路上有 N 个用户沿线分布，设线路初始端电压为 U_0，线路上第 i 个用户的电压为 U_i，视在功率为 P_i+jQ_i。假设线路阻抗均匀分布，单位距离的电阻和电抗分别为 r 和 x，第 i 个用户和第 $i-1$ 个用户之间的阻抗为 $R_i+jX_i=l_i(r+jx)$，其中 l_i 为第 i 个用户和第 $i-1$ 个用户之间的距离。

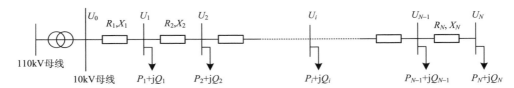

图 3.6　辐射型配电网中压馈线典型结构

1）分布式光伏发电接入前

假设忽略线路损耗，定义有功功率和无功功率向负载方向流动为正向，线路上第 $m-1$ 个用户和第 m 个用户之间的电压降落为[11]

$$\Delta U_m = U_m - U_{m-1} = -\frac{\sum_{i=m}^{N} P_i R_m + \sum_{i=m}^{N} Q_i X_m}{U_{m-1}} = -\frac{\sum_{i=m}^{N} P_i l_m r + \sum_{i=m}^{N} Q_i l_m x}{U_{m-1}} \quad (3.32)$$

则第 m 节点用户电压为

$$U_m = U_0 + \sum_{i=1}^{m} \Delta U_i = U_0 - \sum_{i=1}^{m} \frac{\sum_{j=i}^{N} P_j l_i r + \sum_{j=i}^{N} Q_j l_i x}{U_{i-1}} \quad (3.33)$$

在分布式光伏电源接入前,各用户有功功率 P 和无功功率 Q 均为正数,则压降 $U_m < U_{m-1}$,即距离母线节点越远的用户的电压越低。

2) 单个分布式光伏发电接入

选择分布式光伏发电为例进行分析,设第 p 个用户处接入的分布式光伏电源的发电功率为 $P_p + jQ_p$。假设接入线路的光伏发电系统只发有功功率,即功率因数设为 1.00。对于处于线路母线和光伏发电接入点之间的用户 m(即 $0 < m < N$),光伏发电接入后第 m 个用户电压如下:

$$U_{mp} = U_0 - \sum_{i=1}^{m} \frac{\left(\sum_{j=i}^{N} P_j - P_p \right) rl_i + \sum_{j=i}^{N} xQ_j l_i}{U_{i-1}} \tag{3.34}$$

由于常用用户用电功率因数很高,且线路电抗较小,如果忽略无功功率的影响[10],则式(3.33)和式(3.34)化简后可得

$$U_{mp} = U_0 - \sum_{i=1}^{m} \frac{\left(\sum_{j=i}^{N} P_j - P_p \right) rl_i}{U_{i-1}} > U_0 - \sum_{i=1}^{m} \frac{\sum_{j=i}^{N} P_j rl_i}{U_{i-1}} = U_m \tag{3.35}$$

故 $U_{mp} > U_m$,即分布式光伏发电接入后处于光伏发电接入点前的用户电压将有所提升,提升的程度与用户负荷、光伏发电功率、用户离电源点的距离以及系统母线的整体电压水平都相关。

分布式光伏发电接入后,第 $m-1$ 个和第 m 个节点之间的电压差为

$$U_{mp} - U_{(m-1)p} = -\frac{\left(\sum_{j=m}^{N} P_j - P_p \right) rl_m}{U_{m-1}} \tag{3.36}$$

在忽略无功功率影响的情况下,若 $\sum_{j=m}^{N} P_j - P_p > 0$,即第 m 个用户及其之后所有用户的有功功率之和大于光伏发电功率 P_p 时,则第 m 个节点电压低于第 $m-1$ 个节点电压,但电压下降幅度比光伏发电接入前有所减少;若 $\sum_{j=m}^{N} P_j - P_p < 0$,即第 m 个节点及其之后所有用户的有功功率之和小于光伏发电功率 P_p 时,则第 m 个节点电压高于第 $m-1$ 个节点电压。

对于处于光伏发电接入点之后的用户 m(即 $0 < m < N$),在忽略无功功率影响的情况下,光伏发电接入后第 m 个用户电压为

$$U_{mp} = U_0 - \sum_{i=1}^{n} \frac{\left(\sum_{j=i}^{N} P_j - P_p \right) rl_i}{U_{i-1}} - \sum_{i=n+1}^{m} \frac{\sum_{j=i}^{N} P_j rl_i}{U_{i-1}} \tag{3.37}$$

则第 m 个和第 $m-1$ 个节点之间电压差为

$$U_{mp} - U_{(m-1)p} = -\frac{\sum_{j=m}^{N} P_j rl_m}{U_{m-1}} \tag{3.38}$$

可见，第 m 个节点电压小于第 $m-1$ 个节点电压，即光伏接入点后的线路电压随着与光伏接入点的距离增加而下降。

总的来说，假设线路初始端电压不变，单个分布式光伏电源接入后，随着光伏发电功率的增加，线路电压分布可能会出现以下 3 种情况。

(1) 线路电压逐渐下降，这种情况发生在光伏发电功率小于包括光伏接入点在内的下游用户负荷之和时，但是电压降低趋势比光伏接入前幅度小。

(2) 线路电压先下降后上升最后下降，这种情况发生在光伏发电功率大于包括光伏接入点在内的下游用户负荷之和且小于整体用户负荷时。

(3) 线路电压先上升后下降，这种情况发生在光伏发电功率大于整体用户负荷时，整条线路会发生功率倒送。在后两种情况下，线路电压最高点为光伏发电接入点。

3) 多个分布式光伏发电接入

进一步考虑多个分布式光伏发电接入的情况，忽略无功功率的影响，假设接入第 i 个用户处接入的分布式光伏发电功率为 P_{pi}，若某个用户处无分布式光伏发电接入，则认为该处光伏发电功率为 0。此时，第 m 个用户的电压以及第 $m-1$ 个用户和第 m 个用户的电压差可表示为

$$U_{mp} = U_0 - \sum_{i=1}^{m} \frac{\sum_{j=i}^{N} \left(P_j - P_{pj} \right) rl_i}{U_{i-1}} \tag{3.39}$$

$$U_{mp} - U_{(m-1)p} = -\frac{\sum_{j=m}^{N} \left(P_j - P_{pj} \right) rl_m}{U_{m-1}} \tag{3.40}$$

可以看到，若 $\sum_{j=m}^{N} P_j - \sum_{j=m}^{N} P_{pj} > 0$，即第 m 个用户及下游所有用户功率之和大于第 m 个用户处及下游所有用户处接入的光伏发电功率时，则 $U_{mp} < U_{(m-1)p}$，即第 m 个节点电压小于第 $m-1$ 个节点，该用户处的电压下降；若 $\sum_{j=m}^{N} P_j - \sum_{j=m}^{N} P_{pj} < 0$，则

$U_{mp} > U_{(m-1)p}$，即第 m 个节点电压大于第 $m-1$ 个节点，该用户处的电压上升。

2. 分布式发电接入对网损影响的数学分析

选取图 3.6 的辐射状配电网分析分布式发电接入对网损的影响，未接入分布式发电前配电网的总网损如下。

$$S_{\text{Los}} = \sum_{i=1}^{N} \sum_{j=1}^{N} G_{ij} \left[U_i^2 + U_j^2 - 2U_i U_j \cos(\theta_i - \theta_j) \right] \tag{3.41}$$

式中，S_{Los} 为总网损；G_{ij} 为用户 i 与用户 j 之间的节点导纳的实部；U_i 为用户 i 的电压；θ_i 为用户 i 的电压相角。

分别对式(3.41)求取电压幅值和电网相角的偏导，可得

$$\frac{\partial S_{\text{Los}}}{\partial U_i} = 2 \sum_{i=1}^{N} \sum_{j=1}^{N} G_{ij} \left[U_i - U_j \cos(\theta_i - \theta_j) \right] \tag{3.42}$$

$$\frac{\partial S_{\text{Los}}}{\partial \theta_i} = 2 \sum_{i=1}^{N} \sum_{j=1}^{N} G_{ij} U_i U_j \sin(\theta_i - \theta_j) \tag{3.43}$$

根据极坐标下的系统潮流方程矩阵可得

$$\begin{bmatrix} \dfrac{\partial P}{\partial \theta} & \dfrac{\partial Q}{\partial \theta} \\ \dfrac{\partial P}{\partial U} & \dfrac{\partial Q}{\partial U} \end{bmatrix} \begin{bmatrix} \dfrac{\partial S_{\text{Los}}}{\partial P} \\ \dfrac{\partial S_{\text{Los}}}{\partial Q} \end{bmatrix} = \begin{bmatrix} \dfrac{\partial S_{\text{Los}}}{\partial \theta} \\ \dfrac{\partial S_{\text{Los}}}{\partial U} \end{bmatrix} \tag{3.44}$$

综合式(3.42)～式(3.44)，可以得到系统网损 S_{Los} 对于用户 i 的有功与无功的微增率。

$$k_{\text{P}i} = \frac{\partial S_{\text{Los}}}{\partial P_i} = f_1(P, Q, U, \theta) \tag{3.45}$$

$$k_{\text{Q}i} = \frac{\partial S_{\text{Los}}}{\partial Q_i} = f_2(P, Q, U, \theta) \tag{3.46}$$

式中，$k_{\text{P}i}$ 和 $k_{\text{Q}i}$ 分别为网损对用户 i 的有功和无功的微增率。在用户 i 接入分布式发电时，该指标表示接入单位有功功率或无功功率对于网损的变化。以 $k_{\text{P}i}$ 为例，该指标为正时，说明增加该用户从系统吸收的功率会导致网损增加，减少该用户从系统吸收的功率有利于网损降低，若在用户处接入功率因数为 1 的分布式发电系统时可减少用户从系统吸收的功率，即有利于减少网损；该指标为负时，则相反。

综合考虑有功功率和无功功率对于网损的影响，由式(3.45)和式(3.46)可得

$$\text{d}S_{\text{Los}i} = \frac{\partial S_{\text{Los}}}{\partial P_i}(\cos\theta_i)^2 + \frac{\partial S_{\text{Los}}}{\partial Q_i}(\sin\theta_i)^2 \tag{3.47}$$

式中，$\mathrm{d}S_{\mathrm{Los}i}$ 表示用户 i 处的等效网损微增率。

等效网损微增率一方面可作为选择分布式电源接入位置的参考指标，对各个可接入分布式发电的用户处的等效网损微增率进行排序后，排序靠前的用户处接入等容量的分布式发电更有利于减少网损；也可以反映单个用户接入分布式发电容量的多少对于网损增量的影响，当该指标随着接入分布式发电容量的增大由正变负时，说明该用户处再增大分布式电源容量不但无法减少系统网损，反而会增加系统网损。

3.2 含分布式发电的配电网可靠性计算方法

分布式发电接入配电系统后，可以提高系统的可靠性水平[13]，但由于出力的随机性和间歇性，可再生分布式发电对可靠性的提升效果与固定出力分布式发电对可靠性的提升效果相比，仍有较大差距。储能可以平滑可再生分布式发电出力的波动，挖掘其提升供电可靠性的潜力。本节介绍了含分布式发电的配电网的可靠性原理和指标，并提出一种含光伏阵列和储能电池的配电系统可靠性准序贯蒙特卡罗评估方法：在建立系统各元件时序模型的基础上，对系统中的非电源元件进行序贯抽样，而对光伏和储能元件进行非序贯抽样，讨论了含分布式电源配电系统的故障影响分类与查找的过程，并采用启发式方法进行孤岛内的负荷削减。

3.2.1 含分布式发电的配电网可靠性计算原理

1. 配电网可靠性的基本概念

电力系统可靠性就是表征电力系统向用户提供质量合格、连续的电能的能力，一般用概率进行表示。中国电力行业标准 DL/T 861—2004《电力可靠性基本名词术语》对电力系统可靠性作了如下定义：电力系统可靠性是电力系统按可接受的质量标准和所需数量不间断地向电力用户供应电力和电能量之能力的度量[14]。电力系统可靠性包括充裕度和安全性两个方面。电力系统的充裕度为电力系统稳态运行时，在系统元件额定容量、母线电压和系统频率等的允许范围内，考虑系统中元件的计划停运及合理的非计划停运条件下，向用户提供全部所需电力和电量的能力；电力系统的安全性定义为电力系统在运行中承受例如短路或系统中元件意外退出运行等突然扰动的能力。

电力系统整体规模较大，整体考虑其可靠性较为困难，因此根据电力系统的不同功能，将电力系统可靠性评估分为三个层次[15]：第一个层次称为发电系统可靠性评估，假定输电和配电设备完全可靠，提供了充裕度整体测评指标；第二个层次称为发输电系统可靠性评估，假定配电设备完全可靠，反映了发输电系统的充裕度评估和安全性评估;第三个层次称为整体可靠性评估,综合考虑了发、输、配电系统设备,但由于问题较为复杂,一般是单独研究配电系统,利用第二个层次评估得到的数据作为输入数据进行配电系统可靠性评估,因此第三个层次也称为配电系统可靠性评估,主要评估配电系统的充裕度。

根据电力公司对于停电时间数据的统计,相比于高、低压配电网,中压配电网对系统和用户可靠性的影响更大,因此本节研究的配电网可靠性代指中压配电网可靠性。根据分布式电源按照接入模式的不同,分布式电源接入配电系统可以分为低压接入模式、中压接入模式和专线接入模式三种。低压接入模式中,分布式电源接入 0.4kV 电压等级,并通过安装熔断器的配电变压器并入配电网。一般情况下,低压接入模式的分布式电源发出的功率不允许穿越配变流入 10kV 电压等级,需要安装逆功率保护装置。中压接入模式中,分布式电源通过断路器直接接入 10kV 配电线路,可以为 10kV 线路上的负荷供电。专线接入模式中,分布式电源通过专用线路接入上级变电站低压母线,专线线路与低压母线相连处需安装断路器。相比于低压接入模式和专线接入模式,中压接入模式的分布式电源对配电系统可靠性分析和评估过程的影响最为显著,本节将研究的重点放在中压接入模式的含分布式电源的中压配电网可靠性评估。

2. 含分布式发电能源的配电网可靠性评估原理

分布式电源的接入使配电网变成一个多源网络,给配电网的可靠性评估带来了以下影响:分布式电源出力的波动性增加了问题的复杂度,分布式电源的接入增加了系统元件数量进而增加了系统状态规模,分布式电源的运行模式(孤岛运行和并网运行)不同会改变系统运行状态。影响可靠性评估最大的因素是分布式电源的接入规模,通常用渗透率表示,即分布式电源的容量与系统最大负荷的比值。一般来说,如果在某一渗透率下,分布式电源不会对系统的正常运行产生显著影响,就可以认为其处于低渗透率。从可靠性的角度来考虑,本节对配电系统中分布式电源渗透率的高低与否作如下界定:如果在所有的非电源元件(母线、馈线、开关、配变等)都处于非故障运行状态的情况下,配电系统内的负荷不会因分布式电源的退出或出力不足而导致停电,就可以认为此时分布式电源处于低渗透率水平,反之则为高渗透率。即低渗透率下的含分布式发电的配电网可靠性评估的边界条件为:与配电线路母线相连的上级电源(变电站)的容量是充足的,即使所有的分布式电源都退出运行,在所有的非电源元件都处于非故障运行状态的情况下,负荷也能够正常供给,不会导致系统缺电。

配电网可靠性评估通常包括确定元件停运模型、选择系统状态和计算其概率、评估所选择状态的后果和计算可靠性指标这 4 方面,根据配电系统的模式、复杂程度及所需求的分析深度的不同,可以将常用的可靠性评估方法分为解析法和模拟法两类方法。

1) 解析法

解析法是基于马尔可夫模型，用数学方法从数学模型中估计可靠性指标，最常用方法是故障模式后果分析法(failure mode and effect analysis，FMEA)。对于简单的系统，解析法直接运用串联系统可靠性评估原理，选定合适的故障判据(即可靠性准则)，通过对逐个元件进行故障分析、观察并列出每个负荷点的故障后果表的方法，计算得到负荷点的故障率和年平均停电持续时间，并用于所需的可靠性指标的计算。对于复杂的系统，如并联结构和网形结构，由于系统的状态较多，往往先采用状态空间法和其他一些简化方法(例如网络化简法、状态枚举法等)选择系统失效状态，然后根据各失效状态的后果及其出现的概率计算整个系统的可靠性指标。

解析法可以用较严格的数学模型和一些有效的算法对规模较小的系统可靠性进行周密的分析，准确性较高。但随着复杂系统元件数目的增长，基于可靠性准则要分析的系统状态数目呈指数规律增长，且对于规模较大的系统难以找到准确的数学模型，难以应用于大规模电力系统可靠性评估的场合。因此，该方法常用于发电系统、简单的配电系统和一些简化或小型组合系统的可靠性评估[16]。

2) 模拟法

蒙特卡罗模拟法是利用计算机对元件的失效事件进行抽样，构成系统失效事件集，模拟较长一段时间内的元件或系统的寿命过程并观察分析，再通过统计的方式计算可靠性指标的一类方法。相比于解析法，蒙特卡罗模拟法更加直观，而且可以更好地模拟负荷变化等随机因素，同时该方法计算的收敛速度和误差大小与问题的复杂度或者空间的维数无关，而计算时间仅与维数成比例，适合于多维复杂问题。因此，蒙特卡罗方法在含分布式发电能源的配电网可靠性评估领域有着日益广泛的应用。

文献[14]比较了蒙特卡罗模拟法与解析法在计算步骤上的区别，两种方法的不同之处仅在于系统失效状态的选择方法和可靠性指标的计算方式不同，确定元件停运模型和失效状态后果分析评估这两个步骤与解析法是相同的。

3.2.2 含分布式发电的可靠性计算指标

配电系统可靠性主要评估充裕度，通过可靠性指标来体现。基于每个系统状态的分析结果与系统状态的概率、频率和持续时间，根据可靠性指标公式计算出可靠性指标。

按照评估对象的不同，配电系统可靠性指标可分为负荷点指标和系统指标，其中，系统指标又可进一步分为频率时间类指标和负荷电量类指标。负荷点指标描述的是单个负荷点的可靠程度，用于分析系统中用户的可靠性；系统指标则用来描述整个系统的可靠程度。系统可靠性指标一般可由负荷点可靠性指标计算得到。

1. **负荷点可靠性指标**

常用的负荷点可靠性指标主要包括负荷点平均故障率、负荷点年平均停电时间和负荷点每次故障平均停电持续时间。

1)负荷点平均故障率 λ

负荷点平均故障率是统计时间内(通常为一年)负荷点停电次数的期望值,单位一般为次/年(次/a)。

2)负荷点年平均停电时间 t_{aao}

负荷点年平均停电时间是指统计时间(通常为一年)内负荷点停运持续时间的期望值,单位一般为时/年(h/a)。

3)负荷点每次故障平均停电持续时间 t_{aod}

负荷点每次故障平均停电持续时间可由前两项指标计算得到,单位一般为时/次(h/次)。

$$t_{aod} = \frac{t_{aao}}{\lambda} \tag{3.48}$$

2. **系统可靠性指标**

负荷点可靠性指标并不总是能完全表示系统的特性。为了反映系统停电的严重程度和重要性,需要从整个系统的角度出发对其可靠性进行考量,常用的系统可靠性指标如下。

1)系统平均停电频率指标(system average interrupt frequency index,SAIFI)

$$SAIFI = \frac{用户停电总次数}{用户总数} = \frac{\sum \lambda_i N_i}{\sum N_i} \tag{3.49}$$

式中,λ_i 为负荷点 i 的平均故障率;N_i 为负荷点 i 的用户数;SAIFI 的单位为次/(户·年)。

2)用户平均停电频率指标(customer average interruption frequency index,CAIFI)

$$CAIFI = \frac{用户停电总次数}{停电总用户数} = \frac{\sum \lambda_i N_i}{\sum M_i} \tag{3.50}$$

式中,M_i 为负荷点 i 的故障停电用户数;CAIFI 的单位为次/(户·年),该指标与 SAIFI 的区别仅在于分母的值。计算该指标时需要注意,不管一年中停电用户的停电次数是多少,对其只应该计数一次。

3)系统平均停电持续时间指标(system average interruption duration index,

SAIDI）

$$\text{SAIDI} = \frac{\text{用户停电持续时间总和}}{\text{用户总数}} = \frac{\sum t_{\beta_i} N_i}{\sum N_i} \qquad (3.51)$$

式中，t_{β_i} 为负荷点 i 的年平均停电时间；SAIDI 的单位为 h/（户·年）。

4）用户平均停电持续时间指标（customer average interruption duration index，CAIDI）

$$\text{CAIDI} = \frac{\text{用户停电持续时间总和}}{\text{用户停电总次数}} = \frac{\sum t_{\beta_i} N_i}{\sum \lambda_i N_i} \qquad (3.52)$$

式中，CAIDI 的单位为 h/次或 min/次。

5）平均供电可用度指标（average supply availability index，ASAI）

$$\text{ASAI} = \frac{\text{实际供电总时户数}}{\text{要求供电总时户数}} = \frac{8760 \times \sum N_i - \sum t_{\beta_i} N_i}{8760 \times \sum N_i} = 1 - \frac{\text{SAIDI}}{8760} \qquad (3.53)$$

式中，ASAI 可以通过 SAIDI 直接得到，其单位为%，即通常所说的"几个 9"。

6）系统总电量不足指标（energy not supplied，ENS）

$$\text{ENS} = \text{系统总的电量不足} = \sum P_{\text{Lave}i} t_{aao} \qquad (3.54)$$

式中，$P_{\text{Lave}i}$ 为接入负荷点 i 的平均负荷，单位为 kW·h/年或 MW·h/年。

7）系统平均电量不足指标（average energy not supplied，AENS）

$$\text{AENS} = \frac{\text{系统总的电量不足}}{\text{用户总数}} = \frac{\sum P_{\text{Lave}i} U_i}{\sum N_i} \qquad (3.55)$$

式中，AENS 的单位为 kW·h/（户·年）或 MW·h/（户·年）。

在上述系统可靠性指标中，SAIFI、CAIFI、SAIDI、CAIDI 和 ASAI 属于频率时间类指标，ENS 和 AENS 属于负荷电量类指标。

3.2.3　含分布式发电的可靠性计算方法

本节依次从储能的元件模型、元件的停运模型、系统状态选择方法、系统状态评估方法四个步骤介绍配电系统可靠性评估方法，并给出可靠性评估流程。

1. 储能的元件模型

元件停运是系统失效的根本原因，因此可靠性评估首先要确定元件的停运模型。可靠性评估需要事先获得系统在指定模拟时刻的元件状态数据，其中光伏、风机、负荷的系统元件模型已在 3.1.3 中已介绍，这里介绍储能的元件模型[13]，之后再介绍元件的停运模型。

1) 充电约束

本节的储能特指化学电池。蓄电池的充电过程主要受其最大可接受充电电流的约束。假设蓄电池采用恒电流充电方式，且充电电压保持不变，蓄电池最大可接受充电功率（电流）P_{cmax} 可由式（3.56）得到：

$$P_{cmax} = \max\left(P_{ckbm} - P_{crmax} - P_{ccmax} - P_{socmax}\right)/\eta_c \qquad (3.56)$$

式中，P_{ckbm} 代表蓄电池的充电特性约束，可用文献[17]中的两池模型模拟；P_{crmax} 代表最大充电率约束；P_{ccmax} 代表最大充电电流约束；P_{socmax} 代表最大荷电状态约束；η_c 为充电效率。各约束的定量计算方法如式（3.57）~式（3.60）所示。

$$P_{ckbm}=\frac{-k_S c_S Q_{S\,max} + k_S Q_{S1}e^{-k_S\Delta t} + Q_S k_S c_S\left(1-e^{-k_S\Delta t}\right)}{e^{-k_S\Delta t} + c_S\left(k_S\Delta t - 1 + e^{-k_S\Delta t}\right)} \qquad (3.57)$$

$$P_{crmax} = \left(1-e^{-\alpha_S\Delta t}\right)\left(Q_{S\,max} - Q_S\right)/\Delta t \qquad (3.58)$$

$$P_{ccmax} = I_{max}U_{SN}/1000 \qquad (3.59)$$

$$P_{socmax} = Q_{S\,max}\left(SOC_{max} - SOC_{st}\right)/\Delta t \qquad (3.60)$$

式中，$Q_{S\,max}$ 为蓄电池总容量，$kW\cdot h$；Q_S 为充电时刻剩余容量；c_S、α_S、k_S 为铅酸蓄电池两池模型参数，其中 c_S 为两池容量比例，α_S 为最大充电率，$A/(A\cdot h)$；k_S 为常数，$1/h$；Q_{S1} 为充电时刻第一池剩余容量；t 为模拟步长，h；I_{max} 为最大充电电流，A；U_{SN} 为额定工作电压，V；SOC_{max} 为延长蓄电池寿命人为设定的最高荷电状态；SOC_{st} 为充电时刻蓄电池的荷电状态。

2) 放电约束

放电过程主要受最大可持续放电电流约束。与充电过程类似，蓄电池的最大可持续放电功率可以通过下式得到：

$$P_{dmax}=\min\left(P_{dkbm}, P_{socmin}\right)\eta_d \qquad (3.61)$$

式中，P_{dkbm} 代表放电特性约束；P_{socmin} 代表最小荷电状态约束；η_d 为放电效率。各约束的定量计算方法如式（3.62）、式（3.63）所示。

$$P_{dkbm}=\frac{k_S Q_{S1}e^{-k_S\Delta t} + Q_S k_S c_S\left(1-e^{-k_S\Delta t}\right)}{1-e^{-k_S\Delta t} + c_S\left(k_S\Delta t - 1 + e^{-k_S\Delta t}\right)} \qquad (3.62)$$

$$P_{socmin}=Q_{max}\left(SOC_{st} - SOC_{min}\right)/\Delta t \qquad (3.63)$$

式中，SOC_{min} 为最低荷电状态。

3) 模拟过程

如果 Δt 间隔内蓄电池的外部交换有功功率 P_{exi} 为恒定值，则蓄电池实际充入和放出的功率序列可以由下式计算：

$$P_{S} = \begin{cases} \max\left(P_{cmax}, P_{exi}\right)\eta_{c}, & P_{exi} < 0 \\ \min\left(P_{dmax}, P_{exi}\right)\eta_{d}, & P_{exi} \geqslant 0 \end{cases} \tag{3.64}$$

在进行一次充电/放电模拟后，蓄电池的荷电状态可以通过式(3.64)~式(3.66)更新，以用于下次模拟。

$$SOC_{end} = \left(Q_{S1end} + Q_{S2end}\right) / Q_{Smax} \tag{3.65}$$

$$Q_{S1end} = Q_{S1}e^{-k_{S}\Delta t} + \left(Q_{S}k_{S}c_{S} - P_{S}\right)\left(1 - e^{-k_{S}\Delta t}\right)/k_{S} + P_{S}c_{S}\left(k_{S}\Delta t - 1 + e^{-k_{S}\Delta t}\right)/k_{S} \tag{3.66}$$

$$Q_{S2end} = Q_{S2}e^{-k_{S}\Delta t} + Q_{S}\left(1 - c_{S}\right)\left(1 - e^{-k_{S}\Delta t}\right) + P_{S}\left(1 - c_{S}\right)\left(k_{S}\Delta t - 1 + e^{-k_{S}\Delta t}\right)/k_{S} \tag{3.67}$$

式中，SOC_{end} 为每次模拟结束时刻蓄电池荷电状态；Q_{S1end} 和 Q_{S2end} 分别为该时刻第一池和第二池的容量。已知模拟期间外部交换功率序列 P_{ex}，反复应用式(3.65)~式(3.67)，就可以对蓄电池的时序状态进行模拟。

4) 蓄电池的充放电策略

含风机、光伏、蓄电池的分布式发电系统可以看作一个由分布式的风机、光伏、蓄电池及负荷组成的微网，通过一个外部连接点与外部电网相连。作为对分布式发电系统的支撑，外部连接系统可以是变电站或配电馈线。系统内的负荷优先由风力、光伏和蓄电池供应，当分布式电源和蓄电池无法供应全部负荷时，额外的负荷由外部系统供应。蓄电池的充电策略会对系统的可靠性水平产生较大的影响，本书的评估方法涉及以下3种充电策略。

(1) 负荷跟随策略：当分布式电源出力大于当前负荷时，由分布式电源的过剩功率为蓄电池充电，外部系统不为其充电。

(2) 周期充放电策略：包括充电、浮充和放电 3 个阶段，按照设定的时间依次进行。

(3) 循环充电策略：当分布式电源出力过剩时，由过剩功率为蓄电池充电，外部系统不为其充电；当分布式电源出力不足时，如果蓄电池的最大可释放功率与分布式电源的出力之和仍小于当前负荷，外部系统将首先为剩余负荷供电，其次为蓄电池充电。

2. 元件的停运模型

基于各元件的时序模拟模型，可应用序贯蒙特卡罗模拟法进行可靠性评估。元件的停运是系统失效的根本原因，利用元件的状态转移参数，如失效率(停运率)、修复率、修复时间等可建立元件的停运模型。

元件的停运通常可分为两类：独立停运和相关停运。独立停运又可以进一步分类：按停运性质可分为强迫、半强迫和计划停运，其中强迫停运又可分为可修复失效和不可修复失效；按失效状态可分为完全失效和部分失效。相关停运可以分为共因停运、元件组停运、电站相关停运、连锁停运和环境相依停运，其特点是一个停运状态包含有多个元件的失效。在所有这些停运模型中，独立停运的两状态可修复强迫停运模式是最常见的，也是最重要的模型，在传统的电力系统可靠性评估中有着广泛的应用。

针对配电系统中的非电源元件，如架空裸导线、架空绝缘线、电缆、断路器、熔断器、隔离开关、变压器等，其中多数为可修复元件，通常可用只考虑故障停运的两状态可修复强迫停运模型；针对配电系统中的分布式电源，风机一般也采取两状态停运模型，而光伏和储能一般采用考虑正常状态、全额停运、降额停运三状态的三状态停运模型。

3. 系统状态选择方法

系统状态选择是指基于元件状态的组合选择系统失效状态并计算它们的概率。系统状态选择方法主要分为解析法和蒙特卡罗模拟法。解析法主要包括状态空间法、网络化简法、状态枚举法；蒙特卡罗模拟法根据是否考虑系统状态的时序性可以分为非序贯模拟法、序贯模拟法和准序贯模拟法。解析法具有可以建立较准确的数学模型的特点，准确度较高。但随系统规模增大，计算量急剧增加。而蒙特卡罗模拟法的计算时间与系统维度呈线性相关，适用于含分布式发电的配电系统的可靠性评估计算。

非序贯模拟法又称状态抽样法，它首先对系统内每个元件产生一个[0,1]区间均匀分布的随机数(对于多状态元件，可产生一个以上的随机数)，然后通过比较该随机数值与元件处于各状态的概率值确定元件的状态，进而抽样得到整个系统的状态。一个系统状态在抽样中被选定后，即进行系统分析以判断其是否为失效状态，如果是，则对该状态下系统的可靠性进行评估。序贯模拟法是按照时间顺序，在某一时间跨度上进行的模拟，能够较为真实地模拟负荷、季节、气候等时序变化要素和各种实时系统校正控制策略，灵活地模拟状态持续时间的任何分布，模拟流程较为复杂，需要较多的内存空间和较长的仿真时间，但评估结果更加符合实际。准序贯模拟法是一类综合非序贯模拟和序贯模拟的方法的统称，其基本思想是将随机模拟和顺序模拟有机结合，既发挥非序贯模拟收敛速度快的优势，又具有序贯模拟法能够处理时序事件的特点。分布式电源接入配电系统后，故障影响分析的过程需要同时考虑非电源元件的故障和分布式电源的故障。考虑到在上级变电站容量充足的前提下，只有在系统内存在孤岛的情况下，分布式电源的故障退出才会影响孤岛内负荷的供电，因此本节对系统中的非电源元件(馈线、配变、开关等)进行序贯抽样，而对风机、光伏、蓄电池元件进行非序贯抽样。

1)非电源元件的序贯抽样

非电源元件采用两状态模型，根据配电系统中各个元件的可靠性参数(故障率和修复率)，通过产生随机数的方式来模拟单个元件失效状态的变化序列。

2) 电源元件的非序贯抽样

在抽样得到非电源元件的故障状态时，认为电源元件在此期间状态不变，抽样确定各电源元件在此期间的状态。风机采用两状态模型抽样，对各风机抽样确定状态，并统计处于工作状态的风机数量，确定风机出力。光伏采用包括正常、降额、停运的三状态模型抽样。蓄电池组的状态抽样包括运行状态的抽样和荷电状态的抽样两个部分：蓄电池组运行状态的抽样方法与光伏阵列相同；蓄电池组的荷电状态与系统的充放电策略有关，以周期充放电策略为例，该策略下蓄电池荷电状态的变化情况如图 3.7 所示，包括充电、浮充和放电三个阶段，其中 SOC_{max} 和 SOC_{min} 分别为荷电状态的上、下限。

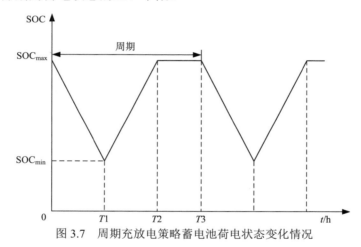

图 3.7　周期充放电策略蓄电池荷电状态变化情况

4. 系统状态评估方法

系统状态评估主要是指根据一定的故障准则，对系统的失效状态进行分析，以评估其故障影响的过程，也就是分析系统供需是否平衡，是否满足母线电压、线路潮流等安全运行约束，以及满足以上条件的最小切负荷代价。常用的系统状态评估方法包括故障模式分析法、最小割集法、逻辑关系图法、人工智能方法，一般采用故障模式分析法。

故障模式分析法是可靠性工程中广泛使用的分析方法，它根据所给定的可靠性判据和准则对系统的状态进行检验分析，找出系统的故障模式集合，建立故障模式影响表，确定元件故障对系统的影响，求得系统的可靠性指标。该方法的基本思路是：首先对系统进行预想事故的选择，即确定负荷点失效事件，并对各个预想事件进行潮流分析和系统补救，形成预想事故的故障模式影响表；再根据负荷点的故障集从预想事故表中提取相应故障的后果，计算出负荷点以及系统的可靠性指标。其中，与非电源元件的故障相比，在分布式电源发生故障时可以通过出口的断路器动作及时切除分布式电源,不会影响负荷供电。为了有效减少计算量,本节采用馈线区的概念来描述含分布式发电的配电系统的故障模式影响分析过程。

馈线区是具有共同入口的开关元件集合,位于同一馈线区的所有负荷点受故障影响的后果相同。当某个元件发生故障,根据各馈线区供电恢复结果的不同,配电系统可以分为以下 6 类区域:故障区、无影响区、上游隔离区、上游无缝孤岛区、下游隔离孤岛区、下游无缝孤岛区。对于故障区、无影响区和上游隔离区 3 类区域中的负荷点,其停电情况可以直接确定:故障区中负荷点的停电时间为故障修复时间,无影响区中的负荷点不停电,上游隔离区中负荷点的停电时间为故障隔离时间。而对于上游无缝孤岛区、下游隔离孤岛区和下游无缝孤岛区,其停电情况取决于孤岛内的电力平衡,无法直接确定。如果孤岛内分布式电源的总出力大于总负荷,那么岛内的负荷点将不停电;而如果孤岛内分布式电源的出力不足,就需要进行负荷削减。

由于孤岛内分布式电源的出力和负荷都是实时变化的,所以需要对孤岛期间每一个时刻分布式电源出力和负荷的大小关系分别进行判断,在任一时刻出现分布式电源出力不足,都需要削减负荷。然而,孤岛内的蓄电池储能装置可以储存分布式电源的一部分过剩功率,当分布式电源出力不足时释放出来,能够起到一定的弥补分布式电源出力不足的作用。

考虑到上述蓄电池的作用,判断是否需要进行负荷削减的条件为:对于孤岛期间的任一蓄电池放电时刻,岛内所有蓄电池组能够释放的最大功率与所有分布式电源的出力之和不小于该时刻岛内的总负荷,即当满足式(3.68)的条件时,需要进行负荷削减。

$$\sum_{i=1}^{N_{\mathrm{b}}} P_{\mathrm{dmax}}(t) + \sum_{j=1}^{N_{\mathrm{DG}}} P_{\mathrm{DG}j}(t) \geqslant S_{\mathrm{Los}}(t) + \sum_{k=1}^{N_{\mathrm{L}}} P_{\mathrm{L}k}(t) X(k), \qquad t \in \left[t_{\mathrm{st}}, t_{\mathrm{end}} \right]$$

$$S_{\mathrm{Los}}(t) + \sum_{k=1}^{N_{\mathrm{L}}} P_{\mathrm{L}k}(t) X(k) - \sum_{j=1}^{N_{\mathrm{DG}}} P_{\mathrm{DG}j}(t) \geqslant 0$$

(3.68)

式中,$P_{\mathrm{dmax}}(t)$ 为第 t 时刻第 i 个蓄电池组在时间间隔Δt 能够对外提供的最大功率,可通过式(3.61)计算;$S_{\mathrm{Los}}(t)$ 为孤岛内的有功损耗,为了简化潮流计算,取为 t 时刻孤岛内负荷的 5%;$P_{\mathrm{L}k}(t)$ 为 t 时刻的第 k 个负荷点的负荷;$X(k)$ 为负荷点的削减状态;N_{DG} 为分布式电源的数量;t_{st} 和 t_{end} 为孤岛的形成和结束时刻。

如果不满足式(3.68)的约束,就需要削减一部分负荷点的负荷,以确保孤岛内的电力平衡,负荷削减的目标函数为

$$\max \sum_{t=t_{\mathrm{st}}}^{t_{\mathrm{end}}} \sum_{k=1}^{N_{\mathrm{L}}} P_{\mathrm{L}k}(t) X(k)$$

(3.69)

式中,$X(k)=0$ 代表负荷点 k 被削减,$X(k)=1$ 代表负荷点 k 被保留。负荷削减过

程中，不考虑负荷点在孤岛期间内的动态投切，即认为一旦某个负荷点的削减状态 $X(k)$ 被确定后，$X(k)$ 将在孤岛期间 $[t_{st},t_{end}]$ 内保持不变。

式 (3.68) 和式 (3.69) 共同构成了孤岛内的负荷削减模型。由于蓄电池在每一个时刻能够对外提供的最大功率取决于负荷削减的结果，所以该模型无法通过解析的方法求得。考虑到采用枚举法求解需要较长的时间，为提高计算速度，本书采用如下的启发式求解策略。

首先，假定所有负荷点的削减状态 $X(k)$ 均为 1，对于孤岛期间 $[t_{st},t_{end}]$ 内的每一个时刻，采用分布式电源和储能的元件时序模型，计算各个分布式电源的出力和蓄电池组的荷电状态，当出现不满足式 (3.68) 的约束时，优先削减孤岛期间内负荷总量最小的负荷点并返回 t_{st} 时刻，重复此过程直到满足式 (3.68) 为止。

5. 可靠性评估流程

总的来说，对于一个含有低渗透率分布式电源的配电系统，其准序贯蒙特卡罗法可靠性评估流程如下。

(1) 输入网络结构，应用本节的方法，根据系统元件编码自动遍历所有非电源元件故障后配电系统的故障分类情况，建立故障影响分类表。

(2) 设定模拟时钟初值为 0，此时系统中所有元件均为正常状态。对于系统中的每个非电源元件，产生一个随机数，并根据本节中的元件状态模型将其转化为对应的无故障工作时间 (time to failure，TTF)。

(3) 找到具有最小 TTF 的元件 (TTF$_{min}$)，并将模拟时钟推进到 TTF$_{min}$。如果多个元件的 TTF 相同，随机选择其中一个。

(4) 对于所选元件，产生一个新的随机数，并将其转化为该元件的修复时间 (time to repair，TTR)，并产生故障隔离与负荷转带时间 (time to fault isolation and load transfer，TFILT)。

(5) 根据步骤 (1) 建立的故障影响分类表，查询该元件故障情况下系统的各类区域包括的馈线区。故障区负荷点停电时间为 TTR，上游隔离区负荷点停电时间为 TFILT，并记录相应的停电次数与缺供电量。

(6) 对于隶属于上游无缝孤岛区的各个馈线区，采用本节中的方法抽样孤岛期间馈线区内风机、光伏阵列和蓄电池组的运行状态，以及 TTF$_{min}$ 时刻的蓄电池组的荷电状态，计算 $[TTF_{min},TTF_{min}+TFILT]$ 时间内风机、光伏阵列与负荷的实时值，进行负荷削减，记录各个负荷点的停电情况。

(7) 与步骤 (6) 类似，在 $[TTF_{min},TTF_{min}+TFILT]$ 时间内，对下游无缝孤岛区进行模拟；在 $[TTF_{min}+TFILT,TTF_{min}+TTR]$ 时间内，对下游区域内的各个大孤岛进行模拟，记录负荷点的停电次数与时间。

(8) 对于步骤 (3) 中的故障元件，重新产生一个随机数并将其转化为该元件新

的运行时间 TTF_N。此时，该元件的 TTF 更新为 $TTF_{min}+TTR+TTF_N$。

(9)如果模拟时钟小于规定的时间长度，返回步骤(3)；否则，统计各个负荷点的停电次数、停电时间、缺供电量，进而计算系统可靠性指标。

3.3 案 例 分 析

3.3.1 典型地区潮流计算

1. 算例概况

选取金寨县 35kV 铁冲变电站(简称铁冲变)下的 10kV 馈线高畈 03 线作为研究对象，高畈 03 线拓扑图见附录图 A1。高畈 03 线共有 28 个节点，各节点安装的配变容量之和为 3.73MV·A，光伏从 10kV 侧及 220V 用户侧接入高畈 03 线的节点中，接入的光伏容量之和为 1.251MV·A，各节点接入配变容量及接入光伏容量信息见附录表 A1。高畈 03 线共有 27 条支路，型号均为 LGJ-35，各支路数据见附录表 A2。

选取了研究区域各月的工作日和周末日共计 24 个典型日的负荷数据和光伏出力数据，节点负荷和光伏出力的功率因数都为 0.95，母线节点电压标幺值根据实际测量值设置为 1.0375。其中，典型日 1 的各节点负荷的有功功率随机变量数据见表 3.3，典型日 1 的光伏有功出力的标幺值见图 3.8，24 个典型日的部分节点负荷有功功率均值如图 3.9 所示，24 个典型日的节点负荷均值之和与光伏有功出力均值如图 3.10 所示。

表 3.3 高畈 03 线各节点负荷的有功功率随机变量数据

节点编号	有功期望值/MW	有功标准差/MW	节点编号	有功期望值/MW	有功标准差/MW	节点编号	有功期望值/MW	有功标准差/MW
2	0	0	11	0.0064	0.001	20	0	0
3	0.0021	0.0001	12	0	0	21	0	0
4	0.0045	0.0046	13	0.0185	0.0137	22	0.006	0.0072
5	0.1061	0.0541	14	0.0138	0.007	23	0.0086	0.006
6	0	0	15	0	0	24	0.0082	0.0049
7	0.0822	0.0412	16	0.0008	0.0006	25	0.0186	0.0112
8	0	0	17	0.0205	0.0145	26	0.1061	0.0541
9	0	0	18	0	0	27	0	0
10	0.0167	0.0093	19	0.0276	0.0109	28	0	0

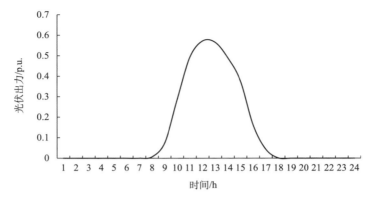

图 3.8　高畈 03 线典型日 1 的光伏出力标幺值曲线

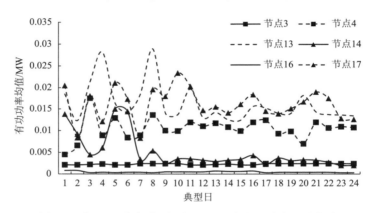

图 3.9　高畈 03 线各典型日的部分节点有功功率均值曲线

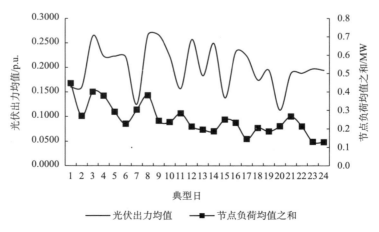

图 3.10　高畈 03 线各典型日的光伏出力标幺值均值曲线

从图 3.9 可以看到,不同节点的负荷时序特性不同,节点 3 和节点 16 的负荷均值在全年各典型日较为平稳,没有太大波动;节点 4 和节点 17 的负荷均值在全年处于振荡变化的状态;节点 13 和节点 14 的负荷均值在春季和夏季初振荡变化,在秋冬季保持平稳。从图 3.10 可以看到,各典型日的光伏出力标幺值均值在夏季达到峰值,在冬季达到谷值,在同一个季节内有幅度较大的振荡变化;光伏出力和负荷大小变化没有遵循同一趋势,各典型日的光伏出力均值和节点负荷均值之和的比例不同,如典型日 1 的光伏出力小而负荷大,典型日 24 的光伏出力大而负荷小。

2. 典型地区潮流计算结果

选取典型日 1 分别采用蒙特卡罗模拟法和半不变量法进行不考虑相关性的概率潮流计算,用来比较两种方法的计算精度和计算时间的区别;采用蒙特卡罗模拟法计算考虑相关性的全年概率潮流分布情况。

1) 概率潮流计算算法性能评估

以蒙特卡罗模拟法计算结果作为参照,比较半不变量法的计算精度和计算速度。蒙特卡罗模拟法的抽样数量 m 取 10000 次,分别求取各输出随机变量的期望值和标准差作为基准值,结果见表 3.4,其中潮流计算的基准容量为 100MV·A。

表 3.4 各节点电压幅值和各支路有功功率的期望值和标准差(蒙特卡罗模拟法)

节点	电压/p.u.		支路	有功功率/MW	
	期望值	标准差		期望值	标准差
2	1.0223	0.0076	L1	0.0313	1.5743×10^{-2}
3	1.0143	0.0117	L2	0.0297	1.5176×10^{-2}
4	1.0060	0.0160	L3	0.0292	1.4966×10^{-2}
5	1.0029	0.0176	L4	0.0293	1.4652×10^{-2}
6	0.9926	0.0239	L5	0.0202	1.3195×10^{-2}
7	0.9832	0.0261	L6	0.0246	8.1276×10^{-3}
8	0.9661	0.0307	L7	0.0173	6.5884×10^{-3}
9	0.9575	0.0335	L8	0.0150	6.1710×10^{-3}
10	0.9568	0.0337	L9	0.0043	2.4281×10^{-3}
11	0.9537	0.0346	L10	0.0028	2.2185×10^{-3}
12	0.9530	0.0348	L11	0.0022	2.1987×10^{-3}
13	0.9506	0.0358	L12	0.0022	2.1964×10^{-3}
14	0.9489	0.0361	L13	0.0013	7.4148×10^{-4}
15	0.9488	0.0361	L14	0.0001	5.9756×10^{-5}
16	0.9488	0.0361	L15	0.0001	5.9749×10^{-5}

节点	电压/p.u.		支路	有功功率/MW	
	期望值	标准差		期望值	标准差
17	1.0221	0.0077	L16	0.0011	2.1482×10^{-3}
18	0.9949	0.0279	L17	−0.0047	1.0130×10^{-2}
19	0.9929	0.0281	L18	0.0025	1.1487×10^{-3}
20	0.9929	0.0281	L19	0.0000	2.5546×10^{-17}
21	1.0005	0.0343	L20	−0.0073	1.0175×10^{-2}
22	1.0052	0.0408	L21	−0.0048	8.6860×10^{-3}
23	1.0008	0.0346	L22	−0.0026	5.5504×10^{-3}
24	0.9653	0.0309	L23	0.0019	1.5512×10^{-3}
25	0.9623	0.0317	L24	0.0013	1.4241×10^{-3}
26	0.9544	0.0347	L25	0.0106	5.5300×10^{-3}
27	0.9530	0.0348	L26	0.0000	4.4717×10^{-17}
28	0.9488	0.0361	L27	0.0000	3.4897×10^{-18}

典型日 1 的光照强度贝塔分布参数 α_{SP} 为 0.197，β_{SP} 为 1.1906。根据半不变量的性质，将不考虑分布式光伏时的各节点负荷功率半不变量和光伏输出功率半不变量相加，可以得到节点注入功率的各阶半不变量，根据式(3.27)，可以计算得到输出随机变量的各阶半不变量，如表 3.5 所示。

基于半不变量，通过 Gram-Charlier 级数展开公式也可以得到输出随机变量的分布函数和概率密度函数，即各节点电压与相角、各支路功率的期望值和标准差。

表 3.5 选取的节点电压幅值和支路有功功率的各阶半不变量

研究对象	节点 5 电压幅值/p.u.	节点 10 电压幅值/p.u.	支路 12-13 有功功率/MW	支路 18-19 有功功率/MW
一阶半不变量	1.9580×10^{-2}	3.8242×10^{-2}	2.5789×10^{-3}	2.7500×10^{-3}
二阶半不变量	1.9852×10^{-4}	5.2420×10^{-4}	5.2794×10^{-6}	1.4388×10^{-6}
三阶半不变量	-1.8905×10^{-6}	-7.3076×10^{-6}	-7.6914×10^{-9}	-1.1097×10^{-10}
四阶半不变量	2.2559×10^{-8}	1.3195×10^{-7}	1.7603×10^{-11}	5.5909×10^{-14}
五阶半不变量	1.4678×10^{-10}	1.3135×10^{-9}	2.1012×10^{-14}	1.5202×10^{-17}
六阶半不变量	-2.4944×10^{-11}	-3.4359×10^{-10}	-6.4035×10^{-16}	-1.0719×10^{-19}
七阶半不变量	9.6556×10^{-13}	2.0532×10^{-11}	4.3875×10^{-18}	1.7112×10^{-22}

经过 MATLAB 程序计算，蒙特卡罗模拟法的计算时间为 54.38s，半不变量法的计算时间为 0.35s，半不变量法在概率潮流计算的时间上具有明显优势，下面

比较半不变量法结果的准确性。

　　选取的输出随机变量(节点 5 电压幅值、节点 10 电压幅值、支路 12-13 有功功率和支路 18-19 有功功率)的蒙特卡罗计算结果和半不变量计算结果进行对比,如图 3.11～图 3.14 所示。

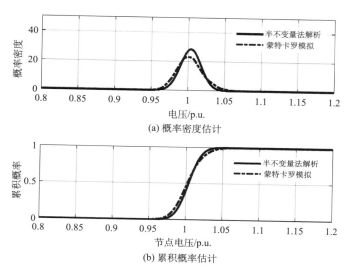

图 3.11　两种概率潮流计算方法下的节点 5 电压幅值概率估计结果对比

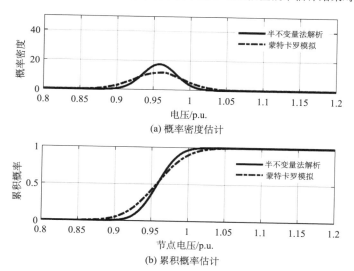

图 3.12　两种概率潮流计算方法下的节点 10 电压幅值概率估计结果对比

　　从图 3.10 和图 3.11 可以看到, 两种方法计算得到的节点电压幅值概率密度曲线和概率分布曲线都很接近。其中, 半不变量得到的节点 5 电压曲线整体要比蒙特卡罗得到的曲线靠左, 不过幅度不大; 半不变量得到的节点 10 电压幅值在期望值附近的概率要高于蒙特卡罗得到的对应概率密度。

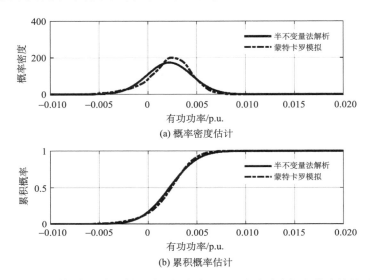

(a) 概率密度估计

(b) 累积概率估计

图 3.13　两种概率潮流计算方法下的支路 12-13 有功功率概率估计结果对比

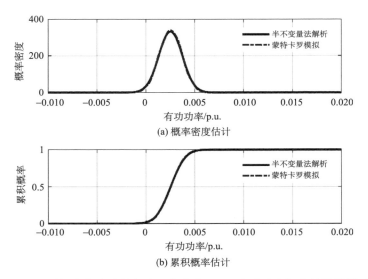

(a) 概率密度估计

(b) 累积概率估计

图 3.14　两种概率潮流计算方法下的支路 18-19 有功功率概率估计结果对比

从图 3.13 和图 3.14 可以看到，两种方法计算得到的支路有功功率概率密度曲线和概率分布曲线也很接近。其中，半不变量得到的支路 12-13 有功功率曲线整体要比蒙特卡罗得到的曲线靠左。

为了进一步比对两种方法结果的差异性，采用方差和的根均值指标(AMRS)描述半不变量方法在输出随机变量概率分布函数上的计算精度，计算公式如式(3.70)所示。

$$\xi_{\mathrm{AMR}\gamma} = \frac{\sqrt{\sum_{i=1}^{N}\left(C_{\mathrm{C}\gamma i} - C_{\mathrm{M}\gamma i}\right)^2}}{N} \tag{3.70}$$

式中，γ 为输出变量的类型，包括 PQ 节点电压幅值、电压相角及支路有功与无功；$C_{\mathrm{C}\gamma i}$ 和 $C_{\mathrm{M}\gamma i}$ 为半不变量法与蒙特卡罗模拟法得到的输出随机变量概率分布的第 i 个点的值；N 为输出随机变量的取点数。

表 3.6 给出了相应节点电压幅值和支路有功功率的 AMRS 值。

表 3.6 选择的节点电压幅值和支路有功功率的 AMRS 值

节点和支路	AMRS/%
节点 5	0.05
节点 10	0.06
支路 12-13	0.11
支路 18-19	0.61

可以看出，所选节点电压幅值和支路有功功率变量 ARMS 值很小，均小于1%，可见半不变量法与蒙特卡罗模拟法的计算结果基本一致，具有较高的精度。

2) 全年概率潮流计算结果

由于半不变量法一般适用于输入随机变量相互独立的情况，所以采用蒙特卡罗模拟法计算考虑光伏相关性的全年典型地区概率潮流结果。各节点地理位置较为接近，因此各时刻的各节点单位光伏出力不独立取值，而是取相同的随机样本值。关键节点的电压情况见表 3.7，总功率损耗见表 3.8。

表 3.7 典型地区全年部分节点电压幅值的期望值和越限概率

典型日	总负荷/MW	光伏出力/MW	节点 5 电压幅值		节点 10 电压幅值	
			期望值/p.u.	电压越限概率/%	期望值/p.u.	电压越限概率/%
1	0.4467	0.1600	1.0024	5.25	0.9556	40.06
2	0.2691	0.1600	1.0236	9.28	1.0007	10.62
3	0.4007	0.2640	1.0190	17.27	0.9877	31.42

续表

典型日	总负荷/MW	光伏出力/MW	节点 5 电压幅值		节点 10 电压幅值	
			期望值/p.u.	电压越限概率/%	期望值/p.u.	电压越限概率/%
4	0.3789	0.2230	1.0166	11.61	0.9797	25.29
5	0.2916	0.2230	1.0271	13.92	1.0054	15.24
6	0.2270	0.2210	1.0352	16.61	1.0209	18.27
7	0.3032	0.1250	1.0157	3.46	0.9857	6.18
8	0.3816	0.2660	1.0212	14.49	0.9909	26.62
9	0.2436	0.2660	1.0375	19.84	1.0257	22.18
10	0.2363	0.2230	1.0346	16.88	1.0219	18.80
11	0.2834	0.1570	1.0224	4.54	0.9988	5.68
12	0.2121	0.2570	1.0407	19.45	1.0325	22.68
13	0.1951	0.1830	1.0348	13.07	1.0234	15.4
14	0.1865	0.2490	1.0421	19.74	1.0355	23.05
15	0.2497	0.1380	1.0244	3.96	1.0048	5.19
16	0.2321	0.2320	1.0364	16.44	1.0241	18.91
17	0.1453	0.2230	1.0451	20.03	1.0431	24.58
18	0.2039	0.1740	1.0332	9.82	1.0199	12.29
19	0.1857	0.1940	1.0366	13.27	1.0265	16.07
20	0.2138	0.1130	1.0257	4.44	1.0071	5.70
21	0.2662	0.1880	1.0275	11.45	1.0092	13.37
22	0.2125	0.1880	1.0338	13.63	1.0209	16.06
23	0.1295	0.1970	1.0436	18.84	1.0414	22.15
24	0.1277	0.1940	1.0433	18.03	1.0411	21.49

　　根据前文分析，各典型日的负荷大小和光伏出力大小不是完全相同的变化趋势，因此会出现不同典型日的各节点电压情况不同。从表 3.7 可以看到，处于线路前段的节点 5 在各个典型日的电压幅值相对较高，基本没有电压跌落到 0.93 以下的风险，但是存在一定的电压超过 1.07 以上的风险；而处于线路中后段的节点 10 的电压幅值相对较低，在负荷均值之和与光伏出力均值的比例较高典型日中存在较高的电压越下限的风险，其中，在负荷均值之和为光伏出力均值之和 2.8 倍的典型日 1，节点 10 的电压标幺值期望值仅为 0.9556，越限概率高达 40.06%；而在负荷均值之和与光伏出力均值的比例较低的典型日中，光伏的电压抬升效果明显，存在较高的电压越上限的风险，其中，在负荷均值之和为光伏出力均值之和 0.75 倍的典型日 14，节点 10 的电压标幺值期望值高达 1.0355，越限概率高达 23.05%；而在负荷均值之和与光伏出力均值的比例适中的典型日中，如典型日 15，

节点 10 的电压基本无越限风险。

表 3.8　典型地区各典型日的总损耗

典型日	总负荷/MW	光伏出力/MW	有功损耗/MW	无功损耗/Mvar	典型日	总负荷/MW	光伏出力/MW	有功损耗/MW	无功损耗/Mvar
1	0.4467	0.1600	0.0034	0.0016	13	0.1951	0.1830	0.0012	0.0006
2	0.2691	0.1600	0.0015	0.0007	14	0.1865	0.2490	0.0017	0.0008
3	0.4007	0.2640	0.0033	0.0015	15	0.2497	0.1380	0.0009	0.0004
4	0.3789	0.2230	0.0028	0.0013	16	0.2321	0.2320	0.0016	0.0008
5	0.2916	0.2230	0.0020	0.0009	17	0.1453	0.2230	0.0016	0.0007
6	0.2270	0.2210	0.0017	0.0008	18	0.2039	0.1740	0.0010	0.0005
7	0.3032	0.1250	0.0016	0.0007	19	0.1857	0.1940	0.0012	0.0006
8	0.3816	0.2660	0.0029	0.0013	20	0.2138	0.1130	0.0008	0.0004
9	0.2436	0.2660	0.0020	0.0009	21	0.2662	0.1880	0.0016	0.0008
10	0.2363	0.2230	0.0018	0.0008	22	0.2125	0.1880	0.0014	0.0007
11	0.2834	0.1570	0.0012	0.0006	23	0.1295	0.1970	0.0017	0.0008
12	0.2121	0.2570	0.0017	0.0008	24	0.1277	0.1940	0.0016	0.0007

根据表 3.8，有功损耗最大的为典型日 1，对应的光伏出力均值与负荷均值之和的比例为 0.3582；有功损耗最小的为典型日 20，对应的光伏出力均值与负荷均值之和的比例分别为 0.5285。根据表 3.8 给出各典型日对于有功损耗与光伏负荷比例的关系图如图 3.15 所示。

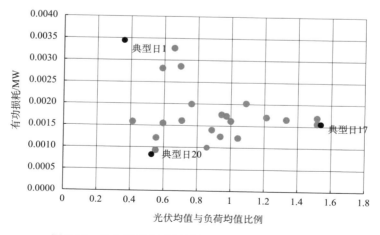

图 3.15　各典型日有功损耗与光伏负荷比例的关系图

由图 3.15 比较 24 个典型日的有功损耗情况可以看到：典型日 1 的光伏出力均值之和与负荷均值比例最低，为 0.36，其有功损耗也为最高的 0.0034MW；典型日 17 的光伏出力均值之和与负荷均值比例最高为 1.54，其有功损耗并未达到最低；典型日 20 伏出力均值之和与负荷均值比例为 0.5285，有功损耗为最低的 0.0008MW。由此可见，适当增加光伏出力有助于降低有功损耗，但存在一定的限度，如果光伏出力与负荷比例过高反而会增加有功损耗。

3.3.2 典型地区电压与网损分析

为了进一步分析分布式发电接入对典型地区电网电压和网损的影响，选取典型日 1 的基础数据，各时刻的各节点单位光伏出力取相同值，设计以下 6 个对比场景。

(1)场景 1：含分散接入的分布式发电的原始场景。

(2)场景 2：不含分布式发电，只考虑负荷变化时的场景。

(3)场景 3：分布式发电接入容量为场景 1 的 2 倍的含分布式发电的场景。

(4)场景 4：分布式发电接入容量为场景 1 的 3 倍的含分布式发电的场景。

(5)场景 5：分布式发电集中接入线路中端节点 7 的场景。

(6)场景 6：分布式发电集中接入线路末端节点 16 的场景。

各场景中各节点期望值与越限概率见表 3.9 和表 3.10。

表 3.9　各对比场景中的节点期望值与越限概率

节点	场景 1		场景 2		场景 3	
	期望值/p.u.	越限率/%	期望值/p.u.	越限率/%	期望值/p.u.	越限率/%
2	1.0219	0.07	1.0137	0.00	1.0289	8.51
3	1.0137	2.31	1.0013	0.00	1.0243	12.86
4	1.0051	4.38	0.9883	0.00	1.0195	15.37
5	1.0019	4.95	0.9836	0.01	1.0176	15.85
6	0.9912	7.71	0.9665	1.54	1.0123	18.53
7	0.9818	11.63	0.9554	9.23	1.0041	21.35
8	0.9645	28.71	0.9354	40.23	0.9888	36.37
9	0.9558	38.76	0.9256	54.97	0.9809	44.91
10	0.9550	39.71	0.9246	56.50	0.9803	45.92
11	0.9518	44.09	0.9200	62.69	0.9783	49.83
12	0.9510	45.29	0.9189	64.04	0.9778	50.90
13	0.9485	48.58	0.9152	68.63	0.9764	53.55
14	0.9468	50.24	0.9132	71.00	0.9748	55.10

续表

节点	场景 1		场景 2		场景 3	
	期望值/p.u.	越限率/%	期望值/p.u.	越限率/%	期望值/p.u.	越限率/%
15	0.9467	50.27	0.9131	71.11	0.9748	55.10
16	0.9467	50.37	0.9130	71.17	0.9747	55.13
17	1.0216	0.21	1.0132	0.00	1.0289	9.18
18	0.9935	10.64	0.9642	2.31	1.0185	21.56
19	0.9914	10.85	0.9619	3.01	1.0166	21.74
20	0.9914	10.85	0.9619	3.01	1.0166	21.74
21	0.9988	14.37	0.9630	2.65	1.0294	24.79
22	1.0034	16.62	0.9623	2.97	1.0385	27.04
23	0.9991	14.49	0.9629	2.68	1.0300	24.94
24	0.9636	29.92	0.9342	42.27	0.9883	37.62
25	0.9605	34.32	0.9297	49.14	0.9862	41.50
26	0.9526	41.88	0.9223	59.40	0.9778	47.53
27	0.9510	45.29	0.9189	64.04	0.9778	50.90
28	0.9467	50.27	0.9131	71.11	0.9748	55.10

表 3.10 各对比场景中的节点期望值与越限概率

节点	场景 4		场景 5		场景 6	
	期望值/p.u.	越限率/%	期望值/p.u.	越限率/%	期望值/p.u.	越限率/%
2	1.0348	14.89	1.0221	0.08	1.0208	0.00
3	1.0331	18.83	1.0143	2.53	1.0123	0.16
4	1.0314	21.17	1.0061	5.08	1.0034	1.21
5	1.0306	21.78	1.0031	5.87	1.0001	1.72
6	1.0298	24.16	0.9943	9.65	0.9900	5.73
7	1.0226	26.92	0.9894	15.52	0.9841	11.57
8	1.0092	40.71	0.9702	30.43	0.9771	32.26
9	1.0019	48.34	0.9607	40.34	0.9746	42.54
10	1.0015	49.28	0.9597	41.17	0.9757	43.99
11	1.0005	53.15	0.9553	45.18	0.9845	50.49
12	1.0003	54.08	0.9543	46.13	0.9871	51.79
13	0.9997	56.80	0.9507	49.48	0.9963	56.06
14	0.9983	58.17	0.9487	51.38	1.0101	59.12
15	0.9983	58.21	0.9487	51.41	1.0181	59.89
16	0.9982	58.26	0.9486	51.45	1.0278	60.77
17	1.0350	15.32	1.0216	0.06	1.0203	0.00

续表

节点	场景 4		场景 5		场景 6	
	期望值/p.u.	越限率/%	期望值/p.u.	越限率/%	期望值/p.u.	越限率/%
18	1.0391	26.69	0.9921	9.71	0.9878	5.64
19	1.0374	26.85	0.9899	9.91	0.9856	5.66
20	1.0374	26.85	0.9899	9.91	0.9856	5.66
21	1.0546	30.04	0.9909	9.81	0.9866	5.63
22	1.0672	31.97	0.9902	9.91	0.9860	5.59
23	1.0554	30.12	0.9908	9.82	0.9865	5.61
24	1.0088	41.74	0.9690	31.62	0.9759	33.30
25	1.0077	45.65	0.9647	36.23	0.9716	36.73
26	0.9989	50.78	0.9576	43.08	0.9715	45.42
27	1.0003	54.08	0.9543	46.13	0.9871	51.79
28	0.9983	58.21	0.9487	51.41	1.0181	59.89

在表 3.9 与表 3.10 中，各场景的概率潮流计算结果中节点电压幅值均为随机变量，虽然其期望值未出现越上限的情况，但由于随机变量的特性，节点电压幅值仍有一定可能出现越限的情况，越限的概率见结果中的越限率。

1. 电压分析

1) 分布式电源安装位置变化时对电压的影响

对比场景 1、场景 5 和场景 6 的潮流计算结果，主干线上节点电压的期望值对比如图 3.16 所示。

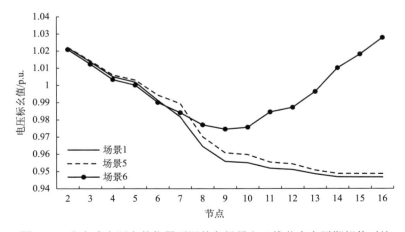

图 3.16　分布式电源安装位置不同的各场景主干线节点电压期望值对比

　　对比场景 5 和场景 6，分析安装位置的不同对于电压的影响。场景 6 中分布式电源接入在主干线末端节点，从图中可以看到，对于中后段节点的电压抬升明显，其中末端部分节点的电压超过了首端节点的电压；场景 5 中分布式电源接入在主干线中段，与场景 6 相比，场景 5 的前中段电压抬升效果较好一些，而场景 5 对于主干线中后段节点无明显抬升作用。由此可见，如果可接入的分布式电源容量有限，接入在线路末端的电压抬升效果好；如果可接入的分布式电源容量过多，接入在线路末端有可能导致末端电压越电压上限。

　　对比场景 1、场景 5 和场景 6，分析集中接入和分散接入对于电压的影响。分散接入的场景 1 的主干线各节点电压均低于场景 5 和场景 6 的对应节点电压，可见集中接入在线路中后段节点比分散接入的电压抬升效果明显，该结论也与上段文字分析吻合。

　　2）分布式电源出力变化时对电压的影响

　　对比场景 1、场景 2、场景 3 和场景 4 的潮流计算结果，各节点电压的期望值和越限概率见表 3.10，各节点电压的期望值对比如图 3.17 所示。

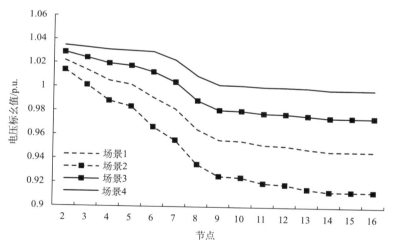

图 3.17　分布式电源出力不同的各场景主干线节点电压期望值对比

　　由图 3.17 可知，不接入分布式电源的场景 2 的主干线各节点电压幅值最低，且大部分节点电压越电压下限；随着分布式电源接入比例的增高，场景 1、场景 3、场景 4 的主干线节点电压幅值抬升效果依次提升。由此可见，在一定的分布式电源接入容量约束下，分布式电源接入得越多，对于电压的抬升效果越好。

　　2. 网络损耗分析

　　各场景的网络损耗结果如表 3.11 所示。

表 3.11　各场景的网络有功损耗结果

场景	场景 1	场景 2	场景 3	场景 4	场景 5	场景 6
有功损耗/MW	0.0034	0.0042	0.0024	0.0082	0.0033	0.0053

1) 分布式电源安装位置变化时对网络损耗的影响

对比场景 1、场景 5 和场景 6 可知，分布式电源集中接入在中端节点的场景 5 的有功损耗最低，分布式电源集中接入在末端节点的场景 6 的有功损耗最高。由 3.1.4 的分析可知，网络损耗与线路流过的功率正相关，与节点电压负相关。结合本节对于各场景的节点电压分析可知，场景 6 的各节点电压抬升效果明显，因此网络有功损耗较少；场景 5 虽然和场景 1 的节点电压相近，但是场景 1 的分布式电源分散接入，各节点净负荷绝对值降低，而场景 5 中接入分布式电源的中端节点净负荷绝对值反而上升，其他节点净负荷不变，因此场景 5 的网络有功损耗最低。可见分布式电源集中接入在线路末端有助于降低网络有功损耗，而集中接入在前中端可能会增加网络有功损耗。

2) 分布式电源出力变化时对网络损耗的影响

对比场景 1~场景 3 可知，不接入分布式电源的场景 2 节点电压最低，网络有功损耗最高；接入适量分布式电源的场景 1 和场景 3 的各节点净负荷绝对值下降，节点电压提升，有效降低了网络有功损耗；接入较多分布式电源的场景 4 虽然节点电压提升效果最好，但是多个分布式电源接入节点出现光伏出力远多于节点负荷的情形，相比于场景 1 和场景 3 网络损耗也较高。可见适量的分布式电源接入可有效减少网络有功损耗，过多的分布式电源接入反而会增加网络有功损耗。

3.3.3　典型地区可靠性计算

选用附录图 A1 所示的线路作为算例进行分析，包括 1 段母线、27 条馈线段、28 个节点、16 个配变、16 个负荷点、13 个分布式电源、若干断路器和隔离开关，无熔断器。负荷及光伏的基本参数见 3.3.1 节。每块蓄电池额定容量 3000A·h，额定电压 2V（功率 6kW·h），参数 $c_S=0.317$，$\alpha_S=1$，$k_S=1.22$，$\eta_c=\eta_d=0.927$，$I_{max}=610A$。常规元件故障参数见表 3.12。

表 3.12　元件故障参数

参数	馈线	配电变压器	隔离开关
平均故障率/[次/年，次/(年·公里)]	0.058	0.46	1.19
平均故障时间/(时/次)	3.46	3.96	2.46

另外，每个负荷点的用户数为 1 户，故障隔离和负荷转带时间取 1h，光伏阵列的故障状态概率为 3.2%，降额状态概率为 5%。

1. 分布式电源容量的影响

在所有分布式电源中蓄电池组额定容量均为零的情况下，按比例调节分布式电源容量，分析不同分布式电源容量对研究区域可靠性的影响，该区域的可靠性指标随着光伏阵列容量的变化情况如图 3.18 和图 3.19 所示。

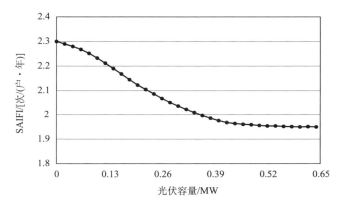

图 3.18　系统年平均停电频率 SAIFI 随光伏阵列容量变化情况

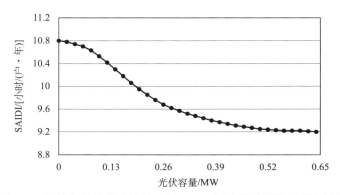

图 3.19　系统年平均停电持续时间 SAIDI 随光伏阵列容量变化情况

由图 3.18、图 3.19 可见，分布式电源接入容量的提升可以提高系统的可靠性水平，特别是在其容量增加的初始阶段；但是，当分布式电源的容量继续增加到一定程度后，其对可靠性的提升效果趋于饱和，可靠性指标趋于稳定。

2. 蓄电池组容量的影响

取几组不同光伏阵列容量组合，分别计算系统年平均停电频率随各组蓄电池中电池组容量的变化情况如图 3.20 所示。其中，系统充放电策略采用图 3.6 所示的周期充放电策略，充放电周期 T=28h，其中 T_1=T_2=14h，SOC_{max}=0.95，SOC_{min}=0.25。

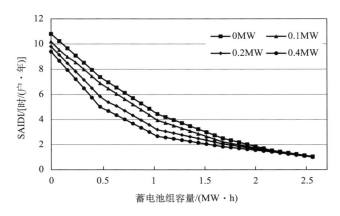

图 3.20　系统年平均停电时间 SAIDI 随蓄电池组容量变化情况

图 3.19 中，横坐标代表每个分布式电源中蓄电池组的额定容量，各曲线对应着不同的光伏阵列容量。由图 3.20 可以看出，在蓄电池容量增加的初始阶段，系统年平均停电时间迅速下降；而随着蓄电池组容量的不断增加，系统年平均停电时间的下降速度越来越慢。随着光伏阵列容量的不断增加，初始阶段系统的年平均停电时间的下降速度不断增加，这体现了蓄电池平滑可再生分布式发电出力，并挖掘其提升供电可靠性潜力的效果；而随着光伏阵列容量的进一步增大，初始阶段系统年平均停电时间的下降速度趋于稳定。

3. 系统充放电策略的影响

考虑 3.2.3 节提到的 3 种充放电策略：周期充放电策略、负荷跟随策略、循环充电策略，每个分布式电源中蓄电池组的容量取 0.8MW·h 固定不变，取几组不同光伏阵列容量组合，分别计算系统年平均停电频率在不同充放电策略下的年平均停电时间指标 SAIDI，如图 3.21 所示。

从图 3.21 可见，①当系统内光伏的容量较小时，负荷跟随策略和循环充电策略下系统的可靠性水平低于周期充放电策略；②随着光伏容量的增加，负荷跟随策略和循环充电策略下系统的可靠性水平将不断增加，当光伏容量增加到一定程度时，两种策略下系统的可靠性水平将高于周期充放电策略；③循环充电策略下系统的可靠性水平一直高于负荷跟随策略，但随着系统内光伏容量的不断增加，两者的差距逐渐减小。

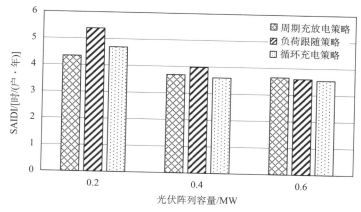

图 3.21　不同充放电策略下的系统年平均停电时间 SAIDI

　　周期充放电策略下,对于不同光伏容量,蓄电池荷电状态均在[SOC_{min},SOC_{max}]之间均匀分布。对于系统可靠性水平较高的循环充电策略,不同的光伏容量下蓄电池荷电状态的分布情况则分别如图 3.22 所示。

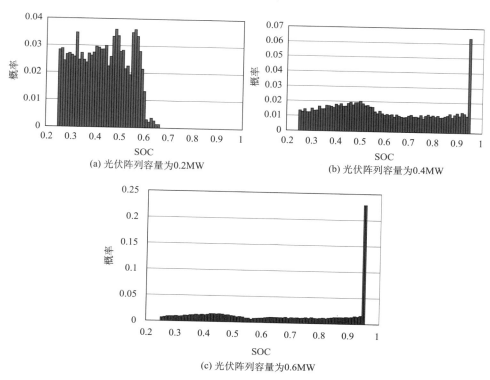

图 3.22　循环充电策略荷电状态分布情况对比

参 考 文 献

[1] 陈海焱. 含分布式发电的电力系统分析方法研究[D]. 武汉: 华中科技大学, 2007.

[2] 彭克. 微网稳定性仿真系统开发中的若干问题研究[D]. 天津: 天津大学, 2012.

[3] 孙充勃. 含多种直流环节的智能配电网快速仿真与模拟关键技术研究[D]. 天津: 天津大学, 2015.

[4] 陈秋南. 分布式供电系统中电压质量的研究[D]. 上海: 上海电力学院, 2014.

[5] 王成山, 郑海峰, 谢莹华, 等. 计及分布式发电的配电系统随机潮流计算[J]. 电力系统自动化, 2005(24): 39-44.

[6] 蔡德福, 周鲲鹏, 忻俊慧, 等. 概率潮流计算方法研究综述[J]. 湖北电力, 2015, 39(10): 20-25.

[7] 黄煜, 徐青山, 卞海红, 等. 基于拉丁超立方采样技术的半不变量法随机潮流计算[J]. 电力自动化设备, 2016, 36(11): 112-119.

[8] Sokierajski M A. A method of stochastic load flow calculation [J]. Achiv Fur Elektrotechnik, 1978, 60(2): 37-40.

[9] 石东源, 蔡德福, 陈金富, 等. 计及输入变量相关性的半不变量法概率潮流计算[J]. 中国电机工程学报, 2012, 32(28): 104-113, 12.

[10] 赵波. 大量分布式光伏电源接入对配电网的影响研究[J]. 浙江电力, 2010, 29(6): 5-8.

[11] 刘天琪, 邱晓燕. 电力系统分析理论[M]. 北京: 科学出版社, 2005: 70-73.

[12] 许晓艳, 黄越辉, 刘纯, 等. 分布式光伏发电对配电网电压的影响及电压越限的解决方案[J]. 电网技术, 2010, 34(10): 140-146.

[13] 葛少云, 王浩鸣, 徐栎. 基于蒙特卡洛模拟的分布式风光蓄发电系统可靠性评估[J]. 电网技术, 2012, 36(4): 39-44.

[14] 国家能源局: 电力可靠性基本名词术语: DL/T 861—2020[S]. 北京: 中国电力出版社, 2020.

[15] 王浩鸣. 含分布式电源的配电系统可靠性评估方法研究[D]. 天津: 天津大学, 2012.

[16] 郭永基. 电力系统可靠性分析[M]. 北京: 清华大学出版社, 2003.

[17] Manwell J F, McGowan J G. Lead acid battery storage model for hybrid energy systems[J]. Solar Energy, 1993, 50(5): 399-405.

第4章　分布式可再生能源发电接纳能力评估方法

4.1　概　　述

大规模分布式可再生能源发电的接入可带来巨大的经济效益与社会效益，与此同时，也对配电网的节点电压、支路电流等指标产生一定的负面影响[1]。在进行分布式可再生能源发电规划时，需要限制其接入容量，以保证配电网的各项运行指标处于允许的范围内。为此，需要提出面向区域配电网的分布式可再生能源发电接纳能力评估方法。

本章从配电网运营者的角度，分析分布式可再生能源发电最大接纳能力的影响因素，在此基础上建立求解最大接纳能力的数学模型，最后通过安徽金寨的实际案例进一步说明所提出的评估方法。该研究可为我国分布式可再生能源发电的有序接入提供技术支持，是分布式可再生能源发电大规模接入配电网的有力保证。

4.2　分布式可再生能源发电的接纳原则

电力体制改革背景下，为进一步创新分布式可再生能源发电的市场机制和商业模式，根据《国家能源局关于加快推进分散式接入风电项目建设有关要求的通知》（国能发新能〔2017〕3 号）、《国家能源局关于印发<分散式风电项目开发建设暂行管理办法>的通知》（国能发新能〔2018〕30 号）和《分布式发电管理办法(征求意见稿)》等文件精神及相关要求，分布式可再生能源发电应遵循分散布局、就近利用的原则，接入电压等级应在 110kV 及以下，并在 110kV 及以下电压等级内消纳，不向 110kV 的上一级电压等级反向送电。接入 110kV 电压等级的分散式风电项目只能有一个并网点，且总容量不应超过 50MW。

以光伏为例，分布式光伏接入应满足《光伏发电站接入电力系统技术规定》（GB/T19964-2012）、《分布式电源并网技术要求》（GB/T33593—2017)等技术标准的要求[2,3]。电压控制应符合下列要求：

（1）通过 10～35kV 电压等级接入电网的光伏发电站在其无功输出范围内，应具备根据光伏发电站并网点电压水平调节无功输出、参与电网电压调节的能力，其调节方式和参考电压、电压调差率等参数应由电网调度机构设定。

（2）通过 110kV 及以上电压等级接入电网的光伏发电站应配置无功电压控制

系统, 具备无功功率调节及电压控制能力。根据电网调度机构指令, 光伏发电站自动调节其发出(或吸收)的无功功率, 实现对并网点电压的控制, 其调节速度和控制精度应满足电力系统电压调节的要求。

分散式风电接入应满足《风电场接入电力系统技术规定》(GB/T19963—2011)、《分布式电源并网技术要求》(GB/T33593—2017)等技术标准的要求。电压控制应符合下列要求。

(1)风电场应配置无功电压控制系统, 具备无功功率及电压控制能力。根据电力系统调度部门指令, 风电场自动调节其发出(或吸收)无功功率, 实现对并网点电压的控制, 其调节速度和控制精度应能满足电力系统电压调节的要求。

(2)当公共电网电压处于正常范围内时, 风电场应当能够控制风电场并网点电压在额定电压的97%～107%范围内。

(3)风电场变电站的主变压器应采用有载调压变压器, 通过调整变电站主变压器分接头控制场内电压, 确保场内风电机组正常运行。

《分散式风电项目开发建设暂行管理办法》鼓励分散式风电项目与太阳能、天然气、生物质能、地热能等各类能源综合开发, 因此, 计算分散式风电的消纳能力时, 需要综合兼顾可能综合开发的其他分散式能源。

4.3　分布式可再生能源发电最大接纳能力的影响因素

制约分布式可再生能源发电接入的主要约束是节点电压和支路潮流[4], 影响因素主要包括以下几个方面: ①在时间断面层次, 合理的分布式可再生能源发电的接入位置及分布式可再生能源发电出力会改善配电网系统节点的电压情况, 该因素已在 3.1.4 节分析, 本节不再赘述; ②在时间序列层次, 不同类型负荷和分布式可再生能源发电具有不同的时序特性, 不同负荷和分布式可再生能源发电出力的时序特性的配合同样会影响配电网的节点电压与支路潮流; ③在空间层次, 变压器高压侧节点的电压会影响到低压侧母线节点的电压, 而处于低压侧线路首端的母线节点电压幅值将直接改变各节点的电压幅值情况。

基于以上分析, 本节从区域配电网负荷的时序特性和系统的空间特性两方面来分析分布式可再生能源发电最大接纳能力的影响因素。

4.3.1　区域配电网负荷的时序特性

配电网对于光伏的消纳能力受多种因素制约, 其中, 区域时序负荷与光伏时序出力的匹配程度是较为重要的一方面[5]。若负荷与光伏的时序特性较为匹配, 则光伏的接入可有效降低区域配电网净负荷曲线的峰谷差。净负荷是指负荷与分布式光伏出力的差值, 即该区域接入分布式光伏后的网供负荷。如果净负荷为负值说明分布式光伏出力没有被完全消纳。

　　本节以净负荷为指标来衡量分布式光伏出力与地区负荷之间的匹配程度，仿真分析城市和农村两个典型地区的分布式光伏与各类负荷的耦合特性。设定各类负荷四季的峰值负荷为 100kW，分布式光伏四季的峰值出力为 110kW，各类负荷与分布式光伏的四季耦合特性曲线如图 4.1～图 4.4 所示。

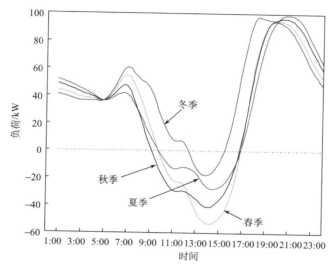

图 4.1　分布式光伏与城市居民负荷的耦合特性

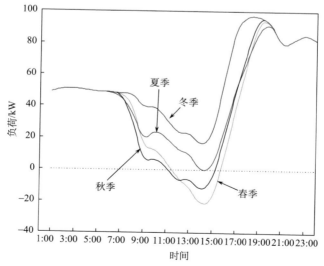

图 4.2　分布式光伏与城市商业负荷的耦合特性

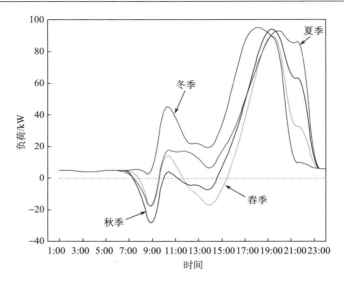

图 4.3　分布式光伏与城市工业负荷的耦合特性

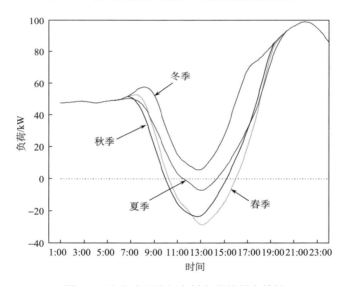

图 4.4　分布式光伏与农村负荷的耦合特性

1. 分布式光伏与城市负荷间的耦合特性

分布式光伏与城市居民负荷间的耦合特性如图 4.1 所示，在 9 点～16 点出现了分布式光伏不能完全被城市居民负荷消纳的情况。四季都出现了分布式光伏不被消纳的情况，春季时分布式光伏出力最不易消纳，其次是秋季，最后是夏季和冬季。四季日负荷曲线中春季典型日的峰谷差最大，为 142kW，区域配电网倒送功率最大值为 50kW。

分布式光伏与城市商业负荷间的耦合特性如图 4.2 所示，在 11 点～15 点出现了分布式光伏不能完全被城市商业负荷消纳的情况。其中，冬季和夏季时分布式光伏出力可以被完全消纳，而春季和秋季时的分布式光伏出力不能被完全消纳。四季日负荷曲线中春季典型日的峰谷差最大，为 112kW，区域配电网倒送功率最大值为 20kW。

分布式光伏与城市工业负荷间的耦合特性如图 4.3 所示，在上午 7 点～10 点和 11 点～15 点出现了分布式光伏不能完全被城市工业负荷消纳的情况在 7 点～10 点，只有冬季分布式光伏出力被完全消纳；在 11 点～15 点，春季和秋季负荷不能被完全消纳。四季日负荷曲线中秋季典型日的峰谷差最大，为 120kW，区域配电网倒送功率最大为 28kW。

2. 分布式光伏与农村负荷间的耦合特性

分布光伏与农村负荷间的耦合特性如图 4.4 所示，在 10 点～15 点出现了分布式光伏不能完全被农村负荷消纳的情况。只有冬季时分布式光伏完全被消纳，春季时分布式光伏消纳最差，秋季次之，夏季时在 11 点～14 点时不被完全消纳。四季日负荷曲线中春季典型日的峰谷差最大，为 126kW，区域配电网倒送功率最大为 28kW。

对于以上几类负荷来说，通过比较光伏接入不同的区域后配电网的倒送功率与区域负荷曲线峰谷差，可知光伏的出力特性与城市中商业负荷的耦合程度最好，这主要是由于城市中大型商场一般在上午 9 点～10 点开始营业，这一特征与光伏典型日出力特性曲线较为相似，因此商业负荷在中午时段的较高负荷水平实现了对光伏的更好消纳。

4.3.2　分布式可再生能源发电的空间特性

节点电压是否越限是影响分布式可再生能源发电最大接纳能力的重要约束，配电网各节点的电压直接受到母线电压影响，而对研究的电压等级对应的母线电压要从空间上进行分析：一方面母线电压受到降压变压器的高压侧电压的约束，另一方面受到同电压等级的各线路网架结构和负荷分布的约束。

1. 母线电压与高压侧电压的关系

由于母线电压受到降压变压器的高压侧的电压影响，需要研究上级电压对于母线电压的影响。

首先要研究降压变压器的两侧电压关系。变压器原绕组和副绕组中的感应电势与绕组的匝数成正比,即原绕组输入电压与副绕组输出电压之比等于它们的匝数比,该比值称为变比系数。变压器常用改变绕组匝数的方法来调节电压,一般从高压绕组引出若干抽头,称为分接头,常见的分接头为 $U_n \pm 3 \times 2.5\%$,即可以选择 7 个分接头来调整副绕组的输出电压。以 110/10kV 变压器为研究对象,低压侧电压的主抽头电压为 10kV,其他抽头电压与主抽头电压偏差最低为 $-7.5\%(-0.75kV)$,最高为 $+7.5\%(+0.75kV)$。

其次研究分布式可再生能源发电接入的变压器是否能够上下级解耦,即两侧电压是否能够通过分接头实现互不干扰[6]。分布式可再生能源发电接入电压等级一般为 110/35/10/0.4kV,35kV 及以上电压供电的电压允许偏差为 $\pm 10\%$,10kV 以上 35kV 以下电压供电的电压允许偏差为 $\pm 7\%$。本节以拥有 $\pm 3 \times 2.5\%$ 共 7 个分接头的 10/0.4kV 变压器为研究对象进行分析,上下级电压允许偏差均为 $\pm 7\%$。针对 10kV 母线达到最大允许电压即 1.07p.u.的情况,此时选择 $-3 \times 2.5\%$ 分接头,低压侧电压为 0.9898p.u.;针对 10kV 母线达到最小允许电压的情况,即 0.93p.u.,此时选择 $+3 \times 2.5\%$ 分接头,低压侧电压为 0.9998p.u.。根据本节对于单电压等级适合的母线参考电压的分析,接入较多分布式可再生能源发电的母线经验参考电压为 0.97~1p.u.,因此对于 10kV 侧的各种电压,均可以通过选择合适的分接头使 0.4kV 侧母线达到合适的电压,即上下级基本可以实现解耦,确保所研究电压等级的母线电压不受到高压侧节点电压的影响。

2. 母线电压与连接的各线路的关系

根据不同线路的分布式可再生能源发电出力和负荷大小的情况,可以调节线路首端母线节点电压来改善线路各节点的电压情况:针对某条处于重载状态且没有接入分布式可再生能源发电的线路,如果线路末端电压低于电压下限值,可以通过抬升母线节点电压来降低线路末端节点的电压越限概率;针对某条接入了较多的分布式可再生能源发电的线路,如果分布式可再生能源发电接入节点及周围节点电压抬升现象明显,可以通过降低母线电压来降低节点的电压越限概率,有助于更多的分布式可再生能源发电的接入。

但是变电站低压侧同一母线上一般接入多条线路,不同线路的负荷大小与分布式可再生能源发电出力的绝对值和比例各不相同,在特定时刻,针对同一母线上不同线路的具体情况,需要分析出合理的首端母线节点电压区间并设定合理的参考母线电压。以 10kV 母线为例,10kV 侧的节点约束电压为 0.93~1.07p.u.,从经验值的角度来说:针对分布式可再生能源发电接入较少的情形,可以将母线节点电压设置为 1p.u.以上,并且为了防止电压波动和异常情况,该节点电压不能设置过高,可以考虑设置为 1~1.05p.u.;针对分布式可再生能源发电接入较多的情形,为了避免电压抬升越限,可以考虑将母线电压设置为 0.97~1.0p.u.。具体的母线节点参考电压的设定,需要根据母线所带各线路实际源荷关系的不同来确定。

4.4　分布式可再生能源发电最大接纳能力计算方法

分布式可再生能源发电的接纳能力指配电网中分布式可再生能源发电最大允许接入容量。求取分布式可再生能源发电的最大接入容量的问题实质上为分布式可再生能源发电的规划问题,即研究分布式可再生能源发电最佳的接入位置和接入容量。本节在配电网的运行层面,不考虑分布式可再生能源发电的有功、无功出力调整及其他调控手段;同时,考虑到配电网的时序计算,应当对运行场景进行划分,以提高规划效率,减少相近场景的计算。为提高可再生能源发电的利用效率,本节的接纳能力计算中不允许可再生能源弃电的情况出现。

4.4.1　数学模型

分布式可再生能源发电的接纳能力指配电网中分布式可再生能源发电最大允许接入容量。求取分布式可再生能源发电的最大接入容量的问题实质上为分布式可再生能源发电的规划问题[7]。

1. 目标函数

配电网接纳分布式可再生能源发电并网的最大接纳能力如式(4.1)所示。

$$\max \sum_{i=1}^{N} x_i S_{\text{DG},i} \tag{4.1}$$

式中,N 为配电网节点总数;x_i 为配电网第 i 个节点是否接入分布式可再生能源发电的 0-1 变量,取 1 为接入,取 0 为不接入;$S_{\text{DG},i}$ 为第 i 个接入点接入分布式可再生能源发电的装机容量。

2. 约束条件

(1)分布式可再生能源发电装机容量约束,即

$$S_{\text{DG},i} \leqslant S_{\text{DG},i}^{\max} \tag{4.2}$$

式中,$S_{\text{DG},i}$ 为第 i 个节点的分布式可再生能源发电接入容量;$S_{\text{DG},i}^{\max}$ 为第 i 个节点分布式可再生能源发电接入容量的上限。

(2)分布式可再生能源发电满额出力约束,即不考虑调节分布式可再生能源发电的有功和无功出力。

(3)潮流约束：

$$\begin{cases} P_i = U_i \sum_{j \in \Omega(i)} U_j (G_{ij} \cos \theta_{ij} + B_{ij} \sin \theta_{ij}) \\ Q_i = U_i \sum_{j \in \Omega(i)} U_j (G_{ij} \sin \theta_{ij} - B_{ij} \cos \theta_{ij}) \end{cases} \tag{4.3}$$

式中，P_i、Q_i 分别为节点 i 的有功、无功注入；U_i、U_j 分别为节点 i 和节点 j 的电压幅值；G_{ij}、B_{ij} 为支路 ij 的线路电导和电纳；θ_{ij} 为节点 i 和节点 j 的电压之间的相位角；$\Omega(i)$ 为节点 j 与节点 i 相连的节点集合。

(4)节点电压不越限约束：

$$U_{i,\min} < U_i < U_{i,\max} \tag{4.4}$$

式中，U_i 为节点 i 的电压幅值；$U_{i,\min}$ 和 $U_{i,\max}$ 分别为节点 i 处允许电压的最小值和最大值。

(5)线路传输载流量约束：

$$-I_{ij,\max} \leqslant I_{ij} \leqslant I_{ij,\max} \tag{4.5}$$

式中，I_{ij} 为支路 ij 的传输电流；$I_{ij,\max}$ 为支路 ij 的最大传输电流值。

4.4.2　运行场景划分方法

1. 等效日负荷曲线

规划目标区域受气候季节等因素影响，其风机和光伏的出力直接受本地区风速和光照影响，二者关系上文已进行分析。在实际运行场景的划分过程中，需要将各类分布式可再生能源发电出力及负荷大小协调统筹。对于区域配电网的分布式可再生能源发电规划问题，其规划区域面积相对较小，规划区域的气候等条件基本一致，可以将配电网中的分布式可再生能源发电出力做一致性处理；同时，考虑到简化问题分析的角度，对负荷也做同样处理。

在电力系统潮流分析中，分布式可再生能源发电可以视为数值为负的"负荷"。在本书中，将各类分布式可再生能源发电的日预测曲线以及负荷的日预测曲线叠加，得到的新曲线称为"等效日负荷曲线"，用以反映规划区域内的分布式可再生能源发电和负荷的综合情况，如图 4.1～图 4.4 所示。

2. 等效日负荷曲线分段方法

规划过程中，需对规划方案在各个运行场景中的实景运行状况进行模拟，得到各个场景下的运行结果作为规划方案量化衡量指标的一部分。为提高规划效率，避免相近场景下的不必要的重复计算，需要对现有场景数据进行场景削减。针对本书，即是对得到的各个场景下的等效日负荷曲线进行合理的区段划分，区段的划分以分段数目最小和分段后场景数据丢失最小为目标。

基于信息熵的运行场景划分方法引入信息熵作为表征数据信息量的参数，信息熵的大小与样本数据数量成正比。在对等效日负荷曲线的划分中，我们取 1 h 为一个采样点，原始数据集包含 24 个分段。随着分段的减小，熵的大小也在减小，为了达到分段数目最小且场景数据丢失最小的分段目标，需要在二者之间找到一个平衡点，这也是基于信息熵的运行场景划分方法的关键所在[8]。

基于信息熵的运行场景划分方法的具体步骤可以分解如下。

1）当前分段数 k 下，各个时段的信息熵计算

根据信息熵理论可知，计算各个时段的信息熵需要各个时段等效负荷在全天中所占概率大小，可通过式(4.6)计算。

$$p_k(S_i) = S_i \Delta t_i \bigg/ (\sum_{i=1}^{k} S_i \Delta t_i) \tag{4.6}$$

式中，$p_k(S_i)$ 为第 i 个时段的概率；S_i 为第 i 个时段的等效负荷大小；Δt_i 为第 i 个时段的时间长度。以典型日为数据样本，故初始时段数为 24。

得到各个时段概率后，代入信息熵的计算公式，计算各个时段的信息熵 $H_k(X)$：

$$H_k(X) = -K \sum_{i=1}^{k} p_k(S_i) \ln(p_k(S_i)) \tag{4.7}$$

2）合并时段的选择标准与方法

当原始数据样本未曾进行时段的合并削减时，样本数据的信息不存在丢失情况，信息完整度最高，信息熵的值也最大。当出于场景削减的目的合并某些时段时，对合并后的时段数据予以平均化处理，必然会损失一部分数据，信息完整度受损，信息熵值也会降低。选择被合并时段的标准是，合并后数据样本损失最小、信息熵减少量最小。

首先，在当前的 k 个分段的等效负荷曲线中，任意选择两个相邻时段合并，则会有 $k-1$ 个分段数为 $k-1$ 的合并方案，然后分别计算每个方案下的信息熵 H_{k-1}，比较合并后的信息熵与合并前的信息熵 H_k，从 $k-1$ 个 H_{k-1} 中选择与 H_k 数值相差最小的一个，其信息熵减小最小即对应的合并方案为信息损失最小，此时的合并方案即为 $k-1$ 个时段下的最优方案。若存在两个或多个方案其合并后的信息熵减小量一致，则任选一种合并方案即可。重复这一操作，直到分段数目达到最优分段值为止，完成整个日等效负荷曲线的分段操作。

3）运行场景划分中最优分段数目的选择

在对等效日负荷曲线的分段操作中，需要确定最优的分段数值。通过前面的计算，得到了分段数 k 和信息熵 H_k 之间的对应关系。根据信息熵的计算公式，通过求其二阶导数可知，信息熵的计算函数是一个凸函数。因此，信息熵 H_k 是关于分段数 k 的凸函数，随着分段数目 k 的减少，其对应的信息熵 H_k 也随之减小，且

减小速率逐渐增大。那么，在信息熵的计算函数中存在这样一个点，函数在该点的变化速率等于函数曲线两端点的连线斜率，即这个点是信息熵计算函数导数变化的临界点。在这个点处，信息熵的损失与分段段数的减少达到一个平衡点，该点对应的分段数目即为最优的分段数。

通过以上对主动配电网运行场景数据的处理，可以将原有的数量较多的典型日负荷以及分布式可再生能源发电的出力数据，整理成 24 h 采样的等效日负荷曲线数据。并进一步削减主动配电网规划方案的运行校验场景数目，将每日的数据聚合成较少的几个分段场景，极大地避免了数据相似场景的重复计算，提高了整体的计算效率和规划效率。

4.4.3 最大接纳能力计算流程

针对 4.4.1 节中的分布式可再生能源发电最大接纳能力计算模型，采用遗传算法求解分布式可再生能源发电规划方案的最大容量，运行层则划分多场景以提高计算效率。优化流程如图 4.5 所示。本书规划模型的优化流程如下。

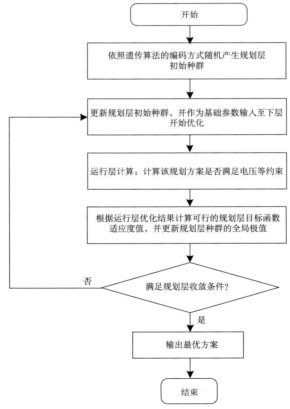

图 4.5　规划模型优化流程图

(1)选择初始分布式可再生能源发电接入方案，并依照规划层遗传算法的编码方式对规划方案编码。

(2)将规划层的规划方案编码作为基础参数传递给运行层，运行层进行潮流计算判定该规划方案是否满足各节点电压约束。

(3)规划层计算各可行规划方案的分布式可再生能源发电接入容量，得到种群中各个个体(规划方案)的适应度。

(4)判断规划层是否达到收敛条件，若未达到，则对规划层个体进行交叉变异操作得到新的规划方案种群编码，返回(2)，反之，输出最优结果。

4.5　考虑配电网重构的分布式可再生能源发电最大接纳能力评估

4.4 节中的分布式可再生能源发电最大接纳能力评估中，没有考虑运行层的优化，限制了分布式可再生能源发电的接入。根据 4.3 节中对于分布式可再生能源发电最大接纳能力影响因素的分析，分布式可再生能源发电和负荷的相对位置会改变整体的潮流结果，因此主动配电网可以考虑从网架结构角度来优化分布式可再生能源发电接入配电网的运行层，以改善电网电压，提升分布式可再生能源发电的接纳能力[9]。

4.5.1　配电网重构对接纳能力的影响

配电系统中普遍存在两类开关，即联络开关和分段开关。联络开关是在两条主馈线、两个变电站或者环路形式的分支线之间起联络作用的开关，通常情况下是断开的，所以也称常开开关或动合开关；分段开关则是安置在两个线路段之间，把一条长线路分成了许多线路段的开关，通常情况下是闭合的，所以也称常合开关或动断开关。这两类开关主要起着两方面的作用，一是为了进行故障隔离和供电恢复，二是对系统进行结构优化。系统故障时，一些分段开关将打开以隔离故障支路，同时一些联络开关闭合将部分或全部隔离后的支路转移到别的馈线或同一馈线的另外分支上。正常运行时，则通过开关的再组合选择用户的供电路径，达到降低网损、消除过载、平衡负荷、提高电压质量等目的[10]。主动配电网网架结构动态重构建立在新型电力电子开关计算的基础上，随着先进电力电子技术的发展，主动配电网的网架具备快速灵活调整的能力。

在分布式可再生能源发电大规模高渗透率接入的背景下，由于分布式可再生能源发电出力的随机性、波动性及负荷的不确定性，导致配电网不可能始终保持最优网架。分布式可再生能源发电出力和不同类型负荷的峰谷时段有较大的差异，需要在不同时刻调整配电网中的电子设备，快速平滑地改变配电网联络方式，相应改变分布式可再生能源发电和负荷的位置，平衡各线路上分布式可再生能源发电和可再生能源发电的出力，保证潮流分布的合理性，消除变压器和线路过载，降低线路节点电压越限的可能性，进而提高配电网对其接纳能力[3]。以图 4.6 为例进行说明，10kV 线路 L1 和线路 L2 以手拉手的方式连接，其中，CB1 和 CB2 为母线处的断路器，S1、S2、S3、S4 为隔离开关，此时 S1、S2 和 S4 闭合作为分段开关，S3 断开作为联络开关。线路 L1 和 L2 都接入较多负荷，线路 L1 上三个分段均只接入较少的分布式光伏，线路 L2 上两个分段均接入较多的分布式光伏。在中午时刻，光照强度较大，用户负荷用电较小，即分布式可再生能源发电出力处于峰值且负荷处于谷值时，线路 L2 上分布式光伏的出力将多于负荷，会造成分布式光伏接入节点电压越上限。如果不进行网络重构，此时将可能违反节点电压约束；如果此时进行网络重构，断开 S2 并且闭合 S3，将 L1 最后分段的负荷转移给馈线 2，改变线路 L2 的光伏出力与负荷大小的关系，可以解决馈线 2 的电压越限问题，可以实现分布式可再生能源发电的全消纳[11]。

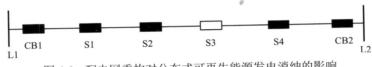

图 4.6　配电网重构对分布式可再生能源发电消纳的影响

4.5.2　数学模型

　　由于需要考虑运行过程中主动管理手段对规划结果的影响，所以需要建立规划层与运行层的双层模型。

　　1. 双层规划方法理论

　　双层优化是一种二层交互递进的系统优化方法，将优化问题分为上下两层，每一层都有各自的决策变量、约束条件和目标函数。上层决策指导下层决策，下层将上层决策作为已知条件，进行优化决策，同时下层优化策略会反过来影响上层决策。这种决策机制使上层决策者在选择策略以优化自己的目标达成时，必须考虑到下层决策者可能采取的策略对自己的不利影响。在分布式可再生能源发电最大接纳能力计算问题中，一方面需要考虑分布式可再生能源发电规划层面优化问题，可以作为上层问题；另一方面，针对每个分布式可再生能源发电规划方案，需要考虑运行层面的优化手段对于分布式可再生能源发电消纳的提升效果，可以作为下层问题。因此，运用双层规划的相关方法处理这一问题，符合双层规划的应用场景要求，达到优化目的的同时，也做到了逻辑清晰、层次分明。

2. 规划层

1) 目标函数

配电网接纳分布式可再生能源发电并网的最大接纳能力如式(4.8)所示。

$$\max \sum_{i=1}^{N} x_i S_{\mathrm{DG},i} \tag{4.8}$$

式中，N 为配电网节点总数；x_i 为配电网第 i 个节点是否接入分布式可再生能源发电的 0-1 变量，取 1 为接入，取 0 为不接入；$S_{\mathrm{DG},i}$ 为第 i 个接入点接入分布式可再生能源发电的装机容量。

2) 约束条件

分布式可再生能源发电装机容量约束见式(4.2)。

规划层得到的分布式可再生能源发电接入方案传递给运行层，进行运行层的优化控制。

3. 运行层

研究提高分布式可再生能源发电最大接纳能力的配电网动态重构问题，实际上就是合理转变线路分段开关和联络开关的开合状态，使负荷得到合理转移，是一个非线性、离散的、多阶段的组合优化问题，需要建立数学模型进行求解。解决该问题的难点在于两个方面：一是单一时间断面的优化具有空间复杂性，传统的启发式配网重构求解方法求解时间过长，且难以保证收敛到最优解，不再适用于含分布式可再生能源发电的配网重构，需要采用人工智能算法应用于配电网重构问题，并对传统编码方式进行改进，以减少无效的中间解，提升求解效率；二是整个时间序列的优化具有时间复杂性，静态重构计算负担已较重，如果再考虑每个时间断面重构解的组合，容易导致解空间过于庞大以及求解时间过长，因此需要根据配电网负荷情况动态划分时间段，对各时间段分别进行静态重构。

下面从目标函数、约束条件两方面介绍配电网运行层中动态重构的数学模型。

1) 目标函数

出于对大规模高渗透率分布式可再生能源发电接入主动配电网后的实际情况考虑，分布式可再生能源发电的消纳问题将成为主动配电网运用分布式能源的关键问题之一，所以在确定运行层优化目标函数时，配电网重构数学模型以分布式可再生能源发电消纳量最大为目标函数，表达式如式(4.9)所示。

$$\max F_{\mathrm{con}} = \sum_{s=1}^{s_{\max}} P_{\mathrm{DG},s} \tag{4.9}$$

式中，$P_{\mathrm{DG},s}$ 为场景 s 下的分布式可再生能源发电有功功率；$s_{\max}$ 为场景总数目，即划分的时间段数量。

2）约束条件

配电网的扩展规划是在保证配电网的安全可靠运行的前提下进行的，因此规划方案在运行阶段需满足配电网的潮流约束、节点电压约束及线路传输载流量约束，详见式（4.3）~式（4.5）。分布式电源出力功率约束具体描述如下：

$$P_{\mathrm{DG},i}^{\min} \leqslant P_{\mathrm{DG},i} \leqslant P_{\mathrm{DG},i}^{\max} \tag{4.10}$$

$$Q_{\mathrm{DG},i}^{\min} \leqslant Q_{\mathrm{DG},i} \leqslant Q_{\mathrm{DG},i}^{\max} \tag{4.11}$$

式中，$P_{\mathrm{DG},i}$ 和 $Q_{\mathrm{DG},i}$ 为第 i 个分布式可再生能源发电的有功出力和无功出力，分布式可再生能源发电受环境及设备性能约束，其出力具有上下限。

4.5.3　模型求解

1. 运行层编码方案

在运用智能优化算法解决配电网重构中的主要问题是编码问题，编码方式的优劣对算法寻优效率的影响非常明显。以粒子群优化算法为例来对编码方式进行说明，编码方式除了决定粒子内容的排列形式之外，还决定了个体从搜索空间的粒子型转换到解空间的表现型的解码手段，另外编码方式也影响到粒子速度和位置更新的运算方法。因此，编码方式在很大程度上决定了群体进行粒子优化运算的方式和效率。一个好的编码方式会使运算简捷有效，而一个差的编码方法可能会导致粒子速度和位置更新等优化操作难以实现或产生大量的无效解。

配电网重构是在分布式可再生能源发电规划建设方案的基础上，模拟不同场景下配电网网架结构的动态重构。运行层模型采用十进制整数粒子群算法，与二进制粒子群算法的编码方式相比，缩短了粒子个体长度，提高了寻优效率。具体编码方式如下。

（1）以深度优先遍历得到规划方案下的所有环路及环路上的所有开关编号，按照开关的实际联络顺序排序。以图 4.7 所示的 IEEE 三馈线系统为例，遍历得到 3 个环路及其环路上的开关编号集合：环路 1 开关集合 {S11,S12,S15,S19,S18,S16}；环路 2 开关集合 {S16,S17,S21,S24,S22}；环路 3 开关集合 {S11,S13,S14,S26,S25,S23,S22}。

（2）粒子群算法中粒子的长度取决于方案中环路的数目。为保证开环运行，每个环路要求断开一个开关，粒子的第 r 位编码 x 表示第 r 个环路的第 x 个开关断开。

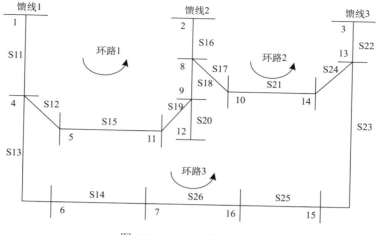

图 4.7　IEEE 三馈线系统

2. 运行场景划分

运行层在上述编码方法的基础上，依照粒子群算法的求解过程，在各个场景下的最优运行网架结构下进行寻优求解。运行场景主要基于由负荷曲线和分布式可再生能源发电出力曲线叠加的等效日负荷曲线来划分。

为提高规划效率，避免相近场景下的不必要的重复计算，需要对现有场景数据进行场景削减，即对得到的各个场景下的等效日负荷曲线进行合理的区段划分。区段的划分以分段数目最小、分段后场景数据丢失最小为的目标。本节采用基于信息熵的运行场景划分方法，引入信息熵作为表征数据信息量的参数，在对等效日负荷曲线的划分中，选取 1 h 一个采样点，原始数据即包含 24 个分段。随着分段的减小，熵的大小也在减小，为了达到分段数目最小且场景数据丢失最小的分段目标，需要在二者之间找到一个平衡点。

4.6　考虑电压调节的分布式可再生能源发电最大接纳能力评估

根据 4.3 节中对于分布式可再生能源发电最大接纳能力的影响因素的分析，本节考虑从电压调控设备角度优化分布式可再生能源发电接入配电网的运行层，以改善电网电压，提升分布式可再生能源发电的接纳能力，其中，电压调控手段主要包括调节分布式可再生能源发电无功出力、电容器无功出力和储能充放电有功功率[12]。

4.6.1　电压调节对接纳能力的影响

通过电压控制来提升分布式可再生能源发电的最大接纳能力，就是在分布式可再生能源发电接入配电网后，采取各种手段使各个节点处的电压偏差保持在规定的范围内，以接入更多的分布式可再生能源发电。

系统的运行电压水平和无功功率的平衡密切相关，为了确保系统在规定的电压范围内运行，系统的无功源必须满足运行的要求，并且保留一定的备用容量。传统配电网中，电压的调整主要通过调节变压器分接头以及投切电容器组来完成的。但在主动配电网中，由于分布式可再生能源发电出力和负荷的不确定性，传统的电压调节方法响应速度慢、不能够连续调节，无法完全满足主动配电网对电压调节的需求。分布式可再生能源发电主动参与配电网的电压协调控制是主动配电网的一大特征，这就需要分布式可再生能源发电发挥出自身的无功调节能力。分布式可再生能源发电无功调节响应时间短，且能连续调节，可以很好地与传统调压设备相结合，而储能装置可以有效抑制光伏系统有功出力的波动对电网电压稳定性的影响。下面以简单的光伏接入辐射状网络说明不同调控手段对于节点电压的影响，如图 4.8 所示。

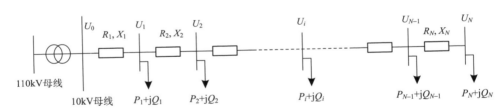

图 4.8　光伏接入的配电线路

第 3 章已分析分布式可再生能源发电对节点电压的影响，但忽略了光伏发出的无功功率，本节为了研究分布式可再生能源发电电压调节对接纳能力的影响，考虑了光伏发出的无功功率的影响。针对光伏接入节点及其上游节点电压，考虑分布式光伏接入配电馈线节点 i，当节点 m 位于光伏接入节点 i 上游，即 $1 \leq m \leq i \leq N$ 时，光伏的接入相当于节点 m 及其下游的总负荷功率减少，减少量即为光伏发电功率。此时，配电线路中节点 m 的电压为

$$U_m = U_0 - \sum_{j=1}^{m} \frac{R_j \left(\sum_{n=j}^{N} P_n - P_{\mathrm{PV}} \right) + X_j \left(\sum_{n=j}^{N} Q_n - Q_{\mathrm{PV}} \right)}{U_j} \tag{4.12}$$

根据式(4.12)，光伏发电接入后对光伏接入节点的上游节点电压具有一定的提升效果，提升效果与光伏有功、无功出力，各节点有功、无功负荷及线路阻

抗的大小有关。式(4.12)也说明了改变功率分布调压与改变线路参数调压的基本
原理。

　　针对光伏接入点下游的节点电压，分布式光伏接入配电馈线节点 i，当节点 m
位于光伏接入节点 i 下游时，有 $1 \leqslant i < m \leqslant N$，此时节点 m 的电压可视为节点 0
到节点 i 的线路的电压降 $\Delta U_{0,i}$ 加上节点 i 到节点 m 的线路上的电压降 $\Delta U_{i,m}$。其中，
$\Delta U_{0,i}$ 可由式(4.13)求得，$\Delta U_{i,m}$ 和节点 m 处电压见式(4.13)和式(4.14)。

$$\Delta U_m = U_{m-1} - U_m = \frac{R_m \sum_{n=m}^{N} P_n + X_m \sum_{n=m}^{N} Q_n}{U_m} \tag{4.13}$$

$$U_m = \Delta U_{0,i} + \Delta U_{i,m}$$

$$= U_0 - \sum_{j=1}^{i} \frac{R_j(\sum_{n=j}^{N} P_n - P_{PV}) + X_j(\sum_{n=j}^{N} Q_n - Q_{PV})}{U_j} - \sum_{j=i}^{m} \frac{R_j \sum_{n=j}^{N} P_n + X_p \sum_{n=j}^{N} Q_n}{U_j} \tag{4.14}$$

　　结合式(4.12)与式(4.14)可知，配电网节点的有功、无功负荷及光伏的有功
无功出力值均会影响到节点电压。如果不考虑有功、无功的调整手段，在分布式
可再生能源发电接入较多的情况下，部分时段分布式可再生能源发电需要通过弃
风或弃光来保证节点电压不越限；如果考虑电压调整的手段，可以有效减少弃风
或弃光量。具体来说，一方面可以优化光伏发电的无功出力、调节无功补偿设备
的投切容量；另一方面可以优化储能的充放电，从有功与无功两个方面进行配电
网的节点电压调整。

　　本节针对含分布式光伏发电的配电网络进行有功-无功联合优化，协调优化
电容器组、分布式可再生能源发电以及储能电池，解决分布式光伏接入配电网所
带来的电压越限等问题，进而提升配电网对于分布式可再生能源发电的接纳能力。

4.6.2　数学模型

　　本节考虑从电压调控设备角度提升配电网的分布式可再生能源发电最大接
纳能力。由于需要考虑运行过程中电压优化对规划结果的影响，所以与 4.5 节类
似，采用包含规划层与运行层的双层模型。

1. 规划层

1)目标函数
配电网接纳分布式可再生能源发电并网的最大接纳能力如式(4.8)所示。
2)约束条件
分布式可再生能源发电装机容量约束见式(4.2)。

规划层得到的分布式可再生能源发电接入方案传递给运行层，进行运行层的优化控制。

2. 运行层

1）目标函数

为了解决分布式光伏接入配电网所带来的电压越限等问题，配电网电压协调优化控制的目标函数定为电压总偏差最小，即优化周期内配电网所有节点归一化电压偏差平方和的时序平均最小，该目标函数的目的是使电压保持在满意的水平上。作为检验系统安全性和电能质量的重要指标之一，目标函数可表示如式（4.15）。

$$\min \Delta U = \frac{\sum\limits_{t=1}^{T}\sum\limits_{i=1}^{N}\left(\dfrac{U_{i,t} - U_{i,t}^{*}}{U_{i,\max} - U_{i,\min}}\right)^{2}}{T} \tag{4.15}$$

式中，T 为计算时间段（24 h）；N 为系统网络负荷节点总个数；$U_{i,t}$ 为 t 时段系统节点 i 的电压幅值，$U_{i,t}^{*}$ 为 t 时段系统节点 i 的基准电压幅值，通常为 1.0p.u.；$U_{i,\max}$ 和 $U_{i,\min}$ 分别为节点 i 的最大允许电压和最小允许电压。

2）约束条件

（1）配电网潮流约束。配电网潮流约束如下式：

$$\begin{cases} P_{\mathrm{L},i,t} - P_{\mathrm{DG},i,t} = U_{i,t}\sum\limits_{j\in\Omega(t)} U_{j,t}(G_{ij,t}\cos\theta_{ij,t} + B_{ij,t}\sin\theta_{ij,t}) \\ Q_{\mathrm{L},i,t} - Q_{\mathrm{DG},i,t} - Q_{\mathrm{CB},i,t} = U_{i,t}\sum\limits_{j\in\Omega(t)} U_{j,t}(G_{ij,t}\cos\theta_{ij,t} - B_{ij,t}\sin\theta_{ij,t}) \end{cases} \tag{4.16}$$

式中，$P_{\mathrm{DG},i,t}$ 和 $Q_{\mathrm{DG},i,t}$ 分别为 t 时段节点 i 处分布式可再生能源发电注入的有功功率和无功功率；$Q_{\mathrm{CB},i,t}$ 为 t 时段系统节点 i 处电容器组的接入容量；$G_{ij,t}$ 和 $B_{ij,t}$ 分别为 t 时段系统节点 i 与节点 j 之间的电导值和电纳值。

（2）节点电压不越限约束见式（4.4）。

（3）线路运行约束。在整个时间段 T 内应满足的约束条件为支路电流约束、放射状运行约束。

$$\begin{cases} I_l \leqslant I_{pl}, & l = 1,\cdots,L_i \\ g_p \in G_p \end{cases} \tag{4.17}$$

式中，I_l 和 I_{pl} 分别为支路 l 电流幅值和支路 l 电流幅值最大值；L_i 为支路数；g_p 和 G_p 分别表示当前的网络结构和允许的放射状网络配置。

（4）分布式可再生能源发电约束。光伏电池接入电网时可以通过逆变器的复用技术产生无功功率。含分布式可再生能源发电的配电网系统中 DG 约束包括分布式可再生能源发电无功功率约束、分布式可再生能源发电出力功率因数限制、分布式可再生能源发电渗透率水平约束。

$$\begin{cases} -\sqrt{S_{\mathrm{DG},i}^2 - P_{\mathrm{DG},i,t}^2} \leqslant Q_{\mathrm{DG},i,t} \leqslant \sqrt{S_{\mathrm{DG},i}^2 - P_{\mathrm{DG},i,t}^2} \\ \cos\phi \leqslant P_{\mathrm{DG},i,t} / S_{\mathrm{DG},i} \leqslant 1 \\ \displaystyle\sum_{i=1}^{N_{\mathrm{G}}} P_{\mathrm{DG},i,t} \leqslant \chi \sum_{i=1}^{N} P_{\mathrm{L},i,t} \end{cases} \tag{4.18}$$

式中，$P_{\mathrm{DG}i,t}$ 和 $Q_{\mathrm{DG},i,t}$ 分别为 i 节点 t 时刻的分布式可再生能源发电有功功率和无功功率；$S_{\mathrm{DG},i}$ 为网络节点 i 处分布式可再生能源发电逆变器容量；$\cos\phi$ 为分布式可再生能源发电出力的功率因数下限；χ 为分布式可再生能源发电的有功出力占全网有功负荷的最大比例，单位为 100%；$P_{\mathrm{L},i,t}$ 为 i 节点 t 时刻负荷的有功功率。

由式(4.19)可知，光伏逆变器的无功容量受逆变器容量与功率因数两方面限制，实际的光伏无功容量范围取以上两类约束的交集。

(5)分组投切电容器运行约束。基于实际运行情况，一个周期内电容器的操作次数有严格的限制，且电容器运行时都是成组投切，故电容器运行需满足补偿电容器容量约束和电容器组的投切次数约束。

$$\begin{cases} \displaystyle\sum_{t=1}^{T} n_{\mathrm{CB},i,t} \oplus n_{\mathrm{CB},i,t-1} \leqslant t_{\mathrm{CB,max}} \\ Q_{\mathrm{CB},i,t} = n_{\mathrm{CB},i,t} Q_{\mathrm{CB},i}^{\mathrm{step}} \\ Q_{\mathrm{CB},i}^{\mathrm{min}} \leqslant Q_{\mathrm{CB},i,t} \leqslant Q_{\mathrm{CB},i}^{\mathrm{max}} \end{cases} \tag{4.19}$$

式中，$n_{\mathrm{CB},i,t}$ 为 t 时段的电容器组的接入组数；$t_{\mathrm{CB,max}}$ 为一天内电容器组的最大投切次数；$Q_{\mathrm{CB},i}^{\mathrm{step}}$ 为节点 i 单组电容器的无功容量；$Q_{\mathrm{CB},i}^{\mathrm{min}}$、$Q_{\mathrm{CB},i}^{\mathrm{max}}$ 为节点 i 处电容器组的接入容量下限和上限。

(6)储能剩余电量上下限。在储能电池的充放电过程中，其荷电状态不应超过规定的上下限。

$$E_{\mathrm{SOC,min}} \leqslant E_{\mathrm{SOC},t} \leqslant E_{\mathrm{SOC,max}} \tag{4.20}$$

式中，$E_{\mathrm{SOC},t}$ 为 t 时刻的储能剩余电量；$E_{\mathrm{SOC,min}}$ 为最小荷电状态；$E_{\mathrm{SOC,max}}$ 为最大荷电状态。

(7)储能充放电功率。

$$\begin{cases} 0 \leqslant u_{c,t} \leqslant 1 \\ 0 \leqslant u_{d,t} \leqslant 1 \\ u_{c,t} + u_{d,t} \leqslant 1 \end{cases} \tag{4.21}$$

式中，$u_{c,t}$ 为 t 时刻的充电标志位，即储能装置充电时为 1，不充电时为 0；$u_{d,t}$ 为 t 时刻的放电标志位，即储能装置放电时为 1，不放电时为 0。

$$\begin{cases} 0 \leqslant P_{c,t} \leqslant u_{c,t} P_{cmax} \\ 0 \leqslant P_{d,t} \leqslant u_{d,t} P_{dmax} \end{cases} \tag{4.22}$$

式中，$P_{c,t}$ 为 t 时刻的实际充电功率；$P_{d,t}$ 为 t 时刻的实际放电功率；P_{cmax} 为最大充电功率；P_{dmax} 为最大放电功率。

(8) 储能剩余电量递推。

$$E_{SOC,t+1} = E_{SOC,t} + (u_{c,t} P_{c,t} \eta_c - u_{d,t} \frac{P_{d,t}}{\eta_d}) \Delta t \tag{4.23}$$

式中，η_c 为储能装置的充电效率；η_d 为放电效率；Δt 为充放电时间间隔。

4.6.3　模型求解

1. 运行层编码方案

主动配电网有功-无功协调运行问题的决策变量包含连续变量与离散变量。其中，连续变量为分布式可再生能源发电无功出力、储能充放电功率，离散决策变量为电容器组投切容量、储能充放电标志位，因此本书的协调优化为混合整数规划问题。连续变量中，分布式可再生能源发电无功出力的具体构成为

$$\boldsymbol{Q}_{DG,t} = \begin{bmatrix} Q_{1,t} & Q_{2,t} & \cdots & Q_{m,t} \end{bmatrix} \tag{4.24}$$

式中，$\boldsymbol{Q}_{DG,t}$ 为 t 时刻分布式可再生能源发电无功出力向量，矩阵中元素均为实数；$Q_{m,t}$ 为第 t 时段分布式可再生能源发电 DG 的无功出力。类似地，可定义 t 时刻储能充电功率向量 $\boldsymbol{P}_{c,t}$、储能放电功率向量 $\boldsymbol{P}_{d,t}$。

离散变量中，t 时刻电容器组投切容量的具体构成为

$$\boldsymbol{C}_{CB,t} = \begin{bmatrix} C_{CB,1,t} & C_{CB,2,t} & \cdots & C_{CB,i,t} \end{bmatrix} \tag{4.25}$$

式中，$\boldsymbol{C}_{CB,t}$ 为 t 时刻电容器投切容量，矩阵中元素均为整数；$C_{CB,i,t}$ 表示第 t 时段电容器 i 的投切容量。类似地，可定义 t 时刻充电标志位向量 $\boldsymbol{U}_{c,t}$、放电标志位向量 $\boldsymbol{U}_{d,t}$。

对于充电标志位向量 $\boldsymbol{U}_{c,t}$ 与放电标志位向量 $\boldsymbol{U}_{d,t}$，向量取值为 0、1，为连续

变化的整数变量。对于电容器投切容量向量 $\boldsymbol{C}_{\mathrm{CB},t}$，投切容量按照一定间隔变化，并不是连续变化的整数变量，直接采用投切容量进行编码将导致搜索空间中产生大量的不可行解。为此，采用电容器投切组数作为控制变量的编码。t 时刻电容器组投切组数可表示如式(4.26)所示。

$$\cap_{\mathrm{CB},t} = \begin{bmatrix} \cap_{\mathrm{CB},1,t} & \cap_{\mathrm{CB},2,t} & \cdots & \cap_{\mathrm{CB},i,t} \end{bmatrix} \tag{4.26}$$

式中，$\cap_{\mathrm{CB},t}$ 为 t 时刻电容器投切组数，矩阵中元素均为连续变化的整数变量。

本节模型中采用的编码方式为混合编码，在编码中包含了实数编码与连续变化的整数编码。t 时段的决策变量 $\boldsymbol{X}_t$ 如式(4.27)所示。

$$\boldsymbol{X}_t = \begin{bmatrix} Q_{\mathrm{DG},t} & P_{\mathrm{c},t} & P_{\mathrm{d},t} & \cap_{\mathrm{CB},t} & U_{\mathrm{c},t} & U_{\mathrm{d},t} \end{bmatrix} \tag{4.27}$$

其中，混合编码实数部分的粒子位置与速度更新方式与标准粒子群算法一致，整数部分的粒子位置与速度的更新方案不再赘述。

2. 考虑分布式可再生能源发电最大接纳能力提升手段的数学模型求解流程

4.5 节和 4.6 节考虑配电网重构和电压调节的分布式可再生能源发电最大接纳能力计算模型采用双层嵌套的求解形式，为提高求解效果及求解效率，采用双层优化模型的求解方法。在规划层中采用遗传算法，求解分布式可再生能源发电规划方案的最大容量；运行层则采用粒子群算法，实现多场景下最优运行方案的选择。整体模型通过两部分求解算法的相互嵌套完成总体的模型求解，得出分布式可再生能源发电的接纳能力。综合考虑规划层和运行层的求解过程，双层规划模型优化流程如图 4.9 所示。

双层规划模型的优化流程如下。

(1)选择初始分布式可再生能源发电接入方案，并依照规划层遗传算法的编码方式对规划方案编码。

(2)将规划层的规划方案编码作为基础参数传递给运行层，开始优化各运行场景下主动配电网动态重构或电压控制方案。

(3)运行层利用粒子群算法进行优化，得到当前各规划方案的最优运行结果，并反馈给规划层。

(4)规划层计算各规划方案的分布式可再生能源发电接入容量，得到种群中各个个体(规划方案)的适应度。

(5)判断规划层是否达到收敛条件，若未达到，则对规划层个体进行交叉变异操作得到新的规划方案种群编码，返回(2)，反之则输出最优结果。

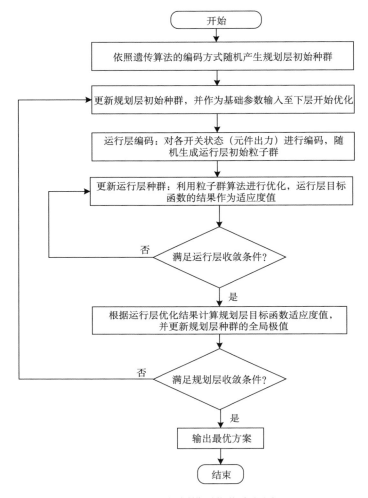

图 4.9　双层规划模型优化流程图

4.7　案　例　分　析

4.7.1　算例概况

选取金寨县 35kV 铁冲变下的 10kV 馈线高畈 03 线作为研究对象，线路拓扑图见附录图 A1，支路信息见附录表 A2，各节点配变容量信息见附录表 A1，各节点无分布式可再生能源发电接入，分布式可再生能源发电接入候选节点为节点 5、9、16、22、24。

算例中考虑接入的分布式可再生能源发电为光伏，选取了研究区域各季节的典型日共计 4 个典型日的负荷数据和光伏出力数据。典型日的负荷曲线和光伏出力曲线如图 4.10 和图 4.11 所示。

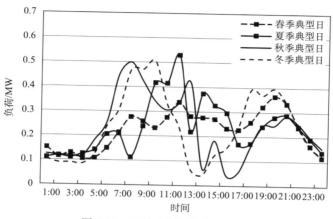

图 4.10　四季典型日的负荷曲线

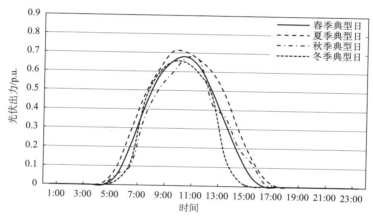

图 4.11　四季典型日的光伏出力曲线

4.7.2　分布式可再生能源发电接纳能力评估

1. 配电网重构对分布式可再生能源发电接纳能力的影响

基于 4.4.1 节和 4.5.2 节的模型，以 10kV 馈线高畈 03 线为例研究配电网重构对分布式可再生能源发电接纳能力的影响。在附录图 A1 的基础上增加待选线路信息，如图 4.12 所示，可知已有线路为 29 条，用实线表示，待选线路为 5 条，用虚线表示，信息见表 4.1。10kV 配电网电压标幺值安全运行范围为 0.93～1.07p.u.。

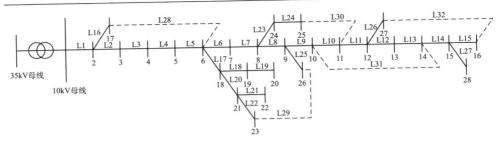

图 4.12　包含待选线路的规划区线路拓扑图

表 4.1　高畈 03 线待选线路信息

线路编号	初始节点	末端节点	线路电阻/Ω	线路电抗/Ω	线路编号	初始节点	末端节点	线路电阻/Ω	线路电抗/Ω
L28	17	6	0.64	0.30	L31	10	14	2.41	1.12
L29	23	26	0.26	0.12	L32	27	16	1.10	0.51
L30	25	11	0.60	0.28					

根据 4.5.3 节对运行场景的划分方法，把负荷和光伏出力相似的相邻时段进行合并，将算例中 4 个典型日划分为若干个时段，把原有的 24 个时段削减为 4 到 5 个时段，减少不必要的重复计算。通过分段后的典型日等效负荷曲线，也可以看出光伏接入后，等效日负荷曲线在中午光照较强时段有明显的下降趋势。

为了研究配电网动态重构对于分布式可再生能源发电接纳能力的提升，设置以下两种对比方案：①第一种是单纯考虑运行场景不同，运行时不考虑重构，称为方案 1；②第二种是考虑运行场景不同之外，考虑网架动态重构，称为方案 2。两种方案规划结果及针对其具体分析如下。

1）分布式可再生能源发电规划结果及运行情况

配电网不进行重构时，线路 L1～L27 的联络开关均为闭合状态，线路 L28～L32 的开关均为断开状态。不进行重构、考虑动态重构的结果如表 4.2 所示。不进行重构的春季典型日时各分布式光伏电源安装节点的节点电压如图 4.13 所示；考虑动态重构的第一次动态重构的网架拓扑图如图 4.14 所示。

表 4.2　不同方案的分布式可再生能源发电接纳能力结果

方案	最大接纳能力/kW	断开线路	典型日平均开关切换次数
方案 1	624	L28、L29、L30、L31、L32	0
方案 2	752	—	4

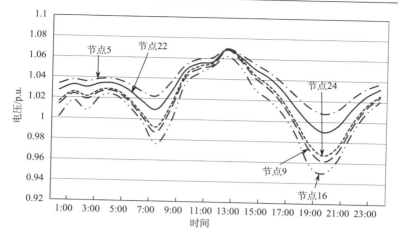

图 4.13　不进行重构下春季典型日部分节点电压图

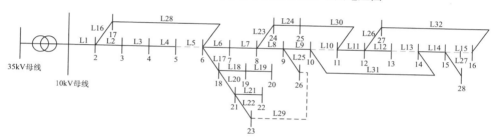

图 4.14　第一次动态重构的规划区线路拓扑图

2）分布式可再生能源发电接纳能力结果对比

在运行层模型中，考虑了网架重构这一种主动配电网管理调节方式，以分布式可再生能源发电消纳最大为目标，当运行层可以实现分布式可再生能源发电完全消纳，说明规划层的分布式可再生能源发电规划方案是配电网结构可接纳的。

而在含有分布式可再生能源发电的主动配电网中，影响分布式可再生能源发电接入的因素较多，如 4.3 节提到的区域配电网负荷的时序特性、已有的分布式可再生能源发电的安装电压等级及位置等。具体到本节算例，分布式可再生能源发电安装的电压等级、分布式可再生能源发电的出力曲线、各场景下负荷水平与负荷特性是已知的，造成分布式可再生能源发电接入差异的主要原因是网架结构的不同。通过考虑无功补偿、有载调压等配电网其他的主动管理手段和方法可以进一步提高分布式可再生能源发电接纳能力，本例主要为了分析配电网重构的影响，未考虑主动配电网其他管理控制手段。

本节算例设置的两个方案中，方案 1 不改变网架结构，基于现有的网架，研究选择候选分布式光伏电源安装位置的分布式光伏电源安装容量，从表 4.2 及负荷水平可以计算得到，方案 1 得到的分布式光伏电源能量渗透率为 47.85%，功率渗透率为 442.15%。在同一个典型日中，不同时刻的负荷大小与分布式光伏电源的出力大小的相对不同，具体体现为中午时刻容易出现潮流倒送，分布式光伏电源安装处的电压越上限，晚上用电高峰时刻容易出现线路末端节点电压越下限，如图 4.13 所示。在不同典型日中，整体负荷和分布式光伏电源出力的比例也各不相同，会出现某种分布式光伏电源安装方案无法在所有典型日都实现消纳的情况，限制了分布式光伏电源的安装容量。

方案 2 可以根据各个场景的不同，在保证不出现环路的前提下，切换各联络开关进行网架动态重构，分布式光伏电源能量渗透率提升至 57.67%，功率渗透率为 532.84%，相比方案 1，方案 2 可以接入更多的分布式光伏电源，这是由于在出现节点电压越限的时间段，可以通过网架结构调整满足电压约束。

2. 电压控制对分布式可再生能源发电接纳能力的影响

基于 4.4.1 节和 4.6.2 节的模型，以 10kV 馈线高畈 03 线为例，研究电压控制对分布式可再生能源发电接纳能力的影响。设置以下 3 种对比方案：①第一种是单纯考虑运行场景不同，运行时不考虑电压控制，即本节之前提到的方案 1；②第二种是在考虑运行场景不同之外，采用分布式可再生能源发电和电容器进行电压控制，称为方案 3；③第三种是考虑运行场景不同之外，采用有功-无功协调优化进行电压控制，称为方案 4。3 种方案规划结果及针对其具体分析如下。

1) 分布式可再生能源发电规划结果及运行情况

本节从两个角度对比电压控制对分布式可再生能源发电接纳能力的影响，首先对比三种方案的分布式光伏电源最大接纳能力，对比结果见表 4.3。

表 4.3　不同方案的分布式可再生能源发电接纳能力结果

方案	最大接纳能力/kW
方案 1	624
方案 3	684
方案 4	756

其次对比相同分布式可再生能源发电配置方案下，采用方案 1、方案 3 和方案 4 的电压控制情况，见表 4.4，其中，分布式可再生能源发电配置方案采用方案 1 时，春季典型日下各分布式光伏电源接入点的节点电压如图 4.15 所示。

表 4.4　相同配置下不同方案的电压控制结果

方案	分布式可再生能源发电容量/kW	电压总偏差值/p.u.	电压幅值最大值/p.u.
方案 1	624	4.22	1.070
方案 3	624	3.64	1.065
方案 4	624	3.32	1.054
方案 1	756	4.37	1.084
方案 3	756	3.78	1.078
方案 4	756	3.42	1.070

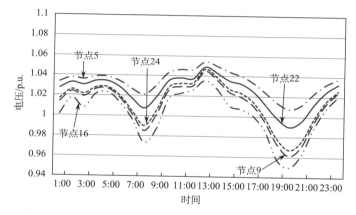

图 4.15　有功-无功协调优化时春季典型日的部分节点电压图

2)分布式可再生能源发电接纳能力结果对比

（1）分析方案 1、方案 3 和方案 4 的分布式可再生能源发电接纳能力。

基于 3 个方案的电压控制能力的分析，可以明显得知考虑分布式光伏电源和电容器组协调优化，有助于缓解分布式光伏电源出力较大的中午时段电压接入节点的电压越限问题，有助于分布式光伏电源接纳能力的提升，分布式光伏电源容能量渗透率可提升至 52.45%，功率渗透率提升至 484.66%；在此基础上，引入储能装置并利用其充放电特性对电压偏差指标进行优化，可以进一步提升分布式光伏电源的接纳能力，分布式光伏电源能量渗透率可达到 57.97%，功率渗透率达到 535.68%。

（2）分析在分布式可再生能源发电接入容量为 624kW 条件下不同电压控制手段的效果。

对于未考虑电压调整手段的方案 1，光伏接入节点有节点 5、节点 9、节点 16、节点 22 与节点 24 接近允许电压上界，其中节点 24 电压偏差最大，电压幅值最大达到 1.070p.u.。发生电压偏差主要是因为功率倒送使得节点电压升高，故越靠近各支路末端的光伏接入点其电压越容易越限。在电压越限最严重的中午时段，节点 8～节点 25 支路、节点 6～节点 22 支路、节点 8～节点 16 支路的光伏有功功率已大于负荷有功功率，各支路出现功率倒送。

对于考虑分布式光伏电源和电容器组协调优化的方案 3，方案 1 中存在电压越限风险的各分布式光伏电源接入节点的电压控制在正常运行范围内。

对于考虑电容器组投切、DG 无功出力与储能电池充放电的有功-无功协调优化的方案 4，5 个光伏接入节点的 24h 电压情况如图 4.15 所示，均满足电压要求，这是由于储能系统在的电压低谷阶段提供电压支持，在中午电压高峰时刻降低电压压力。在 12 点～14 点，负荷较小但光伏出力较多，容易发生功率倒送导致节点电压升高，这段时间电容器不进行无功补偿，防止易越限节点电压进一步升高。

(3) 分析在分布式可再生能源发电接入容量为 756kW 条件下不同电压控制手段的效果。

对于未考虑电压调整手段的方案 1，光伏接入节点均超过了允许电压上界，其中节点 24 电压偏差最大，电压幅值最大达到 1.084p.u.。在不采用调压手段进行控制时，分布式光伏电源接入点容易发生电压越限，给电网安全运行带来威胁。

对于考虑电容器组投切、DG 无功出力与储能电池充放电的有功-无功协调优化的方案 4，5 个光伏接入节点均满足电压要求，电压优化控制效果更加明显，显著减小了电压总偏差值。由表 4.4 可知，电压总偏差值由 4.37p.u. 下降至 3.42p.u.，电压幅值最大值由 1.084p.u. 下降至 1.070p.u.。

综上，可以得到以下结论。

(1) 配电网重构手段可以有效地提升分布式可再生能源发电接纳能力，提升效果与网架结构及可切换开关数量有关。

(2) 配电网电压控制手段可以有效地提升分布式可再生能源发电接纳能力，其中有功-无功协调优化方法比无功优化方法效果更好。

参 考 文 献

[1] 陈炜, 艾欣, 吴涛, 等. 光伏并网发电系统对电网的影响研究综述[J]. 电力自动化设备, 2013, 33(2): 26-32, 39.

[2] 中国电力科学研究院, 中国科学院电工研究所, 国网电力科学研究院. 光伏发电站接入电力系统技术规定: GB/T 19964-2012 [S]. 北京: 中国标准出版社, 2012.

[3] 中国电力科学研究院, 中电普瑞张北风电研究检测有限公司. 分布式电源并网技术要求: GB/T 33593-2017 [S]. 北京: 中国质检出版社, 2017.

[4] 王志群, 朱守真, 周双喜, 等. 分布式可再生能源发电对配电网电压分布的影响[J]. 电力系统自动化, 2004(16): 56-60.

[5] 曹阳, 李鹏, 袁越, 等. 基于时序仿真的新能源消纳能力分析及其低碳效益评估[J]. 电力系统自动化, 2014, 38 (17): 60-66.

[6] 巩伟峥, 房鑫炎. 基于广域测量系统的电压稳定指标[J]. 电网技术, 2011, 35 (4): 71-75.

[7] 孙强, 王雪, 罗凤章, 等. 基于布谷鸟算法的分布式光伏并网接纳能力计算[J]. 电力系统及其自动化学报, 2015, 27 (S1): 1-6.

[8] 赵静翔, 牛焕娜, 王钰竹. 基于信息熵时段划分的主动配电网动态重构[J]. 电网技术, 2017, (2): 402-408.

[9] 葛少云, 张有为, 刘洪, 等. 考虑网架动态重构的主动配电网双层扩展规划[J]. 电网技术, 2018, 42 (5): 1526-1536.

[10] 王守相, 王成山. 配电系统联络开关的优化配置[J]. 继电器, 2002 (12): 24-27.

[11] 易海川, 张彼德, 王海颖, 等. 提高 DG 接纳能力的配电网动态重构方法[J]. 电网技术, 2016, 40 (5): 1431-1436.

[12] 刘洪, 徐正阳, 葛少云, 等. 考虑储能调节的主动配电网有功-无功协调运行与电压控制[J]. 电力系统自动化, 2019, 43 (11): 51-62.

第5章　分布式可再生能源发电集群

5.1　分布式可再生能源发电集群含义

集群(cluster)技术这一名词多见于计算机与通信领域，作为一种新技术，它可以用较低的系统整体成本获得较高的性能和可靠性。在计算机学科的术语中，集群是由一系列独立工作且通过高速网络连接的计算机组成的，对它们进行管理则可以看作一个整体[1]。在通信领域中，集群通信系统是一种用于集团调度指挥的移动通信系统，它主要运用于专业移动通信领域上[2]。集群一词本身没有严格定义，借鉴上述发展较为成熟的学科可以总结为：集群是由一系列实体组成的，可独立运行又可互相协调的一个工作组，可以通过各个实体之间的相互配合实现效率优化，集群系统的核心技术是任务调度。站在集群的角度上看，用户可以简单地向该集群系统下达单一指令完成预想的功能，而在集群内部，各个运算/运行单元独立计算、相互通信以共同完成目标任务[3]。

集群技术包括两个关键点。

(1)集群系统从外部可以看成是一个单一系统，它可以高效地完成给定任务，并且具有便于管理维护等优点。

(2)从系统内部看，集群是由一系列功能相似的运行单元构成的集合，在工作时相互配合以达到效率优化或者成本减少等目的。

在具体的工作流程上，集群又可以分为集中式和分布式两种工作形式。集中式是指集群系统在接受某项任务后，需要将任务进行分解，分配给每个集群内的子系统，子系统完成各自的任务后汇报工作结果；分布式工作是指将工作任务发布给若干集群子系统，在这些子系统上运行分布式算法，最终完成整体任务。

为应对风力发电、光伏发电等可再生能源接入配电网带来的挑战，可再生能源发电集群的概念逐渐得到认可。可再生能源发电集群的概念由德国弗劳恩霍夫风能和能源系统技术研究所(Fraunhofer IWES)最先提出，并应用于大规模海上风电场集群(wind farm cluster)并网控制。风电场集群一般是由多个风电场通过汇集变电站集中并网，通过风电场集群和汇集变电站的协调控制，以提高风电场接入地区的电压稳定性和电网运行经济性。目前可再生能源发电集群的相关研究，主要针对大型风电场集群和大型光伏电站集群展开。风电场和大型光伏电站天然的大空间尺度，为实现同类型能源内部波动削减和不同类型能源互补提供了良好的基础。

传统风电场集群是以机组、无功补偿装置等有功、无功控制为最小单元，以风电场作为集群单元，以此为借鉴定义分布式可再生能源发电集群。集群以提高分布式可再生能源发电单元管理、控制效率为宗旨，以实现配电网安全和经济运行为第一目标，以分布式可再生能源发电作为集群的基本控制单元，参与集群内网络的无功电压控制和经济优化调度[4]。

分布式可再生能源发电集群本质上是配电网和分布式可再生能源发电构成的统一管理和控制整体，一方面有助于利用分布式可再生能源发电的时间和空间分布特性，降低分布式可再生能源发电集群功率外特性的波动性和随机性；另一方面，通过主动配电网和分布式可再生能源发电集群管理技术，降低区域配电网调度的难度，实现系统的稳定控制和经济运行，并提高分布式可再生能源的消纳能力。

分布式可再生能源发电集群应具有以下特性。

(1)以分布式可再生能源发电特性一致、电气距离接近、控制运行方式类似、利于集中管控为原则，进行分布式可再生能源发电集群划分，以实现分布式可再生能源发电集群的统一调度。

(2)分布式可再生能源发电集群应部署集群自治控制策略，通过管理分布式可再生能源发电系统的有功功率和无功功率，实现集群内多分布式可再生能源发电系统的协调控制，确保集群电压安全稳定和系统经济运行。

(3)分布式可再生能源发电集群应采用信息交互技术，通过多集群间的协调控制以及集群与配电网间的协同调度，实现分布式可再生能源发电集群与配电网灵活互动，实现全局最优运行目标。

5.2　分布式可再生能源发电集群划分整体思路

本书开展分布式可再生能源发电集群划分的基本原则如下。

(1)集群划分对象包括分布式可再生能源发电系统(源)、配电网络(网)及系统负荷(荷)。

(2)集群划分对象依照电气耦合程度进行集群划分，同一个集群内的划分对象必有电气联系，以便进行功率互补交换。

(3)分布式可再生能源发电集群内部各划分对象的净功率特性尽量能够互补，以实现集群内部有功供需平衡，避免集群之间的大规模功率传输。

(4)分布式可再生能源发电集群内部的无功供需尽量平衡，以避免出现过电压情况并降低网络损耗。

(5)分布式可再生能源发电集群对外避免出现向高电压等级配电网倒送功率

的情况。

　　集群划分自上而下，集群范围由大到小，根据电压等级以及网络区域范围分成不同层级的集群。高层级集群在大范围、高电压等级的网络中划分，划分规模较广，集群划分结果较为粗略。低层级集群在高层级集群划分的基础上，在其内部进一步划分，因此随着集群层级的降低，集群划分对象的规模不断减小，精度不断提高。

　　Ⅰ类集群：35kV 层级集群，集群划分的对象(集群内最小单位)为 35kV 变电站或者 110kV 变电站的 10kV 母线。

　　Ⅰ类集群的集群划分：主要依据是电气距离和功率平衡度；划分结果是将若干 35kV 变电站(特殊的 110kV 变电站的 10kV 母线)进行最优组合构成一个集群，以实现集群内能量消纳和集群控制，最优的集群划分结果可以实现集群间能量交互最少，各个集群自身功率平衡度最好；运行中需要考虑 35kV 线路互联(网架重构)导致集群划分结果的变化，即集群的动态调整，更好地实现分布式可再生能源的消纳。

　　Ⅱ类集群：10kV 层级集群，集群划分的对象(集群内最小单位)为 10kV 配电变压器及其所接入的负荷和分布式电源整体。

　　Ⅱ类集群的集群划分：通过考虑调压能力、电气距离等在内的因素，将若干配电变压器及其所接入的负荷和分布式电源整体进行组合，以实现集群内能量消纳和电压控制等目的。

　　两种类型集群划分间的关系及其研究思路如图 5.1 和图 5.2 所示。

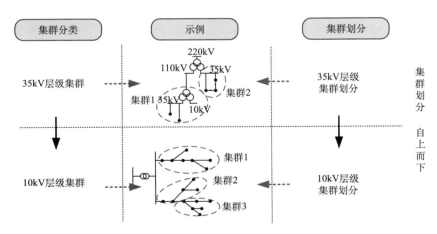

图 5.1　集群分类与集群划分研究思路

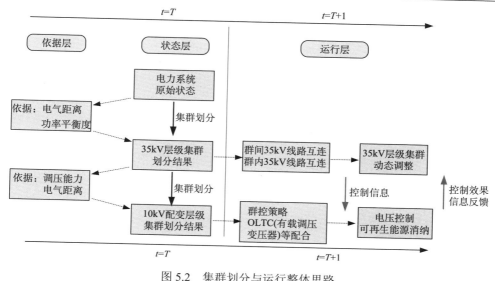

图 5.2　集群划分与运行整体思路

1. 两类发电集群划分的目标

第 I 类集群划分主要是通过划分算法及考虑线路互连，最大化的实现集群内部能量消纳，减少可再生能源产生的能量在不同集群之间的流动，从而减少损耗。通过考虑 35kV 线路互连(网络重构)的可能性，第 I 类集群划分着眼于电气距离和功率平衡度，划分结果尽量实现集群内部的功率平衡，为集群内部的功率消纳提供了较好的外部条件。第 II 类集群的集群划分主要是在第 I 类集群划分基础上，通过灵活并网设备完成消纳任务，并解决自身产生的电压问题，该类集群的集群划分主要以电压调节能力和电气距离为依据。

2. 集群划分最高层级确定

集群划分的目的是基于集群划分结果，通过集群控制实现高渗透率分布式可再生能源的消纳。

分布式电源以 10kV 及以下电压等级接入为主，高渗透率分布式电源接入情况下，10kV 电压等级消纳能力有限，所以需要进一步提升到 35kV 层级进行分析，从而能够达到高渗透率可再生能源接入情况下的消纳目标。本书所讨论的集群划分层级最高为 35kV 层级而不扩大到 110kV 层级。

同时，集群划分为群控群调系统提供前提，群控群调系统由地调控制的群间控制主站为各集群发送控制信号，再由各群的子站实现具体控制，其控制的最高范围为各县下的 35kV 网络。更高层级的 110kV 网络由省调控制、地调配合进行输配协调，其范围不在本书中加以讨论。

5.3 分布式可再生能源发电集群划分方法

分布式可再生能源发电集群划分是指将出力特性相似、电气距离接近、运行控制方式相近的分布式可再生能源发电系统划分至一个集群中，以方便集中控制。集群划分一般依据划分指标，通过划分算法将划分对象划分至不同集群。集群划分指标和划分算法的选择与集群划分的需求息息相关。本节从集群控制的角度出发，介绍分布式可再生能源发电集群划分的各类集群划分指标和划分算法。

5.3.1 集群划分方法分类

分布式可再生能源发电集群的划分方法主要可分为三大类：第一类是按照地域分布或者行政区域的划分方法；第二类是利用集群划分指标和划分算法的划分方法；第三类是制定基本规则的划分方法。

1. 地域分布或行政区域划分

按照地域分布或行政区域划分的方式在配电网中应用最为广泛。我国电网的地调、县调等控制区域划分即采用这种集群划分方式。但这种划分方法无法考虑到网络拓扑结构及电气特性，在分布式可再生能源发电集群的控制中具有很大的局限性。

2. 集群划分指标和算法划分

利用集群划分指标和算法划分的方式，首先依赖特定的集群划分指标，然后选择合适的集群划分算法，获得划分指标最佳的集群划分方式。其中，较为典型的方法是 K-均值聚类算法。该算法的核心思想是找出 K 个聚类中心，使每一个数据点和与其最近的聚类中心的距离平方和最小，该距离平方和即为集群划分指标。

3. 基本规则划分

制定基本规则划分的方式适用于集群间电气耦合关系较明显的场景。以集群电压控制为例，同一馈线上节点间的无功电压灵敏度较大，而不同馈线上节点间的无功电压灵敏度较小，故可制定馈线单独成为一个集群的基本规则。相似地，含大规模分布式电源的工业用户及中压变电站的供电区域均可通过制定基本规则单独构成一个集群。

5.3.2　集群划分指标

分布式可再生能源发电集群划分指标包括三大类：一类是描述划分对象特征的指标，如节点间的空间距离、电气距离等；一类是描述集群结构性能的指标，如集群内部的关联程度、集群之间的关联程度等；一类是评价集群外特性的指标，如集群内部资源的调压能力、集群的功率平衡度等。

1. 划分对象特征指标

1）空间距离

用划分对象间的空间地理坐标反映划分对象的空间特性。例如节点之间的距离可以通过节点的地理坐标求得，节点 i 的地理坐标采用高斯－克吕格坐标进行描述，即 $POS_{x,i}$、$POS_{y,i}$。

2）电气距离

传统的电气距离认为节点之间的耦合程度可通过两个节点之间的电压偏移来表示，即在节点 j 处注入单位无功，节点 i 和节点 j 处的电压偏移比为[5]

$$a_{ij} = \frac{\Delta U_i}{\Delta U_j} = \frac{\Delta U_i}{\Delta Q_j} \bigg/ \frac{\Delta U_j}{\Delta Q_j} \tag{5.1}$$

电压偏移比越小，表明节点之间的耦合程度越小，即电气距离比较大。一般情况下 $a_{ij} \neq a_{ji}$，为使节点 i 和 j 之间的电气距离相等，很多文献将两个节点之间的电气距离定义为 $D_{ij} = -\lg(a_{ij}a_{ji})$。$D_{ij}$ 没有明确物理意义，只是认为两个节点之间电气距离应该相等才给出的一个变量。但是，这种电气距离定义不能准确反映当系统中的节点 k 处无功发生变化时，对 i 和 j 这两个节点之间电气距离的影响，为此需要从其他方面来定义节点之间的电气距离。

电气距离的概念广泛应用在电网无功控制分区中，其计算方法主要分为两类：阻抗法和灵敏度法。在工程实践中，为简化计算常用线路阻抗来计算电气距离，以阻抗值的大小衡量节点间的电气距离[6]。阻抗值越大，节点间电气距离越远。

灵敏度是在将两个对象耦合关系线性化的基础上得出的值，故可用于衡量网络中两节点之间电气耦合的紧密程度，即电气距离的远近。通过电压对无功的灵敏度关系可获得节点间的无功电压灵敏度矩阵。

$$\Delta \boldsymbol{U} = \boldsymbol{S}_{\mathrm{UQ}} \Delta \boldsymbol{Q} \tag{5.2}$$

式中，$\Delta \boldsymbol{U}$ 和 $\Delta \boldsymbol{Q}$ 分别为电压幅值和无功变化量；$\boldsymbol{S}_{\mathrm{UQ}}$ 为无功电压灵敏度矩阵，$\boldsymbol{S}_{\mathrm{UQ}}$ 中第 i 行 j 列元素 S_{UQ}^{ij} 表示节点 j 无功功率变化单位量对应节点 i 电压的变化量。

第一种基于无功电压灵敏度的电气距离定义[7]为

$$d_{ij} = \lg(S_{UQ}^{jj}/S_{UQ}^{ij}) \tag{5.3}$$

式中，d_{ij} 为节点 j 无功功率发生变化时其自身电压变化值与节点 i 电压变化值之比，其值越大则表明节点 j 对节点 i 的影响越小，即两节点间电气距离越远。

考虑到两个节点之间的关系不仅与它们自身有关，还与网络中其他节点有关。设网络有 n 个节点，定义节点 i 和节点 j 之间的电气距离[8]为

$$L_{ij} = \sqrt{(d_{i1} - d_{j1})^2 + (d_{i2} - d_{j2})^2 + \cdots + (d_{in} - d_{jn})^2} \tag{5.4}$$

第二种利用无功电压灵敏度对电气距离的定义如式(5.5)：

$$e_{ij} = S_{UQ}^{ii} + S_{UQ}^{jj} - S_{UQ}^{ij} - S_{UQ}^{ji} \tag{5.5}$$

式中，e_{ij} 为节点 i 和节点 j 的电气距离，其值越大，说明两节点间的电气联系越弱。电气联系越强的节点，相互的无功电压灵敏度越接近自身的无功电压灵敏度，相应的电气距离就越小。

2. 集群结构性能指标

1）集群内部关联度[9]

$$\text{ECI} = 1 - \frac{e_{\text{tol}}(C)}{e_{\text{tol,max}}} = 1 - \frac{\sum\limits_{a=1}^{n} \sum\limits_{b \in M_a} e_{ab}}{\sum\limits_{a=1}^{n} \sum\limits_{b=1}^{n} e_{ab}} \tag{5.6}$$

$$e_{\text{tol}}(C) = \sum\limits_{a=1}^{n} \sum\limits_{b \in M_a} e_{ab} \tag{5.7}$$

式中，a 和 b 为节点编号；n 为总节点数；M_a 为节点 a 所在的集群；e_{ab} 为节点 a 和 b 之间的电气距离；$e_{\text{tol}}(C)$ 为集群内部各节点之间的电气距离之和；$e_{\text{tol,max}}$ 为网络所有节点之间的电气距离之和。如果集群划分的合理，集群内部节点之间的电气距离越小，指标 ECI 越大。

2）集群群间关联度

$$\text{BCCI} = 1 - \frac{h(C)}{h_{\text{max}}} = 1 - \frac{\sum\limits_{a=1}^{n} \sum\limits_{b \notin M_a} (1/e_{ab})}{\sum\limits_{a=1}^{n} \sum\limits_{b=1, a \neq b}^{n} (1/e_{ab})} \tag{5.8}$$

式中，$h(C)$ 为集群之间的关联度；h_{max} 为网络所有节点之间的关联度。若集群划

分合理，集群之间的关联度较小，指标 BCCI 越大。

3）模块度指标

模块度指标[14]是对集群划分的结果进行综合的衡量，它不需要对集群的个数及规模进行限制，是在网络的拓扑特性及节点间边权的基础上，对网络的结构强度进行评价。模块度指标 ρ 用于定量衡量网络划分的结构强度和确定最优分区数目，具体定义如下：

$$\rho_p = \frac{1}{2m} \sum_i \sum_j \left[A_{ij} - \frac{k_i k_j}{2m} \right] \delta(i,j) \tag{5.9}$$

式中，A_{ij} 为节点 i 和节点 j 的边的权重，根据 A_{ij} 选择的不同，得到的结果也不相同。通常 A_{ij} 可选择无权邻接矩阵或加权邻接矩阵，由于无权邻接矩阵仅仅反映节点的物理连接特性，其得出的结果不具备任何现实意义，在实际应用中使用较少，而加权邻接矩阵使用得更为广泛。加权邻接矩阵中，根据不同的需求，边权的选择也不尽相同，在电力网络中主要有电抗权、潮流权、节点间空间距离权及电气距离权。$k_i = \sum_j A_{ij}$ 为所有与节点 i 相连的边的权重之和；$m = \frac{1}{2} \sum_i \sum_j A_{ij}$ 表示网络中所有节点的权重之和。如果节点 i 和节点 j 被分到同一集群，则 $\delta(i,j) = 1$，否则，$\delta(i,j) = 0$。假设保持各节点的 k_i 不变，形成随机网络，则 $k_i k_j / 2m$ 表示连接节点 i 和节点 j 的边的权重的期望值。如果集群内部边的权重之和不大于随机连接时的期望值，则 $\rho_p = 0$，其上限 $\rho_p = 1$。ρ_p 越接近上限，表示集群划分质量越高，群内节点连接越紧密，群间节点连接越稀疏。

3. 集群外特性指标

1）集群调压能力指标

区域电压调节能力是指某集群内无功补偿装置和光伏变流器对电压越限量的恢复能力。以集群 C_K 为例，集群电压调节能力定义如下：

$$\psi_K = \min\left\{ D_{Q,K} + D_{P,K}, \ 1 \right\} \tag{5.10}$$

式中，$D_{Q,K}$ 和 $D_{P,K}$ 分别为集群 C_K 内无功补偿装置或光伏补偿无功功率和光伏缩减有功功率对电压越限量的恢复能力。

$$D_{Q,K} = \begin{cases} 1, & \Delta U_K^i \leqslant \sum_{j \in C_K} Q_l^j S_{UQ}^{ij} \\ \sum_{j \in C_K} Q_l^j S_{UQ}^{ij} \Big/ \Delta U_K^i, & \text{其他} \end{cases} \tag{5.11}$$

$$D_{\mathrm{P},K} = \begin{cases} 1, & \Delta U_K^i \leqslant \sum\limits_{j \in C_K} P_{\mathrm{dec}}^j S_{\mathrm{UP}}^{ij} \\ \sum\limits_{j \in C_K} P_{\mathrm{dec}}^j S_{\mathrm{UP}}^{ij} \Big/ \Delta U_K^i, & \text{其他} \end{cases} \tag{5.12}$$

式(5.11)和式(5.12)中，ΔU_K^i 为集群 C_K 内电压最高节点 i 的电压越上限量，若电压不越限，则 $\Delta U_K^i = 0$；Q_l^j 和 P_{dec}^j 分别为节点 j 的无功裕度和可控光伏的最大有功缩减量。

2) 功率平衡度

在分布式可再生能源发电功率渗透率最大的情况下，即电压越限最严重时刻，集群内部的无功功率供应能力应尽可能满足无功就地平衡的需求，减少跨集群的无功传递；针对有功功率匹配程度问题，应充分发挥集群内部的自我消纳能力，减少集群的有功外送[11]。

(1) 有功平衡度指标。

功率平衡度指标[12]包含集群有功及无功的平衡度，有功平衡度由节点间的功率互补性描述，表达式为

$$\varphi_{\mathrm{P},K} = 1 - \frac{1}{T} \sum_{t=1}^{T} \left| P_{\mathrm{clu},K}(t) \right| \Big/ \max\left(\left| P_{\mathrm{clu},K}(t) \right| \right) \tag{5.13}$$

$$\varphi_{\mathrm{P}} = \frac{1}{N_c} \sum_{k=1}^{N_c} \varphi_{\mathrm{P},K} \tag{5.14}$$

式中，$\varphi_{\mathrm{P},K}$ 为第 i 集群的功率平衡度；$P_{\mathrm{clu},K}(t)$ 为集群 i 的对外净功率特性，是基于各节点典型时间场景获得的；T 为典型时间场景的时间尺度；φ_{P} 为功率平衡度指标；N_c 为集群个数。

理想情况下，有功平衡度指标的上限为 1，该指标值越接近于 1，代表集群划分质量越高，群内有功能够接近完全平衡而不与集群外部产生功率交换。有功平衡度指标通过协调网络中节点之间的组合，充分发挥集群的自治能力。根据节点的时变出力特性，利用可再生能源发电系统之间的源-源互补及与负荷之间的源-荷互补，在实现集群功率一定平衡的同时，也可缓解可再生能源出力的波动性与间歇性。

(2) 无功平衡度指标。

无功供需平衡度指标[13]用于描述集群的无功资源供需平衡程度，表达式如下：

$$\varphi_{\mathrm{Q},K} = \begin{cases} Q_{\mathrm{S},K}/Q_{\mathrm{N},K}, & Q_{\mathrm{S},K} < Q_{\mathrm{N},K} \\ 1, & Q_{\mathrm{S},K} \geqslant Q_{\mathrm{N},K} \end{cases} \tag{5.15}$$

$$\varphi_{\mathrm{Q}} = \frac{1}{N_{\mathrm{C}}} \sum_{K=1}^{N_{\mathrm{C}}} \varphi_{\mathrm{Q},K} \tag{5.16}$$

式中，$\varphi_{\mathrm{Q},K}$ 为第 K 集群的无功供需平衡度；φ_{Q} 为无功供需平衡度指标。$Q_{\mathrm{S},K}$ 为集群内部无功功率供应的最大值，包括节点上无功补偿装置提供的无功功率以及部分逆变器所能提供的无功功率；$Q_{\mathrm{N},K}$ 为集群内部无功功率的需求值，不仅指节点正常无功需求，也包含在网络中可再生能源出力渗透率过高时，调节过电压所需的最小无功功率，表达式如式(5.17)所示。

$$Q_{\mathrm{U},K} = \sum_{i \in C_K} \frac{\Delta U_i}{S_{\mathrm{UQ}}(i,i)} \tag{5.17}$$

式中，$Q_{\mathrm{U},K}$ 为调节第 K 个集群过电压节点所需的最小无功功率；ΔU_i 为节点 i 的电压变化量。

当集群内部所有节点能提供足够的无功来支撑群内电压时，无功平衡度为 1，该指标值在为 1 的时候达到理想最优，表示群内拥有足够无功供给能力。

3) 集群消纳能力指标

集群消纳能力是指在特定时间尺度下，以最小化可再生能源削减为目标，利用群内负荷及各类可调控资源，实现集群内源荷实时平衡的能力。集群消纳能力与群内负荷及各节点功率调节能力有关。t 时刻集群可再生能源发电功率消纳总量可由各节点功率进行表征。

$$P_{\mathrm{CA},K,t} = \begin{cases} \sum_{i \in C_K} P_{\mathrm{RE},i,t}^{\max}, & \sum_{i \in C_K} P_{\mathrm{L},i,t} \geqslant \sum_{i \in C_K} P_{\mathrm{RE},i,t}^{\max} \\ \min\left[\sum_{i \in C_K} P_{\mathrm{RE},i,t}, \sum_{i \in C_K} P_{\mathrm{L},i,t} + \sum_{i \in C_K} (\Delta P_{\mathrm{L},i,t} + P_{\mathrm{CD},i,t}) \right], & \sum_{i \in C_K} P_{\mathrm{L},i,t} < \sum_{i \in C_K} P_{\mathrm{RE},i,t}^{\max} \end{cases} \tag{5.18}$$

式中，$P_{\mathrm{CA},K,t}$ 为 t 时刻集群 K 的可再生能源发电功率消纳量；$P_{\mathrm{RE},i,t}$ 为 t 时刻集群内节点 i 可再生能源电源功率实际值；$P_{\mathrm{RE},i,t}^{\max}$ 为 t 时刻集群内节点 i 可再生能源电源发电功率的最大值；$P_{\mathrm{L},i,t}$ 为 t 时刻集群内节点 i 的原始负荷功率值；$\sum_{i \in C_K} (\Delta P_{\mathrm{L},i,t} + P_{\mathrm{CD},i,t})$ 为 t 时刻集群 K 所有可调控设备的调节功率值，可调控设备包括可响应负荷和储能装置。

时刻 t 集群 K 的可再生能源电源的最大发电功率为 $P_{\mathrm{RE},K,t}^{\max} = \sum_{i \in C_K} P_{\mathrm{RE},i,t}^{\max}$。为了更直观地反映集群消纳能力的强弱，定义集群的富余功率量化表示集群消纳能力。t 时刻集群 K 的富余功率为

$$P_{K,t} = P_{\mathrm{RE},K,t}^{\max} - P_{\mathrm{CA},K,t} \tag{5.19}$$

以富余功率为基础，进一步定义集群消纳能力指标 φ_{PC} 为

$$\varphi_{PC} = \sum_{K=1}^{N_C} \sum_{t=1}^{T} P_{K,t} \tag{5.20}$$

在上述集群消纳能力指标中，若不考虑可响应负荷和储能的功率调节，集群消纳能力退化为源荷互补特性的指标。

5.3.3 集群划分算法

现有的集群划分算法主要包括三类，分别为聚类算法、社团发现算法和现代智能优化算法。本节重点对 K-均值聚类算法、基于社团理论的划分方法和遗传算法进行介绍。

1. 聚类算法

聚类是将数据划分成群组的过程，通过聚类的方法可对网络中的分布式可再生能源发电系统进行组合形成群组，从而形成分布式可再生能源发电集群[14]。其中，K-均值聚类算法(K-means 算法)是聚类算法中最为典型的方法，属于划分式聚类算法。

划分式聚类算法需要预先指定聚类数目或聚类中心，通过反复迭代运算，逐步降低目标函数的误差值，当目标函数值收敛时，得到最终聚类结果。基于划分的方法大部分是基于距离进行划分，通过给定要构建的分群数，划分方法首先创建一个初始化划分，然后采用一种迭代的重定位技术，通过把对象从一个组移动到另一个组来进行划分。

1967 年，MacQueen 首次提出了 K-means 算法[15]。迄今为止，很多聚类任务都选择该经典算法。该算法的核心思想是找出 K 个聚类中心，使每一个数据点 X_i 和与其最近的聚类中心 m_j 的平方距离和最小化，该平方距离和被称为偏差 D。

K-means 算法对 n 个样本进行聚类的步骤如下。

(1)初始化：随机指定 K 个聚类中心 $\{m_1, m_2, \cdots, m_K\}$。

(2)分配 X_i：对每一个样本 X_i，找到离它最近的聚类中心 m_j，并将其分配到 m_j 所标明的类 C_j。

(3)修正 m_j：将每一个 m_j 移动到其标明的类的中心。

(4)计算偏差：$D = \sum_{j=1}^{K} \sum_{i \in C_j} \left| X_i - m_j \right|^2$。

(5)判断 D 是否收敛；如果 D 值收敛，则返回聚类中心（$m_1, m_2, \cdots, m_K$）并终止本算法；否则，返回(2)。

K-means 算法优点为能对大型数据集进行高效分类，其计算复杂性为

$O(tKmn)$，其中 t 为迭代次数，K 为聚类数，m 为特征属性数，n 为待分类的对象数。通常，$K,m,t \ll n$。在对大型数据集聚类时，K-means 算法比层次聚类算法快得多。该方法的不足在于通常会在获得一个局部最优值时终止；仅适合对数值型数据聚类；只适用于聚类结果为凸形的数据集。

2. 社团发现算法

社团发现算法为近年发展迅速的复杂网络理论中最重要的分支之一，在各领域都取得了广泛应用和大量成果，已被逐渐引入到电力网络的复杂行为研究中[16,17]。

社团划分中一个重要的指标即为上节中所提的模块度指标。除此之外，还有社团紧密程度 α、β、λ 参数。其中，α 表示网络社团结构间连边数占网络总边数的比例，反映网络整体社团结构之间连边的多少；β 表示社团内部节点紧密度平均值，社团结构内部连边占相同节点数规则网络连边数的比例，反映网络社团内部联系的紧密程度；λ 表示社团之间联系紧密度平均值，网络社团结构划分之后，将社团看作一个节点后，构成新网络的内部联系密度，反映社团之间联系紧密度。

利用 α、β、λ 值变化能够反映网络社团划分的优劣，对社团算法选择和划分结果有很好的指导作用[18]。

本书将邻接矩阵应用于 Fast-Newman 社团划分算法中，其中，邻接矩阵即为一个反映边与边之间联系的二维数组。假设图 $G=(U_G, E_G)$ 有 n 个确定的顶点，即 $V=\{v_0, v_1, \cdots, v_{n-1}\}$，则表示 G 中各顶点相邻关系为一个 $n \times n$ 的矩阵，矩阵的元素为

$$A_{ij} = \begin{cases} 1, & E(v_i, v_j) \in E_G \\ 0, & \text{其他} \end{cases} \tag{5.21}$$

式中，$E(v_i, v_j)$ 表示顶点 v_i 与 v_j 之间的边。

若 G 是网图，则邻接矩阵可定义为

$$A_{ij} = \begin{cases} \omega_{ij}, & E(v_i, v_j) \in E_G \\ 0 \text{或} \infty, & \text{其他} \end{cases} \tag{5.22}$$

式中，ω_{ij} 表示边 $E(v_i, v_j)$ 上的权值。

则基于 Fast-Newman 算法的网络集群划分步骤如下。

(1) 初始化网络集群划分，将每一节点当作一个集群，即有 n 个群。

(2) 依次合并有相连边 $E(v_i, v_j)$ 的两个群，并计算合并后的模块度增量 $\Delta \varphi_\rho$。

$$\Delta \varphi_\rho = \frac{1}{2m} \left(A_{ij} + A_{ji} - \frac{k_i k_j}{m} \right) \tag{5.23}$$

因为网络为无向网络，上式可化为

$$\Delta\varphi_\rho = \frac{1}{m}\left(A_{ij} - \frac{k_i k_j}{2m}\right) \tag{5.24}$$

根据贪婪算法的思想，每次应沿着使 $\Delta\varphi_\rho$ 最大的方向合并。

（3）更新合并后的群，重复执行（2），直到整个网络合并为唯一的一个群。

（4）整个 Fast-Newman 算法完成后可以得到一个集群结构分解树状图，通过在树状图不同的位置断开可以得到不同的集群个数，选择对应 φ_ρ 最大的集群个数进行分解，得到的集群划分结构就是基于此方法的最优结构。

3. 现代智能优化算法

现代智能优化算法常被用于搜索集群性能指标最优的集群划分方案。在结构复杂的网络中，集群个数、集群内节点间组合的变动对集群性能均有影响，若要搜索全局最优集群划分指标，算法的复杂度也会增加，往往耗时较大，因而，可以采用遗传算法（genetic algorithm，GA）进行集群划分。相比于常规最优组合算法，遗传算法是全局优化算法，其全局搜索能力可以确保随着迭代次数的增加而逐渐靠近全局最优解。此外，当迭代次数达到一定值时，适应度值变化幅度逐渐平缓，若在不苛求全局最优解的情况下，可以选择平缓值为近似最优解，这将会大大减少计算时间。图 5.3 表述了遗传算法的计算流程。

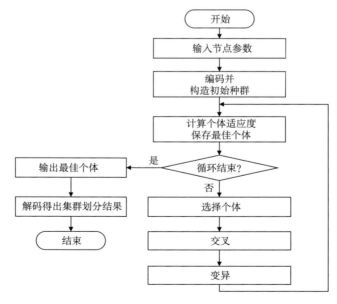

图 5.3　基于遗传算法的集群划分框图

　　由于遗传算法的机制，需用适应度函数对上述集群划分依据进行表述。在求解过程中，应用于集群划分问题的遗传算法以集群的模块度和功率平衡度指标的加权和为适应度函数，以集群划分结果为待求解问题进行寻优。遗传算法的解即为最终的集群划分结果，集群的个数由算法确定，不需人为设置。为适应集群的最优组合，本书对遗传算法的编码方式进行了改进。遗传算法的首要问题是染色体编码，考虑到集群划分问题的特殊性，即集群内部个体的连通性，本书以网络的邻接矩阵为基础，对染色体进行编码。这种编码方式不仅使节点连通性得到了保证，而且由于每一个体都为满足连通性的个体，大大缩减了遗传算法的搜索范围，降低搜索时间。同时，这种编码方式的遗传算法不存在一般算法的节点合并过程，其使用概率机制进行迭代，具有随机性，对不规则集群的搜索能力强。

　　网络的邻接矩阵表示网络中节点的连接情况，仅包含 0、1 元素，0 表示节点之间无连接，1 表示节点相连。本书提出的编码方式基于此种邻接矩阵，编码时搜索矩阵中的 1 元素并进行随机修改，修改值为 0 或者 1，分别表示断开连接或者保持连接，搜索完成后形成新的邻接矩阵，此矩阵即为一个编码后的个体，也代表一种集群划分结果，如图 5.4 所示。

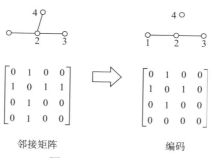

图 5.4　网络编码方法

　　为了提高遗传算法的收敛速度和全局搜索能力，本节采用自适应遗传算法的思想，将交叉率和变异率进行自适应调整。调整公式遵循以下原则：如果个体较差，个体适应度值小于平均适应度值，给予其较大的交叉概率和较小的变异概率；如果个体较为优良，个体适应度值大于平均适应度值，则依据其优良程度和迭代状态赋予个体相应的交叉概率和变异概率。由于随着迭代的进行，迭代次数越多，各个体的模式越相似，即各集群划分结果越接近，此时过高的个体交叉概率就失去了意义，而应适当增加变异概率，提升算法的局部搜索能力。因而采用 Srinivas 等提出的调整方法[19]，具体公式如下。

$$p_c = \begin{cases} p_{c,\max} - \left(\dfrac{p_{c,\max} - p_{c,\min}}{it_{\max}}\right) * \text{iter}, & f > f_{avg} \\ p_{c,\max}, & f \leqslant f_{avg} \end{cases} \tag{5.25}$$

$$p_m = \begin{cases} p_{m,\min} + \left(\dfrac{p_{m,\max} - p_{m,\min}}{it_{\max}}\right) * \text{iter}, & f > f_{avg} \\ p_{m,\min}, & f \leqslant f_{avg} \end{cases} \tag{5.26}$$

式中，p_c、p_m 为交叉概率和变异概率；$p_{c,\max}$、$p_{c,\min}$、$p_{m,\max}$、$p_{m,\min}$ 分别为最大交叉概率、最小交叉概率和最大变异概率、最小变异概率；iter 为迭代次数；$it_{\max}$ 为最大迭代次数；f 为需进行相应操作的个体的适应度；f_{avg} 为种群的平均适应度。

5.4　分布式可再生能源发电集群控制方法

分布式可再生能源发电集群划分的主要目的是实现多分布式可再生能源发电系统的高效控制，通过分布式可再生能源发电集群的群内自治和群间协调，确保区域配电网的安全稳定和经济运行。本节从分布式可再生能源发电集群控制的角度，提出两类集群控制方法[20]。

5.4.1　中压配电网的集群电压协调控制方法

1. 集群自治优化控制

集群自治优化控制通过优化调度群内分布式可再生能源发电系统和无功补偿装置的输出功率，实现集群内部的优化自治。本节以分布式光伏集群为例，介绍分布式可再生能源发电集群的自治优化控制策略。

以图 5.5 所示的简化配电网拓扑为例，对配电网集中模型进行说明。

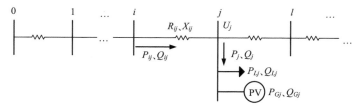

图 5.5　简化的配电网拓扑图

（1）目标函数。以光伏发电损失和网络有功损耗最小为控制目标，表达式为

$$\min_{Q_{\text{C},j},P_{\text{dec},j},Q_{\text{PV},j}} \left(c_{\text{PV}} \sum_{j \in \mathbf{N}} P_{\text{dec},j} + c_{\text{P}} \sum_{j \in \mathbf{N}, \forall i:i \to j} R_{ij} \frac{P_{ij}^2 + Q_{ij}^2}{U_i^2} \right) \tag{5.27}$$

式中，$Q_{\text{C},j}$ 为节点 j 无功补偿设备的无功输出功率；$P_{\text{dec},j}$ 为节点 j 光伏的有功功率缩减量；$Q_{\text{PV},j}$ 为节点 j 光伏的无功输出功率；c_{PV} 和 c_{P} 分别为分布式光伏发电收益（含政府补贴）和配电网售电电价，两值分别设为 720 元/(MW·h) 和 400 元/(MW·h)；U_i 为节点 i 的电压幅值；P_{ij}、Q_{ij} 表示从上游节点 i 向节点 j 流出的有功和无功功率，节点间关系可表示为 $i \to j$；R_{ij} 表示节点 i 和节点 j 间线路的电阻值；$\mathbf{N}$ 表示配电网所有节点集合。

(2) DistFlow (DF) 潮流等式约束：

$$\begin{cases} P_{ij}^2 + Q_{ij}^2 = U_i^2 I_{ij}^2 \\ \sum\limits_{i:i \to j} (P_{ij} - R_{ij} I_{ij}^2) - P_j = \sum\limits_{l:j \to l} P_{jl} \\ \sum\limits_{i:i \to j} (Q_{ij} - X_{ij} I_{ij}^2) - Q_j = \sum\limits_{l:j \to l} Q_{jl} \\ U_j^2 = U_i^2 - 2(R_{ij} P_{ij} + X_{ij} Q_{ij}) + (R_{ij}^2 + X_{ij}^2) I_{ij}^2 \end{cases} \tag{5.28}$$

$$\begin{cases} P_j = P_{\text{L},j} - (P_{\text{PV},j}^{\text{MPP}} - P_{\text{dec},j}) \\ Q_j = Q_{\text{L},j} - Q_{\text{PV},j} - Q_{\text{C},j} \end{cases} \tag{5.29}$$

式中，I_{ij} 为线路 ij 的电流值；P_j 和 Q_j 为节点 j 净负荷的有功和无功功率；X_{ij} 表示节点 i 和节点 j 间线路的电抗值；$P_{\text{L},j}$ 和 $Q_{\text{L},j}$ 为节点 j 负荷的有功和无功功率；$P_{\text{PV},j}^{\text{MPP}}$ 为节点 j 光伏有功输出功率的 MPP 值。节点 j 光伏的实际有功输出功率 $P_{\text{PV},j}$ 为 $P_{\text{PV},j}^{\text{MPP}}$ 与光伏有功缩减量 $P_{\text{dec},j}$ 的差值。

(3) 节点电压安全约束，参见式 (4.4)。

(4) 光伏和无功补偿设备的安全运行约束：

$$\begin{cases} 0 \leqslant P_{\text{dec},j} \leqslant P_{\text{PV},j}^{\text{MPP}} \\ |Q_{\text{PV},j}| \leqslant (P_{\text{PV},j}^{\text{MPP}} - P_{\text{dec},j}) \tan \phi \\ Q_{\text{PV},j}^2 \leqslant S_{\text{PV},j}^2 - (P_{\text{PV},j}^{\text{MPP}} - P_{\text{dec},j})^2 \end{cases} \tag{5.30}$$

$$Q_{\text{C},j}^{\min} \leqslant Q_{\text{C},j} \leqslant Q_{\text{C},j}^{\max} \tag{5.31}$$

式中，ϕ 为最大功率因数角，$\tan \phi$ 为最大功率因数的正切；$S_{\text{PV},j}$ 为节点 j 光伏逆变器的容量；$Q_{\text{C},j}^{\max}$ 和 $Q_{\text{C},j}^{\min}$ 分别为节点 j 无功补偿装置输出无功功率的上限和下限。

因线路上的有功和无功功率损耗远小于线路上传输的有功和无功功率，且节点间电压降落相较于节点电压幅值也较小，LinDistFlow 约分方程(LDF)可被用于凸化原始优化模型和降低优化求解的计算量。已有文献证明了 LinDistFlow 约分方程对于大范围配电网络的适用性。

网络分离是分群自治优化和群间分布式优化的基础，分解协调法可用于实现网络分离。上游集群的边界节点被"复制"到下游集群中作为虚拟平衡节点，而群间线路上传输的功率作为上游边界节点的虚拟负荷功率。

在网络分离和 LinDistFlow 约分方程基础上，集群 C_K 的群内自治优化控制模型可表达为式(5.32)～式(5.36)。

$$\min_{Q_{C,j},P_{\mathrm{dec},j},Q_{G,j}} f_K = c_{\mathrm{PV}} \sum_{j \in C_K} P_{\mathrm{dec},j} + c_{\mathrm{P}} \sum_{j \in C_K, \forall i:i \to j} R_{ij} \frac{P_{ij}^2 + Q_{ij}^2}{U_a} \tag{5.32}$$

$$\text{s.t.} \quad \forall j \in C_K$$

$$\begin{cases} \sum_{i:i \to j} P_{ij} - P_j = \sum_{l:j \to l} P_{ij} \\ \sum_{i:i \to j} Q_{ij} - Q_j = \sum_{l:j \to l} Q_{jl} \\ u_j = u_i - 2\left(R_{ij}P_{ij} + X_{ij}Q_{ij}\right) \end{cases} \tag{5.33}$$

$$\begin{cases} P_j = P_{\mathrm{L},j} - (P_{\mathrm{PV},j}^{\mathrm{MPP}} - P_{\mathrm{dec},j}) + \sum_{jl \in L_B} P_{jl} \\ Q_j = Q_{\mathrm{L},j} - Q_{\mathrm{PV},j} - Q_{C,j} + \sum_{jl \in L_B} Q_{jl} \end{cases} \tag{5.34}$$

$$U_{i,\min}^2 \leqslant u_i \leqslant U_{i,\max}^2 \tag{5.35}$$

$$u_a = (U_a^{\mathrm{M}})^2, \quad a \in \hat{C}_K \setminus C_K \tag{5.36}$$

式中，$u_j = U_j^2$；L_B 表示群间线路的集合，其中线路 jl 为集群 K 与其下游集群的群间线路；P_{jl} 和 Q_{jl} 分别表示群间线路 jl 上传输的有功和无功功率，作为节点 j 的虚拟负荷功率；U_a^{M} 为节点 a 电压幅值的实测值；节点 a 为集群 K 与其上游集群间的边界节点，且作为集群 K 的虚拟平衡节点；集合 $\hat{C}_K$ 为集群 K 所有节点与其虚拟平衡节点的合集。式(5.36)中假设 $u_a \approx U_i^2$。

集群自治优化控制在调节分布式光伏的有功和无功输出功率解决群内电压越限时，会同时改变虚拟平衡节点的电压幅值。为避免群内调压资源的过量投入，所提集群自治优化控制采用交替更新群内优化解和虚拟平衡节点电压的方式迭代求解群内最优解。

在忽略网络损耗的前提下，虚拟平衡节点电压的平方值 uy_a 与变电站出口母线电压 U_0 关系可表示为式(5.37)，L_a 表示从节点 a 至变电站出口母线所经过的所有线路集合。

$$u_a = U_0^2 - 2 \sum_{hi \in L_a} (R_{hi} P_{hi} + X_{hi} Q_{hi}) \tag{5.37}$$

假设集群自治优化控制过程中变电站出口电压 U_0 不变，则虚拟平衡节点 a 的电压变化量与集合 L_a 中所有线路上传输的有功和无功功率变化量有关。

$$u_a^{\text{new}} = (U_a^{\text{M}})^2 - 2 \sum_{hi \in L_a} (\Delta P_{hi} R_{hi} + \Delta Q_{hi} X_{hi}) \tag{5.38}$$

式中，u_a^{new} 为潮流变化后节点 a 的电压平方值；U_a^{M} 为虚拟平衡节点 a 的电压量测值。

若在集群自治优化过程中，集群 K 上游节点的注入功率不变，则 $\Delta P_{hi} = \sum_{j \in C_K} P_{\text{dec},j}$，$\Delta Q_{hi} = \sum_{j \in C_K} (Q_{Cj} + Q_{Gj})$，$\forall hi \in L_a$。在群内优化求得 $\left\{ P_{\text{dec},j}^{(k)}, Q_{C,j}^{(k)}, Q_{\text{PV},j}^{(k)}, \forall j \in C_K \right\}$ 后，虚拟平衡节点的电压可据式(5.39)和式(5.40)更新。

$$u_a^{\text{new}} = (U_a^{\text{M}})^2 - 2 \left[\sum_{j \in C_K} P_{\text{dec},j}^{(k)} \sum_{hi \in L_a} R_{hi} + \sum_{j \in C_K} (Q_{C,j}^{(k)} + Q_{\text{PV},j}^{(k)}) \sum_{hi \in L_a} X_{hi} \right] \tag{5.39}$$

$$u_a^{(k+1)} = u_a^{(k)} + \mu (u_a^{\text{new}} - u_a^{(k)}) \tag{5.40}$$

式中，μ 为迭代步长。集群自治优化控制确定收敛的迭代步长保守范围为 $[0, 2L_{ai} / (L_{0a} + L_{ai})]$，其中 L_{0a} 和 L_{ai} 分别表示虚拟平衡节点 a 至全网平衡节点 0 和群内最近光伏可控节点 i 的线路长度。基于 $u_a^{(k+1)}$ 集群内部可进行新一轮的优化求解，反复迭代，直至两次迭代的虚拟平衡节点电压偏差 $\left| u_a^{(k+1)} - u_a^{(k)} \right|$ 小于某一阈值 δ。

集群自治优化控制的具体过程如图 5.6 所示。集群自治优化控制采用交替更新群内优化解与虚拟平衡节点电压的方式计算最优解，能够有效抑制群内光伏有功功率的过缩减和无功功率的过补偿。此外因无需集群间的数据通信，所以集群自治优化控制可采用较短的控制周期，以快速消除群内电压越限。

2. 群间分布式优化控制

集群自治优化控制虽然能快速消除群内电压越限，但不能调度群外无功资源，易造成不必要的可再生能源发电损失。通过集群间的通信协调和分布式优化计算，分布式可再生能源发电集群的群间分布式优化控制可实现区域配电网的全局最优运行目标。

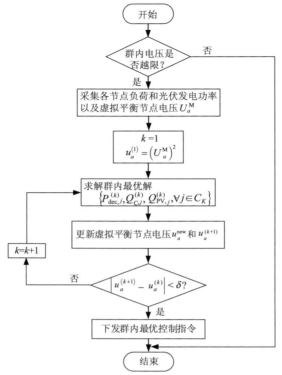

图 5.6　集群 C_K 自治优化控制的流程图

　　分布式可再生能源发电集群的群间分布式优化原理如图 5.7 所示，图中，上标 "D" 表示 DisFlow 潮流模型的计算结果，用以迭代计算边界变量，在下文展开详细介绍。相邻集群在网络分离基础上先独立优化求解，然后交流集群边界数据并就地更新边界数据的全局值，之后再进行新一轮的群内优化求解，直至集群边界数据偏差小于一定阈值。

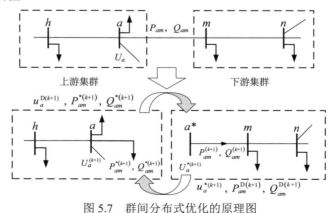

图 5.7　群间分布式优化的原理图

在集群自治优化模型基础上，群间分布式优化需增加边界节点电压和群间线路功率的等式约束，以便各集群可进行独立并行优化。式(5.41)为相邻集群的边界节点电压等式约束，而式(5.42)和式(5.43)对应相邻集群间线路传输功率等式约束。

$$u_a = x_a, \ x_a = u_a^*, \quad \forall am \in L_B \tag{5.41}$$

$$P_{am}^* = y_{am}, \quad y_{am} = P_{am}, \quad \forall am \in L_B \tag{5.42}$$

$$Q_{am}^* = z_{am}, \quad z_{am} = Q_{am}, \quad \forall am \in L_B \tag{5.43}$$

式中，u_a 为上游集群边界节点 a 的电压平方值；u_a^* 为下游集群的虚拟平衡节点 a^* 的电压平方值；P_{am}^* 和 Q_{am}^* 分别为上游集群边界节点 a 的虚拟负荷有功和无功功率，P_{am} 和 Q_{am} 分别为群间线路 am 传输的有功和无功功率；x_a、y_{am} 和 z_{am} 分别为边界节点 a 电压平方、群间线路 am 传输有功和无功功率的全局值。

本节采用交换方向乘子法(ADMM)实现集群间的分布式协调优化。ADMM算法通过分解协调过程，将大的全局问题分解为多个较小、较容易求解的局部子问题，并通过协调子问题的解得到全局问题的解。令 $\lambda_{U,a}^*$、$\lambda_{P,am}$ 与 $\lambda_{Q,am}$、$\lambda_{U,j}$、$\lambda_{P,jl}^*$ 与 $\lambda_{Q,jl}^*$ 分别表示集群 K 的虚拟平衡节点 a^* 电压、群间线路 am 传输有功与无功功率、边界节点 j 电压、边界节点 j 的虚拟负荷有功与无功功率的拉格朗日乘子，则式(5.27)的增广拉格朗日函数可表示如式(5.44)。

$$L_{ADMM} = \sum_{K=1}^{N_C} L_{ADMM,K} \tag{5.44}$$

式中

$$
\begin{aligned}
L_{ADMM,K} = f_K &+ \sum_{am \in L_B, m \in C_K} [\frac{\rho}{2}(x_a - u_a^*)^2 + \lambda_{U,a}^*(x_a - u_a^*) + \frac{\rho}{2}(y_{am} - P_{am})^2 + \lambda_{P,am}(y_{am} - P_{am}) \\
&+ \frac{\rho}{2}(z_{am} - Q_{am})^2 + \lambda_{Q,am}(z_{am} - Q_{am})] \\
&+ \sum_{jl \in L_B, j \in C_K} [\frac{\rho}{2}(u_j - x_j)^2 + \lambda_{U,j}(u_j - x_j) + \frac{\rho}{2}(P_{jl}^* - y_{jl})^2 + \lambda_{P,jl}^*(P_{jl}^* - y_{jl}) \\
&+ \frac{\rho}{2}(Q_{jl}^* - z_{jl})^2 + \lambda_{Q,jl}^*(Q_{jl}^* - z_{jl})]
\end{aligned}
$$

$$\tag{5.45}$$

变量 $\rho > 0$ 为惩罚系数，用于确保相邻集群边界数据的收敛性。各集群在对式(5.45)优化求解时，群内优化变量需满足式(5.30)、式(5.31)和式(5.33)～式(5.35)的约束条件。

对于线路较长且传输功率较大的配电网，LinDistFlow 约分方程通过省略线路损耗，凸化了原始优化模型并降低了最优潮流的计算量，但同时也造成潮流计算不精确。为弥补 LinDistFlow 约分方程造成的电压控制误差，各集群在求得优化解后，利用 DistFlow 潮流方程校正群间交换的边界数据，并在式(5.35)的节点电压约束中增加电压补偿参数 $\Delta u_{\max}$ 和 $\Delta u_{\min}$ 。

$$U_{\min}^2 - \Delta u_{\min} \leqslant u_j \leqslant U_{\max}^2 - \Delta u_{\max} \tag{5.46}$$

式中， $\Delta u_{\max}$ 为 DistFlow 潮流方程求解的集群 K 最大电压 $U_{\max}^D$ 与 LinDistFlow 方程计算的对应节点电压之差， $\Delta u_{\min}$ 同理。

基于交换方向乘子法的群间分布式优化的流程图如图 5.8 所示，具体步骤说明如下。

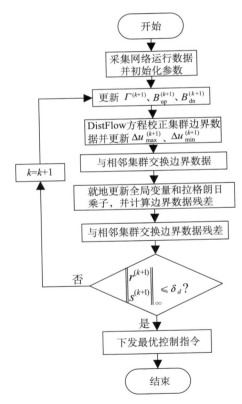

图 5.8　集群 C_K 群间分布式优化的流程图

(1)初始化阶段。根据配电网的实测数据设定集群边界数据全局变量的初值 $\left\{ x_a^{(1)}, y_{am}^{(1)}, z_{am}^{(1)}, \forall am \in L_{\mathrm{B}} \right\}$ ，并设定所有集群边界数据的拉格朗日乘子初值和电压补偿参数初值为零。

(2) 各集群进行群内独立优化,求得群内光伏变流器和无功补偿设备输出功率的最优解 $\Gamma=\{P_{\text{dec},j},Q_{\text{C},j},Q_{\text{G},j},\forall j\in C_K\}$,以及上游集群间的边界数据 $B_{\text{up}}=\{u_a^*,P_{am},Q_{am},\forall am\in L_B\,\&\,m\in C_K\}$ 和下游集群间的边界数据 $B_{\text{dn}}=\{u_j,P_{jl}^*,Q_{jl}^*,\forall jl\in L_B\,\&\,j\in C_K\}$ 。群内独立优化的约束条件包括式(5.32)、式(5.33)、式(5.35)、式(5.36)和(5.48)。

$$\{\Gamma^{(k+1)},B_{\text{up}}^{(k+1)},B_{\text{dn}}^{(k+1)}\}=\arg\ \min\ L_{\text{ADMM},K} \tag{5.47}$$

(3) 根据群内最优解 $\Gamma^{(k+1)}$ 、虚拟平衡节点电压 $u_a^{*(k+1)}$ 及虚拟负荷功率 $P_{jl}^{*(k+1)}$ 、 $Q_{jl}^{*(k+1)}$,各集群利用群内 DistFlow 潮流方程计算群间线路 am 传输的准确功率 $P_{am}^{\text{D}(k+1)}$ 、 $Q_{am}^{\text{D}(k+1)}$,群内边界节点 j 的准确电压 $u_j^{\text{D}(k+1)}$,以及群内最高电压 $u_{\text{max}}^{\text{D}(k+1)}$ 和最低电压 $u_{\text{min}}^{\text{D}(k+1)}$ 。

(4) 根据群内最优解 $\Gamma^{(k+1)}$ 、虚拟平衡节点电压 $U_a^{*(k+1)}$ 以及虚拟负荷功率 $P_{jl}^{*(k+1)}$ 、 $Q_{jl}^{*(k+1)}$,各集群利用群内 LinDistFlow 潮流方程计算 $u_{\text{max}}^{\text{D}(k+1)}$ 和 $u_{\text{min}}^{\text{D}(k+1)}$ 对应节点的电压 $u_{\text{max}}^{\text{L}(k+1)}$ 和 $u_{\text{min}}^{\text{L}(k+1)}$,上标 L 表示是 LinDistFlow 潮流模型的计算结果,并更新电压补偿参数 $\Delta u_{\text{max}}^{(k+1)}$ 和 $\Delta u_{\text{min}}^{(k+1)}$ 。

$$\Delta u_{\text{max}}^{(k+1)}=0.5\left(\Delta u_{\text{max}}^{(k)}+u_{\text{max}}^{\text{D}(k+1)}-u_{\text{max}}^{\text{L}(k+1)}\right) \tag{5.48}$$

$$\Delta u_{\text{min}}^{(k+1)}=0.5\left(\Delta u_{\text{min}}^{(k)}+u_{\text{min}}^{\text{D}(k+1)}-u_{\text{min}}^{\text{L}(k+1)}\right) \tag{5.49}$$

(5) 相邻集群交换集群间边界数据。集群 C_K 分别向相邻上游和下游集群发送边界数据 $\tilde{B}_{\text{up}}^{(k+1)}=\{U_a^{*(k+1)},P_{am}^{\text{D}(k+1)},Q_{am}^{\text{D}(k+1)},\forall am\in L^B\,\&\,m\in C_K\}$ 、 $\tilde{B}_{\text{dn}}^{(k+1)}=\{u_j^{\text{D}(k+1)},P_{jl}^{*(k+1)},Q_{jl}^{*(k+1)},\forall jl\in L_B\,\&\,j\in C_K\}$,同时接收上游集群发送的 $\{u_a^{\text{D}(k+1)},P_{am}^{*(k+1)},Q_{am}^{*(k+1)}\}$ 和下游集群的。

(6) 基于接收的集群边界数据,各集群就地更新边界数据的全局变量。集群 C_K 分别利用式(5.52)和式(5.53)更新上游和下游集群间的边界数据全局值。

$$\begin{cases} x_a^{(k+1)}=(u_a^{\text{D}(k+1)}+u_a^{*(k+1)})/2 \\ y_{am}^{(k+1)}=P_{am}^{(k+1)}+(P_{am}^{*(k+1)}-P_{am}^{\text{D}(k+1)})/2 \\ z_{am}^{(k+1)}=Q_{am}^{(k+1)}+(Q_{am}^{*(k+1)}-Q_{am}^{\text{D}(k+1)})/2 \end{cases} \tag{5.50}$$

$$\begin{cases} x_j^{(k+1)}=u_j^{(k+1)}+(u_j^{*(k+1)}-u_j^{\text{D}(k+1)})/2 \\ y_{jl}^{(k+1)}=(P_{jl}^{\text{D}(k+1)}+P_{jl}^{*(k+1)})/2 \\ z_{jl}^{(k+1)}=(Q_{jl}^{\text{D}(k+1)}+Q_{jl}^{*(k+1)})/2 \end{cases} \tag{5.51}$$

（7）基于接收的集群边界数据，各集群就地更新边界数据的拉格朗日乘子。集群 C_K 分别利用式(5.52)和式(5.53)与上游和下游集群间边界数据的拉格朗日乘子。

$$\begin{cases} \lambda_{\mathrm{U},a}^{*(k+1)} = \lambda_{\mathrm{U},a}^{*(k)} + \rho(x_a^{(k+1)} - U_a^{*(k+1)}) \\ \lambda_{\mathrm{P},am}^{(k+1)} = \lambda_{\mathrm{P},am}^{(k)} + \rho(y_{am}^{(k+1)} - P_{am}^{(k+1)}) \\ \lambda_{\mathrm{Q},am}^{(k+1)} = \lambda_{\mathrm{Q},am}^{(k)} + \rho(z_{am}^{(k+1)} - Q_{am}^{(k+1)}) \end{cases} \tag{5.52}$$

$$\begin{cases} \lambda_{\mathrm{U},j}^{(k+1)} = \lambda_{\mathrm{U},j}^{(k)} + \rho(U_j^{(k+1)} - x_j^{(k+1)}) \\ \lambda_{\mathrm{P},jl}^{*(k+1)} = \lambda_{\mathrm{P},jl}^{*(k)} + \rho(P_{jl}^{*(k+1)} - y_{jl}^{(k+1)}) \\ \lambda_{\mathrm{Q},jl}^{*(k+1)} = \lambda_{\mathrm{Q},jl}^{*(k)} + \rho(Q_{jl}^{*(k+1)} - z_{jl}^{(k+1)}) \end{cases} \tag{5.53}$$

（8）各集群计算群间边界数据的原始残差和对偶残差，并利用分布式通信获得其他集群的边界数据残差。集群 K 边界数据的原始残差 $r_K^{(k+1)}$ 为集群边界数据 $B_{\mathrm{up}}^{(k+1)}$、$B_{\mathrm{dn}}^{(k+1)}$ 与其全局值 $X_{am}^{(k+1)} = \left\{ x_a^{(k+1)}, y_{am}^{(k+1)}, z_{am}^{(k+1)} \right\}$、$X_{jl}^{(k+1)} = \left\{ x_j^{(k+1)}, y_{jl}^{(k+1)}, z_{jl}^{(k+1)} \right\}$ 偏差的绝对值之和，而 $r^{(k+1)}$ 为所有集群原始残差组成的列向量。集群 K 边界数据的对偶残差 $s_K^{(k+1)}$ 定义为集群边界数据全局值 $X_{am}^{(k+1)}$、$X_{jl}^{(k+1)}$ 与 $X_{am}^{(k)}$、$X_{jl}^{(k)}$ 偏差的绝对值之和，而 $s^{(k+1)}$ 为所有集群对偶残差组成的列向量。

（9）重复步骤(2)～(8)直至集群边界数据原始残差和对偶残差的无穷范数均小于阈值 δ_d。

在相邻两次迭代中，DistFlow 方程与 LinDistFlow 方程计算的边界数据偏差基本不变，所以群间分布式优化控制利用 DistFlow 方程对群间边界数据进行校正，并不会影响 ADMM 的收敛性。

5.4.2　高-中压配电网分层分布式电压协调优化控制方法

分布式光伏的大规模接入增加了区域配电网运行控制的难度，尤其是电压控制。现有的电压控制策略很少考虑高压和中压配电网间的相互电压支撑能力，易造成光伏发电损失。为此，本节提出了一种基于广义 Benders 分解算法的高-中压配电网分层分布式电压优化控制方法，以网络损耗和调压成本最小为目标，通过分层分解协调实现降维计算和分布式控制。上层高压配电网对有载调压变压器、变电站无功补偿装置和馈线开关进行优化控制，而下层中压配电网对分布式光伏的有功和无功功率进行优化控制。本节利用广义 Benders 分解算法实现混合整数全局优化模型的分层分布式计算，并通过增加峰值电压和边界功率补偿量来提高 LinDistFlow 方程的计算精度。最后，以中国安徽金寨区域配电网为例，验证了所提分层分布式优化方法的有效性。

1. 高-中压配电网电压优化控制模型

如图 5.9 所示为典型的高-中压配电网结构图，由一个 220kV 变电站、多个 110kV 变电站和 35kV 变电站及多个中压配电网组成。本节拟采用图 5.9 所示的主从控制结构实现高—中压配电网的分布式电压优化控制，其中上层配电网的控制系统为地调自动电压控制系统(automatic voltage control，AVC)，下层配电网的控制系统为变电站子站。双层配电网基于少量数据通信和分解协调算法，实现全局优化模型的分层分布式计算。相较于全局集中优化控制方法，这种分层分布式计算框架可以显著降低地调 AVC 系统和变电站子站间的通信数据量及优化计算的复杂度。

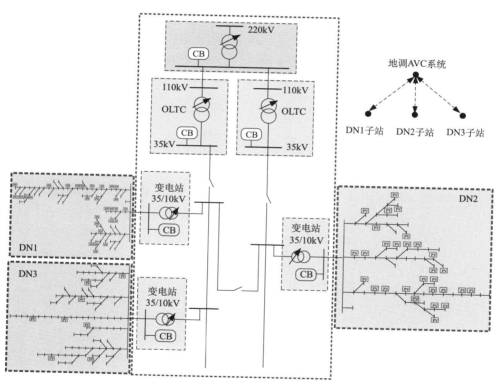

图 5.9　典型高-中压配电网的结构图

上层高压配电网基于无功优化模型对 220kV、110kV 和 35kV 变电站内的无功调压设备及馈线开关状态进行优化。分布式光伏的大规模接入易引起中压配电网电压越限，有时需要对分布式光伏的有功功率进行缩减。故下层中压配电网基于有功—无功联合优化模型，对分布式光伏的有功和无功功率进行优化。

1) 上层配电网的无功优化模型

目标函数：网络有功损耗成本、离散调压设备动作成本及馈线开关动作成本之和最小。

$$\min f_{\text{HV}} = \begin{pmatrix} c_{\text{P}} \sum\limits_{j \in N_{\text{H}}, \forall i: i \to j} I_{ij}^2 R_{ij} + c_{\text{T}} \sum\limits_{\forall ij} \left| K_{ij} - K_{ij,0} \right| \\ + c_{\text{CB}} \sum\limits_{\forall j} \left| n_{\text{CB},j} - n_{\text{CB},j,0} \right| + c_{\text{S}} \sum\limits_{\forall ij} \left| u_{\text{S},ij} - u_{\text{S},ij,0} \right| \end{pmatrix} \tag{5.54}$$

式中，N_{H} 为高压配电网的节点集合；I_{ij} 为线路 ij 的电流值，节点间关系可表示为 $i \to j$；R_{ij} 为线路 ij 的电阻值；c_{P} 为配电网的售电电价；K_{ij} 为支路 ij 上有载调压变压器的抽头挡位；$n_{\text{CB},j}$ 为 t 时刻节点 j 的电容器投入组数；$u_{\text{S},ij}$ 为 t 时刻馈线 ij 的开关状态，其值为 1 表示开关闭合，0 为断开；c_{T}、c_{CB}、c_{S} 分别表示抽头单挡调节、电容器单组投切和开关单次开合的动作成本。

Distflow 支路潮流等式约束如式(5.55)和式(5.56)。

$$\begin{aligned} & P_{ij}^2 + Q_{ij}^2 = V_i^2 I_{ij}^2 \\ & \sum_{i:i \to j} (P_{ij} - R_{ij} I_{ij}^2) - P_j = \sum_{l:j \to l} P_{jl} \\ & \sum_{i:i \to j} (Q_{ij} - X_{ij} I_{ij}^2) - Q_j = \sum_{l:j \to l} Q_{jl} \\ & U_j^2 = U_i^2 - 2(R_{ij} P_{ij} + X_{ij} Q_{ij}) + (R_{ij}^2 + X_{ij}^2) I_{ij}^2 \end{aligned} \tag{5.55}$$

且

$$\begin{cases} P_j = P_{\text{L},j} \\ Q_j = Q_{\text{L},j} - Q_{\text{C},j} - Q_{\text{CB},j} \end{cases} \tag{5.56}$$

式中，P_{ij} 和 Q_{ij} 为从节点 i 流向节点 j 的有功和无功功率；U_i 为节点 i 的电压幅值；P_j 和 Q_j 为节点 j 的净负荷有功和无功功率；X_{ij} 为线路 ij 的电抗值；$P_{\text{L},j}$ 和 $Q_{\text{L},j}$ 为节点 j 负荷的有功和无功功率；$Q_{\text{C},j}$ 和 $Q_{\text{CB},j}$ 分别为节点 j 连续无功补偿装置和离散电容器组的输出无功功率。

对于含开关 $u_{ij,t}^S$ 的支路 ij，电压等式方程修改为

$$(U_j^{Sij})^2 = (U_i^{Sij})^2 - 2(R_{ij} P_{ij} + X_{ij} Q_{ij}) + (R_{ij}^2 + X_{ij}^2) I_{ij}^2 \tag{5.57}$$

式中，$U_i^{Sij} = u_{ij,t}^S U_i$，$U_j^{Sij} = u_{ij,t}^S U_j$。

配电网安全运行约束为

$$U_{\min} \leqslant U_i \leqslant U_{\max} \tag{5.58}$$

$$I_{ij}^2 \leqslant I_{ij,\max}^2 \tag{5.59}$$

式中，$U_{\min}$ 和 $U_{\max}$ 分别为节点电压的安全运行上限和下限，$I_{ij,\max}$ 为支路 ij 的最大传输电流。

对于含开关支路 ij，运行约束还包括

$$\begin{cases} u_{S,ij}U_{i,\min} \leqslant U_i^{S,ij} \leqslant u_{S,ij}U_{i,\max} \\ \left(1-u_{S,ij}\right)U_{i,\min} \leqslant U_i - U_i^{S,ij} \leqslant \left(1-u_{S,ij}\right)U_{i,\max} \end{cases} \tag{5.60}$$

$$I_{ij}^2 \leqslant u_{ij,t}^S I_{ij,\max}^2 \tag{5.61}$$

连续无功补偿设备的运行约束为

$$Q_{C,j}^{\min} \leqslant Q_{C,j} \leqslant Q_{C,j}^{\max} \tag{5.62}$$

式中，$Q_{C,j}^{\min}$ 和 $Q_{C,j}^{\max}$ 分别为节点 j 连续无功补偿装置输出无功功率的下限和上限。

离散无功补偿设备的运行约束为

$$\begin{cases} Q_{CB,j} = n_{j,t}^{CB} Q_{CB,j}^{step} \\ 0 \leqslant n_{j,t}^{CB} \leqslant N_{CB,j}^{\max} \end{cases} \tag{5.63}$$

式中，$Q_{CB,j}^{step}$ 为节点 j 单组电容器的无功容量；$N_{CB,j}^{\max}$ 分别为节点 j 电容器投运组数的上限。

有载调压变压器的运行约束为

$$\begin{cases} U_i = k_{ij}U_j \\ k_{ij} = k_{ij,0} + K_{ij}\Delta k_{ij} \\ -K_{ij,\max} \leqslant K_{ij} \leqslant K_{ij,\max}, \qquad K_{ij} \in Z \end{cases} \tag{5.64}$$

式中，k_{ij} 为支路 ij 中 OLTC 的可调变比；$k_{ij,0}$ 和 Δk_{ij} 分别为支路 ij 中 OLTC 的标准变比和调节步长；$K_{ij,\max}$ 为支路 ij 中 OLTC 上调或下调的最大挡位。

馈线开关运行约束如下。

馈线开关状态应使任意母线不断电且线路不环网运行。为保证这两点，对于构成环的馈线，馈线开关应只有一个为断开状态。

$$\sum_{ij \in O} u_{S,ij} = L_O - 1 \tag{5.65}$$

式中，O 为构成一个环网的馈线集合，L_O 为集合 O 中馈线开关总数量。

2）下层配电网的有功—无功联合优化模型

优化目标：网络有功损耗成本和光伏有功发电损失成本之和最小。

$$\min f_{MV,m} = c_{PV}\sum_{j \in N_m} P_{dec,j} + c_P \sum_{j \in N_m, \forall i:i \to j} I_{ij}^2 R_{jj} \tag{5.66}$$

式中，$P_{dec,j}$ 为节点 j 光伏的有功功率缩减量；c_{PV} 为光伏的光伏发电收益（含政府

补贴）；N_m 表示中压配电网 m 的节点集合。

运行约束包括：支路潮流等式约束、配电网安全运行约束和光伏的运行约束。

$$\begin{cases} P_j = P_{L,j} - (P_{PV,j}^{MPP} - P_{dec,j}) \\ Q_j = Q_{L,j} - Q_{PV,j} \end{cases} \tag{5.67}$$

$$\begin{cases} 0 \leqslant P_{dec,j} \leqslant P_{PV,j}^{MPP} \\ \left| Q_{G,j} \right| \leqslant (P_{PV,j}^{MPP} - P_{dec,j}) \tan\theta \\ Q_{G,j}^2 \leqslant S_{G,j}^2 - (P_{G,j}^{av} - P_{dec,j})^2 \end{cases} \tag{5.68}$$

式中，$Q_{G,j}$ 为节点 j 光伏的无功输出功率；$\theta = \arccos PF_{min}$ 为光伏输出功率的功率因数限制，功率因数最小值 PF_{min} 设定为 0.95；$S_{G,j}$ 为节点 j 光伏的安装容量。

双层配电网的边界等式约束：高—中压配电网边界母线电压、边界线路传输有功和无功功率的等式约束。

$$\begin{cases} U_{MV,R,m} - U_{HV,\tau(m)} = 0 \\ P_{MV,R,m} - P_{HV,\tau(m)} = 0 \\ Q_{MV,R,m} - Q_{HV,\tau(m)} = 0 \end{cases} \tag{5.69}$$

式中，$U_{MV,R,m}$ 为配电网 m 的根节点电压幅值；$P_{MV,R,m}$ 和 $Q_{MV,R,m}$ 分别为根节点有功和无功注入功率值；下标 $\tau(m)$ 为中压配电网 m 接入的高压母线标号；$U_{HV,\tau(m)}$ 为高压配电网中配电网 m 接入母线的电压幅值；$P_{HV,\tau(m)}$ 和 $Q_{HV,\tau(m)}$ 分别为高压母线 $\tau(m)$ 向配电网 m 供给的净负荷功率。

2. 求解算法

GBD 算法采用主—从结构，将原始集中优化问题分解为主问题和子问题交替计算，可用于求解混合整数规划问题和非线性规划问题。对于式（5.70）的优化模型，GBD 算法收敛的前提条件是当 y 值固定时，目标函数和约束条件必须是 x 的凸函数。

$$\begin{cases} \min f(x,y) \\ \text{s.t.} \quad G(x,y) \leqslant 0 \\ x \in X, y \in Y \end{cases} \tag{5.70}$$

1）最优潮流模型的凸化

为降低优化模型的求解难度和确保 GBD 算法的收敛性，本节对中、高压配电网的优化模型进行凸化。

式（5.54）～式（5.64）中的绝对值项、变量平方项和变量乘积项是高压配电网优化模型非凸的主要原因。本节通过变量替换、二阶锥松弛和线性化处理将高压配电网优化模型转化为电压平方项 v_j 和电流平方项 l_{ij} 的混合整数凸优化模型。

中压配电网的优化目标包含光伏有功缩减成本，不满足二阶锥松弛的准确性条件，故本节采用 LinDistFlow 约分方程凸化优化模型。当线路的有功和无功功率损耗相较于线路上传输的有功和无功功率很小，且节点间电压偏差相较于节点电压幅值也较小时，LinDistFlow 约分方程可被用于凸化配电网优化模型和降低优化求解的计算量。基于 LinDistFlow 约分方程的中压配电网目标函数和潮流等式方程可表达为如式 (5.71) 和式 (5.72)。

$$\min f_{\mathrm{MV},m} = C_{\mathrm{PV}} \sum_{j \in N_{\mathrm{M}}} P_{\mathrm{dec},j} + c_{\mathrm{P}} \sum_{j \in N_{\mathrm{M}}, \forall i:i \to j} R_{ij} \frac{P_{ij}^2 + Q_{ij}^2}{u_{\mathrm{MV,R},m}} \tag{5.71}$$

$$\begin{cases} \displaystyle\sum_{i:i \to j} P_{ij} - P_j = \sum_{l:j \to l} P_{jl} \\ \displaystyle\sum_{i:i \to j} Q_{ij} - Q_j = \sum_{l:j \to l} Q_{jl} \\ u_j = u_i - 2(R_{ij}P_{ij} + X_{ij}Q_{ij}) \end{cases} \tag{5.72}$$

式中，$u_{\mathrm{MV,R},m} = (U_{\mathrm{MV,R},m})^2$，并假设 $I_{ij}^2 \approx \dfrac{P_{ij}^2 + Q_{ij}^2}{u_{\mathrm{MV,R},m}}$；$u_j = U_j^2$。

LinDistFlow 方程忽略了潮流等式方程中的线路损耗及由损耗引起的电压偏差，故求解的节点电压和传输功率与 DistFlow 方程的结果稍有偏差。为弥补 LinDistFlow 方程的计算误差，在进行双层分布式优化计算之前，各中压配电网先计算 LinDistFlow 与 DistFlow 方程的偏差，并对偏差量进行补偿。

各中压配电网首先基于 LinDistFlow 方程开展最优潮流计算，求得分布式光伏的最优输出功率；然后基于分布式光伏的最优输出功率进行 DistFlow 潮流计算；最后求解两组峰值电压平方、边界有功和无功功率的偏差，分别定义为 $\Delta u_{\max,m}^{\mathrm{MV}}$、$\Delta P_{\mathrm{MV,R},m}$ 和 $\Delta Q_{\mathrm{MV,R},m}$。在双层分布式优化计算过程中，中压配电网的电压安全约束和边界等式约束变为

$$U_{i,\min}^2 \leqslant u_i \leqslant U_{i,\max}^2 - \Delta u_{\max,m}^{\mathrm{MV}} \tag{5.73}$$

$$\begin{cases} u_{\mathrm{MV,R},m} - u_{\mathrm{HV},\tau(m)} = 0 \\ (P_{\mathrm{MV,R},m} - \Delta P_{\mathrm{MV,R},m}) - P_{\mathrm{HV},\tau(m)} = 0 \\ (Q_{\mathrm{MV,R},m} - \Delta Q_{\mathrm{MV,R},m}) - Q_{\mathrm{HV},\tau(m)} = 0 \end{cases} \tag{5.74}$$

2) 基于广义 Benders 分解的分层分布式优化方法

中、高压配电网的全局优化模型可简化表示为

$$
\begin{cases}
\min \sum_{m=1}^{N_{\mathrm{MV}}} f_{\mathrm{MV},m}(x_m) + f_{\mathrm{HV}}(y) \\
\text{s.t.} \quad m = 1, \cdots, N_{\mathrm{MV}} \\
x_m \in X_m, G_{\mathrm{MV},m}(x_m) \leqslant 0 \\
y \in Y, G_{\mathrm{HV}}(y) \leqslant 0 \\
H_m(x_m, y) = 0
\end{cases}
\tag{5.75}
$$

式中，变量 x_m 和 y 分别为中压配电网 m 和高压配电网的优化变量；N_{MV} 为中压配电网的数量；$G_{\mathrm{MV},m}(x_m)$ 和 $G_{\mathrm{HV}}(y)$ 分别对应中压配电网和高压配电网的运行约束，两者分别仅为 x_m 和 y 的函数；$H_m(x_m, y) = 0$ 对应式(5.75)高压配电网与中层配电网 m 的边界等式约束，仅与 $x_{\mathrm{R},m} = \{u_{\mathrm{MV,R.}m}, P_{\mathrm{MV,R.}m}, Q_{\mathrm{MV,R.}m}\}^{\mathrm{T}}$ 和 $y_{\tau(m)} = \{u_{\mathrm{HV},\tau(m)}, P_{\mathrm{HV},\tau(m)}, Q_{\mathrm{HV},\tau(m)}\}^{\mathrm{T}}$ 相关。

为实现高—中压配电网全局优化模型的分布式计算，本节基于 GBD 算法的主从分解思路，将全局优化模型分解为一个主问题和多个子问题交替计算。高压配电网和各中压配电网分别独立求解主问题和各子问题，并在每轮求得优化解后，向对方传输边界变量的优化参数。为降低双层配电网间的通信数据量，本节对 GBD 算法的求解过程进行了调整，具体求解过程如下。

步骤(1)：初始化参数。初始化迭代代数 $k=1$，优化割平面数 $p_m=0$，可行割平面数 $q_m=0$，目标函数下界 $\mathrm{LB}=-\infty$，目标函数上界 $\mathrm{UB}=\infty$，高压配电网边界变量可行初值 $\hat{y}_{\tau(m)} = \left\{\hat{v}_{\tau(m)}^{\mathrm{HV}}, \hat{P}_{\tau(m)}^{\mathrm{HV}}, \hat{Q}_{\tau(m)}^{\mathrm{HV}}\right\}^{\mathrm{T}}$。

步骤(2)：中压配电网求解子问题。全局优化模型的目标函数中仅 $f_{\mathrm{MV},m}(x_m)$ 与变量 x_m 相关，故配电网 m 基于高压配电网的边界变量 $\hat{y}_{\tau(m)}$，求解如下子优化问题。

$$
\begin{cases}
\min f_{\mathrm{MV},m}(x_m) \\
\text{s.t.} \quad x_m \in X_m, G_{\mathrm{MV},m}(x_m) \leqslant 0 \\
H_m(x_{\mathrm{R},m}, \hat{y}_{\tau(m)}) = 0
\end{cases}
\tag{5.76}
$$

步骤(2a)：若上述优化模型有可行解，则 p_m 增加 1，求解边界等式约束 $H_m(x_{\mathrm{R},m}, \hat{y}_{\tau(m)}) = 0$ 对应的拉格朗日乘子 $\mu_{m,p} = \{\mu_{\mathrm{U},m,p}, \mu_{\mathrm{P},m,p}, \mu_{\mathrm{Q},m,p}\}^{\mathrm{T}}$，利用目标函数值 $f_{\mathrm{MV},m}(x_m)$ 更新中压配电网 m 的目标函数 $\mathrm{UB}_{\mathrm{MV},m}$，并构建优化割平面回补主问题。优化割平面的表达式应为

$$\inf_{x_m \in X_m} \left\{ f_{\mathrm{MV},m}(x_m) + (\mu_{m,p})^{\mathrm{T}} H_m(x_{\mathrm{R},m}, y_{\tau(m)}) \right\}$$
$$= \mathrm{UB}_{\mathrm{MV},m} + \mu_{\mathrm{U},m,p}(u_{\mathrm{MV},\mathrm{R},m} - u_{\mathrm{HV},\tau(m)}) \tag{5.77}$$
$$+ \mu_{\mathrm{P},m,p}(P_{\mathrm{MV},\mathrm{R},m} - P_{\mathrm{HV},\tau(m)}) + \mu_{\mathrm{Q},m,p}(P_{\mathrm{MV},\mathrm{R},m} - P_{\mathrm{HV},\tau(m)})$$

为减少双层配电网间通信数据量，可引入 $L'_{m,p}$。

$$L'_{m,p} = \mathrm{UB}_{\mathrm{MV},m} + \mu_{\mathrm{U},m,p} u_{\mathrm{MV},\mathrm{R},m} + \mu_{\mathrm{P},m,p} P_{\mathrm{MV},\mathrm{R},m} + \mu_{\mathrm{Q},m,p} P_{\mathrm{MV},\mathrm{R},m}$$
$$= \mathrm{UB}_{\mathrm{MV},m} + (\mu_{m,p})^{\mathrm{T}} \hat{y}_{\tau(m)} \tag{5.78}$$

则优化割平面约束可表达为 $L'_{m,p} - (\mu_{m,p})^{\mathrm{T}} y_{\tau(m)}$。

步骤(2b)：若上述优化模型不存在可行解，则 q_m 增加 1，引入松弛变量构建如下松弛优化问题。

$$\begin{cases} \min \sum_{i=1}^{6} \alpha_i \\ \text{s.t.} \quad x_m \in X_m, G_{\mathrm{MV},m}(x_m) \leqslant 0 \\ \quad u_{\mathrm{MV},\mathrm{R},m} - \hat{u}_{\mathrm{HV},\tau(m)} - \alpha_1 \leqslant 0, \ -u_{\mathrm{MV},\mathrm{R},m} + \hat{u}_{\mathrm{HV},\tau(m)} - \alpha_2 \leqslant 0 \\ \quad P_{\mathrm{MV},\mathrm{R},m} - \hat{P}_{\mathrm{HV},\tau(m)} - \alpha_3 \leqslant 0, \ -P_{\mathrm{MV},\mathrm{R},m} + \hat{P}_{\mathrm{HV},\tau(m)} - \alpha_4 \leqslant 0 \\ \quad Q_{\mathrm{MV},\mathrm{R},m} - \hat{Q}_{\mathrm{HV},\tau(m)} - \alpha_5 \leqslant 0, \ -Q_{\mathrm{MV},\mathrm{R},m} + \hat{Q}_{\mathrm{HV},\tau(m)} - \alpha_6 \leqslant 0 \end{cases} \tag{5.79}$$

求解相应的最优解 $x_{\mathrm{root},m}$ 和边界约束对应的乘子 $\lambda_1 \sim \lambda_6$，并令 $\lambda_{\mathrm{U},m,q} = \lambda_1 - \lambda_2$，$\lambda_{\mathrm{P},m,q} = \lambda_3 - \lambda_4$，$\lambda_{\mathrm{Q},m,q} = \lambda_5 - \lambda_6$，$\lambda_{m,q} = \left\{ \lambda_{\mathrm{U},m,q}, \lambda_{\mathrm{P},m,q}, \lambda_{\mathrm{Q},m,q} \right\}^{\mathrm{T}}$，目标函数上界 $\mathrm{UB}_{\mathrm{MV},m}$ 不变，并构建可行割平面回补给主问题。可行割平面约束的表达式应为

$$\inf_{x \in X} \left\{ (\lambda_{m,q})^{\mathrm{T}} H_m(x_{\mathrm{R},m}, y_{\tau(m)}) \right\} = \lambda_{\mathrm{U},m,q}(u_{\mathrm{MV},\mathrm{R},m} - u_{\mathrm{HV},\tau(m)}) \tag{5.80}$$
$$+ \lambda_{\mathrm{P},m,q}(P_{\mathrm{MV},\mathrm{R},m} - P_{\mathrm{HV},\tau(m)}) + \lambda_{\mathrm{Q},m,q}(P_{\mathrm{MV},\mathrm{R},m} - P_{\mathrm{HV},\tau(m)})$$

为减少双层配电网间通信数据量，可引入 $L''_{m,q}$。

$$L''_{m,q} = \lambda_{\mathrm{U},m,q} u_{\mathrm{MV},\mathrm{R},m} + \lambda_{\mathrm{P},m,q} P_{\mathrm{MV},\mathrm{R},m} + \lambda_{\mathrm{Q},m,q} Q_{\mathrm{MV},\mathrm{R},m} = \lambda_{m,q} x_{\mathrm{R},m} \tag{5.81}$$

则可行割平面约束可表达为 $L''_{m,q} - (\lambda_{m,q})^{\mathrm{T}} y_{\tau(m)}$。

步骤(3)：高压配电网求解主问题。

首先，高压配电网基于所有边界变量 $\hat{y}_{\tau(m)}$ 和中压配电网的目标函数值 $\mathrm{UB}_{\mathrm{MV},m}$，开展上层配电网最优潮流计算，以更新全局优化目标的上界 UB。

然后，基于所有中压配电网的 p_m、$\mu_{m,p}$、$L'_{m,p}$ 和 q_m、$\lambda_{m,q}$、$L''_{m,q}$ 优化参数，高压配电网求解主问题。

$$\begin{cases} \min \sum_{m=1}^{N_{\text{MV}}} \text{LBD}_m + f_{\text{HV}}(y), & m = 1, \cdots, N_{\text{MV}} \\ \text{s.t. } y \in Y, G_{\text{HV}}(y) \leqslant 0 \\ \text{LBD}_m \geqslant L'_{m,p} - \left(\mu_{m,n}\right)^{\text{T}} y_{\tau(m)}, & n = 1, \cdots, p_m \\ L''_{m,q} - \left(\lambda_{m,n}\right)^{\text{T}} y_{\tau(m)} \leqslant 0, & n = 1, \cdots, q_m \end{cases} \tag{5.82}$$

利用求得的目标函数值更新全局优化目标的下界 LB，并利用 $y_{\tau(m)}$ 最优解为 $\hat{y}_{\tau(m)}$ 赋值，用于下轮迭代计算。

步骤(4)：重复步骤(2)和(3)，直至全局优化目标的上、下界偏差小于预设值 δ。

在高-中压配电网的分布式优化迭代过程中，双层配电网间的交互数据如表 5.1 所示。

表 5.1 双层配电网间的交互数据

高压配电网向中压配电网 m 通信的数据	中压配电网 m 向高压配电网通信的数据
边界节点的电压和边界线路的传输功率 $\hat{y}_{\tau(m)} = \left\{\hat{u}_{\text{MV},\tau(m)}, \hat{P}_{\text{MV},\tau(m)}, \hat{Q}_{\text{MV},\tau(m)}\right\}$	优化割参数 p_m、$\mu_{m,p}$、$L'_{m,n}$ 可行割参数 q_m、$\lambda_{m,q}$、$L''_{m,n}$ 配电网 m 的目标函数 $\text{UB}_{\text{MV},m}$

5.5 案 例 分 析

本节采用安徽金寨县的实际网络对分布式可再生能源发电集群划分方法和控制方法进行验证。本书从提升分布式可再生能源发电系统接纳能力和电压控制两个角度，分别开展两个层级的可再生能源发电集群划分方法验证。

5.5.1 35kV 可再生能源发电集群划分

35kV 电压层级可再生能源发电集群划分主要是为了增强区域配电网对分布式可再生能源发电系统的接纳能力，确定能够利用功率外特性进行功率互补的网络范围，并利用不同的网络联络方式增强区域配电网的功率互补能力。因此，35kV 电压层级可再生能源发电集群划分指标以电气距离表征的模块度指标与集群消纳能力指标为基础。

模块度指标与集群消纳能力指标的集群划分属于多目标优化问题，其中模块度指标越大，集群结构越紧密；系统可再生能源消纳能力越强，意味着富余电量越小，消纳能力指标值越小。为求得最终集群划分，使用统一目标法将多目标转换为单目标，配以相应权重反映各指标的重要程度，表示如下：

$$\gamma = \varphi_{\mathrm{P}}^{w_1} / \varphi_{\rho}^{w_2} \tag{5.83}$$

式中，γ 为综合考虑模块度和消纳能力的改进型综合性能指标；w_1、w_2 为指标的权重值；φ_{P} 为集群消纳能力指标；φ_{ρ} 为模块度指标，两变量的定义见 5.3.2 节。模块度指标中的变量 $A_{ij} = 1 - L_{ij}/\max(L)$，其中电气距离 L_{ij} 的定义为式 (5.4)。

集群性能指标不仅可以量化集群的结构强度以及网络节点间的协调互补特性，而且可以指导集群划分的方向，通过智能优化算法寻找最优的分区方案。本节应用 GA 搜索最小 γ，从而确定最优集群划分。其中可响应负荷和储能的优化调节采用 IBM 的 CPLEX 进行求解。

由于网架结构的变化会直接影响集群划分，在计及联络开关控制的情况下，网络的邻接矩阵中将出现变量。假设网络中包含 m 个联络开关，则邻接矩阵中将出现变量 $[t_1, t_2, \cdots, t_i \cdots, t_m]$ 序列。若计及联络开关状态的变化，则此时网络存在最多的 2^m 种网架结构。当对变量 $[t_1, t_2, \cdots, t_i \cdots, t_m]$ 序列值采用枚举时，5.3.3 节所述 GA 算法可直接应用，但将急剧增加集群划分过程的计算量。

考虑所提的改进型综合性能指标及联络开关所在支路与集群之间的关系，可以通过启发式搜索的方法，降低考虑联络开关状态后的集群划分计算量。由于改进型综合性能指标中的 φ_{ρ} 反映的是集群内节点和集群间的联系强度关系，考虑联络开关所在支路在集群中位置关系。

(1) 若联络开关初始状态为 0，即断开状态。当联络开关所在支路位于某一集群内，当联络开关状态变为 1 时，则可增加其所在集群的群内耦合。

(2) 若联络开关初始状态为 1，即闭合状态。当联络开关所在支路作为两个集群间的联络线时，当联络开关状态变为 0 时，则可降低其所连接的两个集群的群间耦合度。

根据式 (5.9) 中 φ_{ρ} 值计算方法的定义，可知上述两种情况通常均可引起 φ_{ρ} 值变大。根据 φ_{P} 值计算方法定义，改变联络开关状态，仅改变了节点间的连接关系而未改变集群的构成，所以 φ_{P} 值保持不变。综上可知，根据联络开关所在支路与集群之间的关系，通过合理改变联络开关的状态，可以使 φ_{ρ} 增加、φ_{P} 不变，进而使综合性能指标趋向变大，指导集群划分向更合理方向变化。

由于联络开关引起的网架结构变化与综合性能指标有上述定性的关系，所以在应用遗传算法进行集群划分时，按照下述原则进行启发式搜索。

(1) 考虑联络开关所在支路作为集群间联络线的概率远小于联络开关所在支路位于集群内的概率，所以按照联络开关均闭合的网架结果进行集群划分，获得相应较好的改进型综合性能指标。

(2)对联络开关所在支路作为集群间的联络线的支路进行搜索，改变联络开关状态，使改进型综合性能指标向更优方向变化。

考虑联络开关状态变化的启发式集群划分流程如图 5.10 所示。

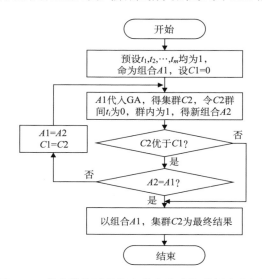

图 5.10   考虑联络开关状态的启发式集群划分流程图

以安徽金寨县域配电系统作为分析对象，验证所提集群划分方法的有效性。针对该配电系统中的 35kV 网络作为划分对象，各 35kV 电站为划分节点。网络中共有待划分节点 43 个，其中含可再生能源的节点遍及整个系统，主要为光伏，以及 40、45 节点母线下的部分水电。光伏节点的接入形式主要为中低压配电网的户用屋顶式光伏、村集体式小型光伏电站。表现为负荷特性的节点位置比较集中，主要位于 17、24 和 30 节点母线的下属节点。系统中可用的功率调节方式均位于 53 节点，包含储能装置，总功率为 4MW，总容量为 20MW·h；以及部分可控负荷，为简化计算，节点实时可控负荷以恒定值 3MW 计算。网络拓扑结构如图 5.11 所示，具体网架参数参考附录表 A3、表 A4，其中标记"T"的线路表示存在联络开关。

后续基于 GA 的集群划分方法对该实际配电网络进行集群划分，设定 GA 种群规模 $N=200$，最大迭代次数为 500，交叉概率和变异概率分别为 0.3 和 0.7，且对每代进化过程实行精英保留，以保证算法的收敛性。

实际配电系统中可再生能源接入主要为光伏，在同一区域日出力特性具有一定的相似性，因而选择各节点的同一典型日功率数据进行集群划分分析。

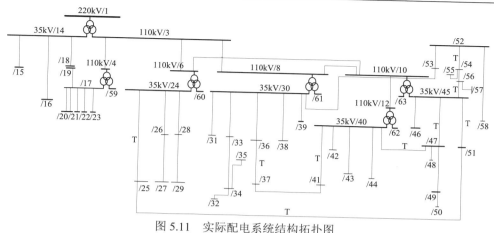

图 5.11　实际配电系统结构拓扑图

1. 改进型综合性能指标分析

集群划分结果一方面要保证集群内节点的强耦合，另一方面要满足节点间功率的协调互补，达到提高集群消纳的目的。因此，对本节所提改进型综合性能指标从结构性与消纳性能两个方面进行评价[21]。

(1)结构性指外部特性，包含集群的规模、群内、群间的联系强度等，通过 φ_{ρ} 表示，其值越大集群耦合性越好，通常 φ_{ρ} 取值在 0.3～0.7。

(2)消纳性能用 φ_{P} 表示，其值越小越好。

集群综合性能指标中包含了结构性和消纳性能两个元素，可根据实际需求设置不同的权重以实现集群划分的不同侧重点，不同的权重组合会产生不同的集群

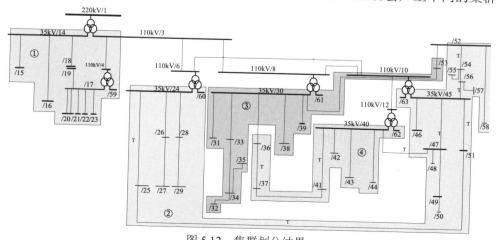

图 5.12　集群划分结果

划分结果。在书中,为在促进可再生能源消纳的同时兼顾集群内部节点的耦合联系,即协调集群的消纳性能和结构性能,设置两指标权重分别为 $w_1=1$、$w_2=1$,集群的划分结果如图 5.12 所示。为表明不同权重组合对集群划分的影响,选取两种极端组合:分别设定两指标权重为 1 和 0。表 5.2 给出不同权重组合及对应的集群划分结果。

表 5.2 不同权重对集群划分的影响

方案	w_1	w_2	集群个数	φ_ρ	φ_P
1	1	0	1	0	123.803
2	0	1	8	0.7316	491.013
3	1	1	3	0.5941	144.519

由表 5.2 的结果可以得出:

(1)方案 1 是基于可再生能源消纳能力指标进行集群划分的结果。由于划分指标仅关注节点之间特性互补和功率调节手段,所以 φ_P 在 3 种方案中最小,即消纳能力最强。集群节点趋于集中,集群个数少、规模大,集群结构性能低,$\varphi_\rho=0$,即未划分集群。

(2)方案 2 是基于电气距离的模块度指标进行集群划分的结果,即常规的以集群内部电气联系为依据的集群划分。φ_ρ 值最大,集群结构性强,集群内部节点间电气耦合程度高。φ_P 在 3 个方案中最大,因为其忽略了节点之间的源荷储的协调互补,所以不利于可再生能源的消纳。

(3)方案 3 是综合模块度和集群消纳能力指标的集群划分结果。根据图 5.12 及表 5.2,在网架拓扑上,集群满足连通性要求,不存在孤立节点。模块度指标 $\varphi_\rho=0.5941$,较最佳 φ_ρ 指标值下降 18.8%,但 φ_ρ 大于 0.3 且接近 0.7 表明集群内部节点间电气耦合仍较为紧密,结构性良好。可再生能源消纳能力指标值 $\varphi_P=144.519$,相对于系统最佳 φ_P 值增加了 16.7%,而相比于方案 2 的 φ_P 值下降了 70.6%。

通过上述分析可见:方案 3 既保证了集群良好的结构性,也充分发挥了节点间的功率协调,可以兼顾结构性和消纳能力的综合要求。

对于权重组合,增加指标中 φ_ρ 的权重,集群结构性增加,群内协调能力下降;增加 φ_P 的权重则相反,然而两者随权重变化的幅度不同,一般可按需选择合适权重组合。

2. 计及功率调度的集群消纳能力指标分析

集群功率调度是在集群划分结果的基础上进行的,不同的集群划分方法将对集群功率调度产生影响，进而影响到集群消纳能力，而在集群消纳能力指标上也会得到体现。表 5.3 列出了不同情况下集群消纳能力指标值。其中，方案 A 为仅考虑源荷互补特性进行集群划分的结果；方案 B 为在方案 A 的基础上，以最大化集群消纳能力为目标，即以 $\max\sum_{t\in T}P_{CA,k,t}$ 为目标，经过功率调度后的指标值；方案 C 则以改进型综合性能指标为依据所得的集群结果为基础，以与 B 相同方式进行调度后所得的指标值，其集群划分结果如图 5.13 所示。

表 5.3　功率调度对集群划分的影响

方案	φ_ρ	相比 A	φ_P	相比 A
A	0.6338	—	180.596	—
B	0.6338	0	178.862	−1.0%
C	0.5941	−6.3%	144.519	−20.0%

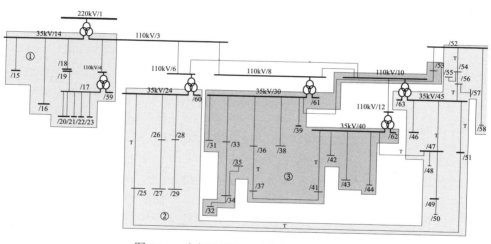

图 5.13　功率调节参与后的集群划分结果

对比方案 A 和方案 B，可以看出，功率调度促进了系统对可再生能源的消纳。对比方案 B 和方案 C，可知以源荷储优化协调方式进行的集群划分可以更有效地提高系统的消纳能力。具体分析如下。

1）功率调度对集群消纳能力指标的影响

从表 5.3 可以看出，由于在划分过程已经考虑通过集群功率调度提升集群消纳能力，所以从集群消纳能力指标（富余电量）上看，方案 C 的值较方案 A 降低了 20.0%。结构性能指标呈现相反的趋势，即节点调节能力增强，将造成集群总体的结构强度下降。这与个人能力强，其社会依赖性降低的普遍规律相吻合。

　　通过方案 C 和方案 B 的对比可以看出，方案 B 在集群划分过程中未考虑节点的功率调节能力，从而对后续的功率调度产生了不利的影响。所以出现了在系统具有相同调控手段的情况下，以集群方式进行调度时，方案 B 的集群消纳能力指标仅降低了 1.0%，与方案 C 的 20.0%存在较大差距。

　　2) 方案 B 与方案 C 中消纳能力指标分析

　　集群消纳能力的提升依赖于节点的功率调节能力，因此重点分析包含功率调节能力节点的集群。方案 B 和 C 中含功率调节能力节点所在集群分别为集群 1 和集群 1′，其源荷净功率如图 5.14 所示。

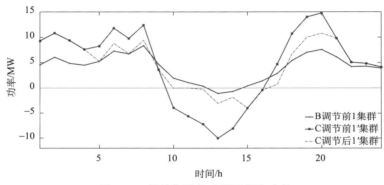

图 5.14　相关集群各时段源荷净功率

　　从图 5.14 可见，集群 1′中净功率为负值的面积大于集群 1 的，可见集群 1′为节点调节能力的利用提供较大的空间。对比方案 B，方案 B 在集群划分时未考虑节点的功率调节能力，造成所划分的集群在集群内进行功率调度时，净负荷功率为负的面积不足，调节能力不能获得充分利用，即储能和可响应负荷无法充分调节，从而影响集群消纳能力，体现在指标上即前文所述的集群消纳能力指标仅降低了 1.0%。

　　图 5.15 给出了集群 1 和集群 1′的可调设备的正向功率调节量，可以看出，集群 1′相对于集群 1，可调设备的调节能力获得了充分利用。

　　3) 考虑网架结构变化的集群划分性能分析

　　采用式(5.83)所述改进综合性能指标对金寨系统进行集群划分，结果如图 5.16 所示，所得联络线组合为 $[t_1, t_2, \cdots, t_9] = [111101111]$。可再生能源消纳能力指标值 $\varphi_P = 144.519$，模块度指标 $\varphi_\rho = 0.609$，相比于不考虑联络线变化的 φ_ρ 增加 2.5%，集群结构强度增加。

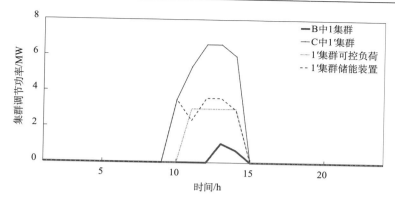

图 5.15　集群 1 和集群 1′对应的功率正向调节量

实际网络中共有 9 处联络开关，在满足连通约束条件的情况下，联络开关的通断组合可达 108 种，即网络存在 108 种网架结构，现枚举所有场景进行集群划分，集群指标如图 5.17 所示。

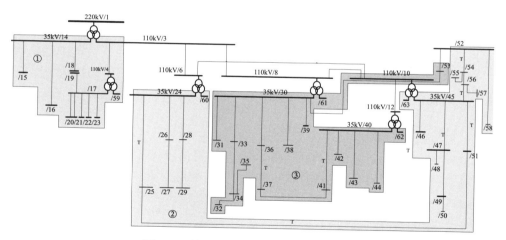

图 5.16　计及联络线变化的集群划分结果

从图 5.17 可以看出，不同网架结构下综合性能指标会发生变化，其原因在于联络线通断的变化会改变节点之间的电气耦合关系，进而影响模块度指标。

枚举法产生的最佳综合性能指标对应的联络线组合为 $[t_1, t_2, \cdots, t_9] = [111101111]$，各种集群划分结果的汇总见表 5.4。通过结果对比可见：枚举法中的最优集群划分与本书方法获得结果一致。

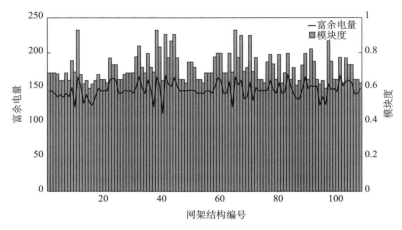

图 5.17　不同网架结构下集群指标

表 5.4　集群划分结果汇总

参数	极差	平均值	最佳 γ
φ_ρ	0.218	0.584	0.609
φ_{P}	83.695	179.407	144.519

对比两种方法的计算量可知：在寻优过程中，枚举法需要 108 次 GA 计算，本节方法的典型运行时间为 2 次 GA 计算，在计算时间上有显著优势。

5.5.2　10kV 可再生能源发电集群划分

10kV 电压层级可再生能源发电集群划分采用基于集群调压能力和模块化指标的集群综合性能指标，并利用 GA 算法将若干配电变压器及其所接入的负荷和分布式可再生能源发电系统进行组合，以方便分布式可再生能源发电集群的集中管理。所采用的集群综合性能指标如下：

$$\gamma' = \frac{1}{m}\sum_i\sum_j\left(A_{ij} - \frac{k_i k_j}{m}\right)\delta(i,j)\min_{K=1,\cdots,n_c}\psi_K \tag{5.84}$$

$$A_{ij} = 1 - \frac{e_{ij}}{\max\ e_{ij}} \tag{5.85}$$

式 (5.84) 和式 (5.85) 中，γ' 为集群性能指标，其值越大对应集群划分的性能越佳；A_{ij} 为模块化指标的权重系数，其值介于 [0,1]；n_c 为网络划分后的集群总数量。集群综合性能指标的前半部分为基于电气距离的模块化指数，其值越大表明相同集群的节点间电气联系越紧密，不同集群的节点间电气联系越稀疏。后半部分对应集群的电压调节能力，促使调压资源按各集群的调压需求均匀分布。

本节选取金寨县一条含高渗透率分布式光伏的 10kV 线路进行集群划分。该条线路的拓扑结构和光伏安装节点如图 5.18 所示，具体网架参数参考附录表 A5、表 A6。光伏装机总容量约为 2.22MV·A，分布于 18 个节点。其中 12 个节点的光伏变流器功率可控，而无功补偿设备安装节点有 4 个，具体参数如表 5.5 所示。该条线路上的光伏安装容量虽不大，但因地处农村负荷功率极小，所以在正午时刻普遍存在功率倒送情况。

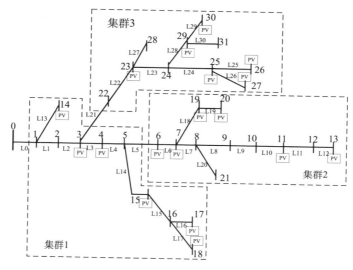

图 5.18　安徽金寨 10.5kV 线路拓扑和集群划分结果

表 5.5　可控光伏变流器和无功补偿设备参数

可控资源	节点	可控容量/MV·A
无功补偿设备	7、13、17、27	±0.1
光伏变流器	4、18、19、29	0.05
	13、23、27	0.1
	3、15、25	0.2
	11、17	0.3

根据金寨历史运行数据，2016 年 11 月 4 号中午 12 点 30 分，该条线路上发生严重的潮流倒送，所有节点的净负荷功率为 1.23MW，光伏输出有功功率约为安装容量的 75%，变电站出口母线 0 的电压约为 1.03p.u.。此时网络中节点电压幅值高于 1.05p.u.的比例高达 64.5%。

利用式(5.84)所述综合性能指标对该条线路进行集群划分，最优集群划分结果如图 5.19 所示。集群综合性能指标最大为 0.0834，且各集群均能利用群内资源完全消除群内过电压。

进一步选取金寨县分布式光伏渗透率较高的铁冲变 10kV 网络开展集群划分，网架结构参考附录图 A4 和表 A7、表 A8，对铁冲变的高畈 03 线、夹河 04 线和铁冲 05 线 3 条 10kV 线路进行集群划分。选取 2016 年 11 月 4 号中午 12 点 30 分的潮流断面对铁冲变 3 条 10kV 线路进行集群划分，划分结果如图 5.19 所示。由

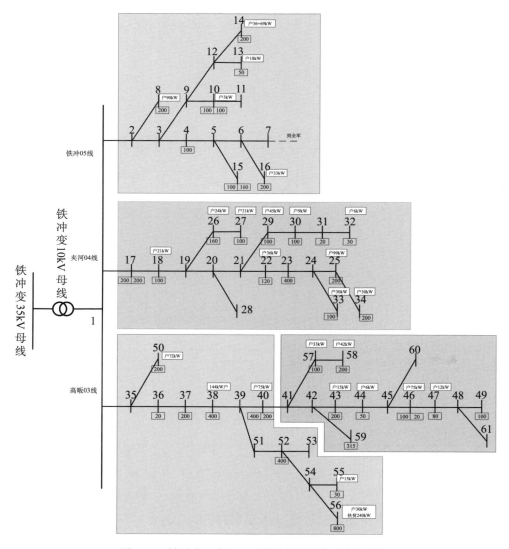

图 5.19　铁冲变 3 条 10kV 线路的整体集群划分结果

图可以看出，最优集群数量为 4 个，线路较短的夹河 04 线和铁冲 05 线分别单独成为一个集群，线路较长的高畈 03 线被划分为两个集群，集群综合性能指标最大为 0.072。

5.5.3　中压配电网的集群电压协调控制方法

1. 集群自治优化控制

选取图 5.19 所示的金寨县 10kV 线路对所提集群自治优化控制策略进行仿真验证。在无控制时，该条线路上的所有节点电压分布如图 5.20 中最上曲线所示。3 个集群均存在过电压问题，且集群 2 过电压最严重，集群 1 次之。集群 2、集群 1 和集群 3 先后进行集群自治优化控制后，线路上各节点的电压分布如图 5.20 所示。由图可以看出，集群 2 的自治优化控制能够完全消除群内过电压，并缓解了集群 1 和集群 3 的过电压问题；集群 1 进一步采用群内自治优化控制后，有效解决了群内过电压，并对集群 3 的过电压问题稍有改善；最后，集群 3 采用群内自治优化控制，完全消除了群内过电压。

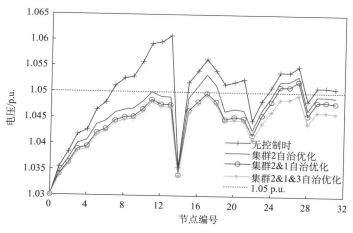

图 5.20　集群自治优化控制前后的电压分布

图 5.21 所示为集群 2、集群 1 和集群 3 先后进行集群自治优化控制后，光伏的有功缩减量、无功补偿量和无功设备的无功补偿量。光伏的有功功率缩减总量为 0.1076MW，无功补偿总量为 0.6711Mvar，且最高电压幅值位于节点 27 为 1.0495p.u.。

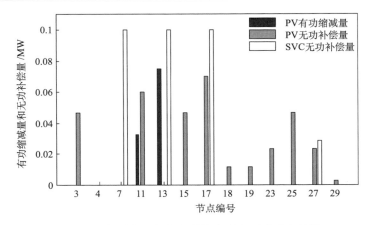

图 5.21　集群自治优化控制的有功和无功功率结果

　　设定步长 $\mu=0.5$，以集群 2 为例，对集群自治优化控制的迭代过程进行介绍。集群 2 虚拟平衡节点 5 的电压与群内功率优化解的迭代过程分别如图 5.22 所示。在迭代过程中，集群 2 的虚拟平衡节点 5 的电压幅值和群内光伏和无功补偿设备的有功缩减量和无功补偿量不断调整，仅需迭代 5 次就快速收敛。由图可以看出，若集群自治优化不考虑虚拟平衡节点电压的变化，则必然造成群内光伏有功功率的过量缩减，严重损害光伏的发电效益。

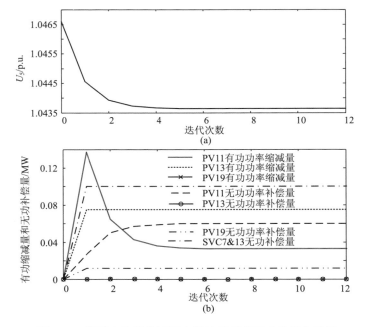

图 5.22　集群自治优化过程中的边界节点和功率优化结果

　　集群自治优化控制仅利用群内资源解决电压越限问题，因缺乏群间协调而使无功资源利用不充分，造成局部光伏的有功缩减量较大，但能够在电压越限时实现集群内部的快速电压优化控制。

　　2. 群间分布式优化控制

　　选取图 5.19 所示的金寨县 10kV 线路对所提群间分布式优化控制策略进行仿真验证。设定罚参数 $\rho=10^5$，则在群间分布式优化过程中，3 个集群的目标函数值、光伏有功缩减量和无功补偿量变化过程分别如图 5.23～图 5.25 所示。由图可以看出，

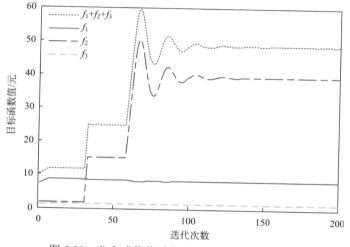

图 5.23　分布式优化过程中各集群目标函数变化

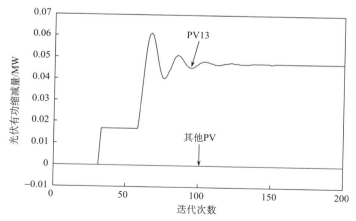

图 5.24　分布式优化过程中光伏有功缩减量变化

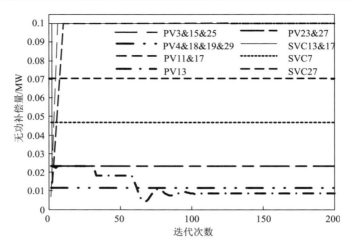

图 5.25　分布式优化过程中光伏和无功设备的无功补偿量变化

在分布式优化过程中，各集群会不断调整群内光伏和无功补偿设备的有功和无功输出功率，最终收敛到最优解。图 5.26 所示为群间分布式优化过程中集群间边界数据的偏差 r^k。在迭代过程中，集群间边界数据偏差不断降低，并在 150 代左右收敛。

　　群间分布式协调优化后，各光伏的有功缩减量、无功补偿量和无功设备的无功补偿量如图 5.27 所示。光伏的有功缩减总量为 0.0474MW，无功补偿总量为 0.7833Mvar，而系统最高电压幅值位于节点 11，为 1.0500p.u.。相较于集群自治优化，群间分布式优化能够充分利用全网的无功资源，从而降低光伏的有功缩减量。

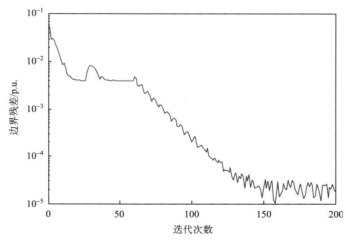

图 5.26　分布式优化过程中的边界数据偏差

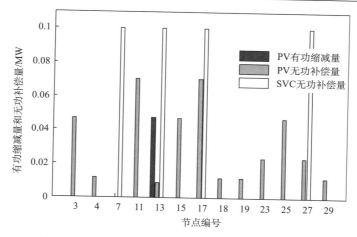

图 5.27　群间分布式协调优化的有功和无功功率结果

为验证群间分布式优化控制的准确性，本节在金寨案例下分别对比了群间分布式优化控制、原始非凸集中优化控制和基于 LinDistFlow 的凸集中优化控制的计算结果，如表 5.6 所示。其中原始非凸集中优化控制结果由原始对偶内点法计算获得。

表 5.6　金寨案例下群间分布式控制的准确性

控制方法	非凸集中优化控制	群间分布式优化控制	凸集中优化控制
光伏有功总缩减量/MW	0.04735	0.04737	0.05348
无功总补偿量/Mvar	0.7833	0.7833	0.7814
线路有功损耗/MW	0.0262	0.0262	0.0259
最高电压值/p.u.	1.0500	1.0500	1.0498
最低电压值/p.u.	1.0300	1.0300	1.0300
目标函数值/元	48.36	48.38	53.14

由表 5.6 可以看出，群间分布式优化控制的优化结果与原始非凸集中优化控制结果非常接近，而基于 LinDistFlow 的凸集中优化控制的优化结果与前两者存在较大偏差。仿真结果表明：利用 LinDistFlow 凸化配电网的最优潮流模型，会造成较大的电压计算偏差和过量的分布式光伏有功缩减量；而本节所提群间分布式优化控制，在利用 LinDistFlow 方程简化最优潮流计算复杂度的同时，能够有效弥补 LinDistFlow 方程的电压估算偏差，确保群间分布式优化控制的准确性。

在 3 种电压控制策略下，金寨案例的系统电压分布分别如图 5.28 所示。此外，本节还仿真了分布式光伏和无功补偿设备的无功资源全部投入时的系统电压分布，如图 5.28 中的最上一条曲线所示。由图可以看出，对于高比例分布式光伏接入的配电网，传统的无功电压优化方法并不能有效解决网络电压越上限问题，而必须对分布式光伏的有功和无功功率进行联合优化。

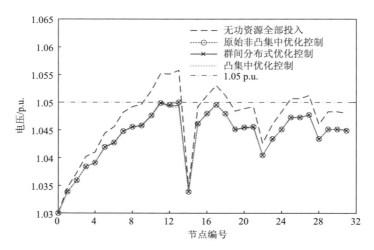

图 5.28   金寨案例下不同电压控制策略的电压分布(彩图扫二维码)

5.5.4   高-中压配电网分层分布式电压协调优化控制方法

选取中国金寨县220kV变电站下的高一中压配电网对所提分层分布式电压优化控制方法进行验证。利用 MATLAB R2013a 环境下的 CPLEX12.6.3 算法包，对上层混合整数主问题和下层子问题进行优化求解。为验证所提方法的准确性，本节进一步对比了分层分布式优化方法与全局集中优化方法、独立优化方法的计算结果。全局集中优化方法对中、高压配电网整体建立混合整数的二阶锥优化模型，并利用CPLEX12.6.3 算法包进行全局优化计算。针对二阶锥松弛误差较大的问题，全局集中优化方法采用割平面迭代方法提高二阶锥松弛的准确性。独立优化方法对中、高压配电网分别建立二阶锥优化模型，并分步进行独立优化计算。

1. 仿真案例说明

金寨县高压配电网的网络拓扑如图 5.29 所示。金寨区域配电网共包含一座 220/110/35kV 变电站、5 座 110/35/10kV 变电站、数十个 35/10kV 变电站以及 11 个馈线开关。220kV 和 110kV 变压器只有高压侧档位可调，调节范围均为 $1 \pm 8 \times 1.25\%$；35kV 变压器的高压侧电压调节范围为 $1 \pm 3 \times 2.5\%$；各变电站的无功补偿设备容量为其变压器容量的 20%左右，高压变电站的单组电容器容量为 0.5Mvar，中压变电站的单组电容器容量为 0.2Mvar；仅 80、81、82 母线并网的中压配电网接有分布式光伏发电系统，分别定义为 DN1、DN2 和 DN3。这三个中压配电网分别包含 81、61 和 97 个节点，网络拓扑和分布式光伏接入位置如图 5.29 所示。

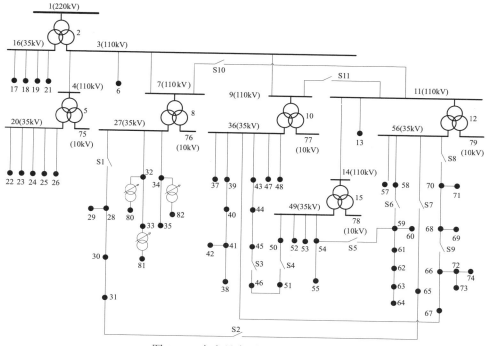

图 5.29　金寨县高压配电网拓扑图

本节选取金寨地区的高压配电网和 3 个含分布式光伏的中压配电网对所提分层分布式优化方法进行验证，并采用 2016 年 2 月 15 日 13 时的历史运行数据开展仿真计算。设置基准容量为 100MV·A，基准电压为各电压等级网络的额定电压；首节点电压幅值设为 1.03p.u.，电压安全运行上下界分别为 $U_{max}=1.05$p.u. 和 $U_{min}=0.95$p.u.；光伏有功缩减成本 $c_{PV}=700$ 元/(MW·h)，网络有功损耗成本 c_P $=400$ 元/(MW·h)，馈线开关单次动作成本为 $c_S=10$ 元/次，0.5Mvar 电容器组投切成本为 $c_{CB}=1.39$ 元/次，0.2Mvar 电容器组投切成本为 $c_{CB}=0.55$ 元/次，各有载调压变压器的动作成本 c_T 如表 5.7 所示；可控无功补偿装置的参数如表 5.8 所示。馈线开关的初始状态为 S2、S4、S5、S7、S9 和 S10 闭合，其余断开。

表 5.7　有载调压变压器的动作成本

容量/(MV·A)	180	63	40	31.5	10	6.3
接入母线	1	4	7,9	11,14	34	32,33
c_T /(元/次)	172.31	60.31	38.28	30.15	9.57	6.03

表 5.8 可控无功补偿装置参数

	可控容量/Mvar		分布节点
连续无功装置	−4～4		21,22
	−2～2		57
	−1～1		40,52,58,64,71
	单组容量/Mvar	组数	分布节点
离散无功装置	0.5	36	3,16
		12	20,75
		8	27,36,76,77
		6	49,56,78,79
	0.2	10	17,30,34,65,66
		6	32,33,35,37,45,46,47,51,59,67
		5	19,38,63,69,72
		3	41,42

2. LinDistFlow 方程计算误差及补偿量

以 DN2 为例, 说明 LinDistFlow 方程和 DistFlow 方程的计算偏差。当母线 81 电压取不同数值时, DistFlow 和 LinDistFlow 方程的计算结果如表 5.9 所示。对比参数包括 DN2 的峰值电压平方 $u_{MV,max}$ (p.u.)、边界传输有功 $P_{MV,R}$ (MW) 和

表 5.9 DistFlow 与 LinDistFlow 计算结果对比

v_{81}^{HV}	参数	LDF	DF	Δ	P_{loss}^{MV}/MW	Q_{loss}^{MV}/Mvar
1.02	$U_{MV,max}$	1.0879	1.0850	0.0029	0.0465	0.0647
	$P_{MV,R}$	−1.844	−1.797	−0.0465		
	$Q_{MV,R}$	−0.082	−0.017	−0.0646		
1.012	$U_{MV,max}$	1.1025	1.0997	0.0028	0.0461	0.0637
	$P_{MV,R}$	−1.844	−1.797	−0.0461		
	$Q_{MV,R}$	0.015	0.079	−0.0637		
1.022	$U_{MV,max}$	1.1025	1.1007	0.0018	0.0300	0.0461
	$P_{MV,R}$	−1.613	−1.583	−0.0300		
	$Q_{MV,R}$	0.028	0.075	−0.0461		
1.0252	$U_{MV,max}$	1.1025	1.1013	0.0012	0.0203	0.0345
	$P_{MV,R}$	−1.428	−1.407	−0.0202		
	$Q_{MV,R}$	−0.033	0.002	−0.0344		

无功功率 $Q_{MV,R}$（Mvar）及对应偏差。分析表明，LinDistFlow 方程的边界传输功率误差与 DN2 的网络功率损耗基本相等，且功率损耗越大，峰值电压误差也越大。这是因为 LinDistFlow 方程忽略了潮流等式方程中的线路损耗以及由线路损耗引起的电压偏差。

一种理想的 LinDistFlow 计算误差补偿方式为：在每代子问题求解过程中，计算 LinDistFlow 和 DistFlow 方程的偏差并更新峰值电压和边界功率的补偿量。但不断变化的峰值电压和边界功率补偿量将使子问题非凸，违背 GBD 算法的收敛条件。

本节采用的误差补偿方式为：在子问题的首轮迭代中，求解 LinDistFlow 与 DistFlow 方程的计算偏差并确定峰值电压和边界功率补偿量，并在后续迭代中保持其值不变。为使分层分布式优化的收敛解更接近全局最优解，应使子问题的峰值电压和边界功率补偿量更接近全局最优解下 LinDistFlow 与 DistFlow 方程的计算偏差。全局最优解为最小化网络损耗和调压成本，将避免分布式光伏有功功率的缩减和大量无功功率的流动。另外，考虑到各中压配电网不同的光伏渗透率以及所提补偿方法的通用性，选取中压配电网接入母线电压为 1.0p.u. 时的 LinDistFlow 方程计算误差作为补偿量。DN1、DN2 和 DN3 的峰值电压和边界功率补偿量如表 5.10 所示。

表 5.10　各中压配电网的峰值电压和边界功率补偿量

配网	$U_{MV,max}$/p.u.	$\Delta P_{MV,R}$/MW	$\Delta Q_{MV,R}$/Mvar
DN1	0.0024	−0.0242	−0.0343
DN2	0.0029	−0.0465	−0.0646
DN3	0.0094	−0.0564	−0.3194

3. 基于 GBD 算法的分层分布式优化结果

表 5.11～表 5.13 展示了分层分布式优化过程中主问题求解的 DN1、DN2、DN3 边界电压平方 $U_{HV,\tau(m)}$、边界传输有功 $P_{\tau(m)}^{HV}$ 和无功 $Q_{HV,\tau(m)}$ 功率以及各子问题的目标函数值 $UB_{MV,m}$。以 DN1 为例，在第 2～4 次迭代中，$UB_{MV,1}$ 保持不变是因为基于主问题给定的边界参数，DN1 无法求得可行解。在迭代过程中，主问题基于可行割平面和优化割平面参数不断调整边界变量，使其首先逼近子问题的可行解，然后逐步收敛至最优解。迭代至第 12 代时，全局优化目标的上界 UB 和下界 LB 之差仅为 0.0099 元，收敛所需的迭代次数远少于基于 ADMM 的分布式优化方法，后者需要上百次迭代才能取得较好的收敛效果。

表 5.11　迭代过程中 DN1 的边界变量和目标函数

k	$u_{HV,80}$ /p.u.	$P_{HV,80}$ /MW	$Q_{HV,80}$ /Mvar	$UB_{MV,1}$
1	1.077	−1.000	0.300	143.74
2	1.103	−6.300	−0.343	143.74
3	0.950	−6.300	0.568	143.74
4	1.053	−1.197	4.908	143.74
5	1.020	−1.197	0.602	11.69
6	1.082	−1.197	0.602	11.69
7	1.078	−1.197	0.541	11.69
8	1.072	−1.197	0.602	11.12
9	1.072	−1.197	0.602	11.12
10	1.070	−1.197	0.602	11.14
11	1.072	−1.197	0.602	11.12
12	1.072	−1.197	0.602	11.12

表 5.12　迭代过程中 DN2 的边界变量和目标函数

k	$u_{HV,81}$ /p.u.	$P_{HV,81}$ /MW	$Q_{HV,81}$ /Mvar	$UB_{MV,2}$
1	1.029	−1.500	−0.010	218.88
2	1.102	−6.300	3.440	218.88
3	0.954	−6.300	2.818	218.88
4	1.049	−6.300	−4.334	218.88
5	0.903	−3.790	−1.824	218.88
6	0.991	−2.185	−0.219	218.88
7	1.034	−1.797	−0.209	218.88
8	1.027	−1.797	0.058	218.88
9	1.026	−1.797	0.093	19.86
10	1.024	−1.797	0.169	19.89
11	1.026	−1.797	0.110	19.72
12	1.026	−1.797	0.127	19.67

表 5.13　迭代过程中 DN3 的边界变量和目标函数

k	$u_{HV,82}$ /p.u.	$P_{HV,82}$ /MW	$Q_{HV,82}$ /Mvar	$UB_{MV,2}$
1	1.040	4.229	1.657	20.13
2	1.000	−10.000	1.342	20.13
3	0.934	−10.000	15.886	20.13
4	1.103	−1.698	7.584	20.13
5	0.987	4.195	1.691	20.13

续表

k	$u_{\mathrm{HV,82}}$ /p.u.	$P_{\mathrm{HV,82}}$ /MW	$Q_{\mathrm{HV,82}}$ /Mvar	$\mathrm{UB_{MV,2}}$
6	1.025	4.229	1.657	20.41
7	1.025	4.229	1.657	20.42
8	1.024	4.229	1.657	20.45
9	1.024	4.229	1.657	20.44
10	1.023	4.229	1.657	20.46
11	1.024	4.229	1.657	20.45
12	1.024	4.229	1.657	20.44

表 5.14～表 5.16 为分层分布式优化过程中 DN1、DN2 和 DN3 的优化割平面和可行割平面参数。p_m 列参数为具体数值而 q_m 列参数为 "－" 表明配网 m 在 k 次迭代中存在可行解，后四列参数对应为子问题 m 的优化割平面参数 $\mu_{\mathrm{U,m,p}}$、$\mu_{\mathrm{P,m,p}}$、$\mu_{\mathrm{Q,m,p}}$、$L'_{m,p}$。反之，配网 m 在本次迭代中不存在可行解，后四列对应为子问题的可行割平面参数 $\lambda_{\mathrm{U,m,q}}$、$\lambda_{\mathrm{P,m,q}}$、$\lambda_{\mathrm{Q,m,q}}$、$L''_{m,q}$。

表 5.14 　迭代过程中 DN1 的优化割和可行割参数

k	p_1	q_1	$\mu_{\mathrm{U,1,p}}/\lambda_{\mathrm{U,1,q}}$	$\mu_{\mathrm{P,1,p}}/\lambda_{\mathrm{P,1,q}}$	$\mu_{\mathrm{Q,1,p}}/\lambda_{\mathrm{Q,1,q}}$	$L'_{1,p}/L''_{1,q}$
1	1	—	−59.6	−68211.1	−123.4	761.3
2	—	1	−0.3608	1	1	−0.400
3	—	2	0	1	0	−0.012
4	—	3	0	−0.3287	−1	−0.002
5	2	—	11.5	−67436.6	1158.7	837.4
6	—	4	−0.1302	1	−1	−0.158
7	—	5	−0.0838	1	0.2324	−0.100
8	3	—	10.4	−67561.9	1102.1	837.4
9	4	—	10.4	−67561.4	1102.3	837.4
10	5	—	10.4	−67557.5	1104.1	837.4
11	6	—	10.4	−67560.6	1102.7	837.4
12	7	—	10.4	−67560.2	1102.8	837.4

4. 不同优化方法结果对比

为验证所提分层分布式优化方法的准确性，进一步搭建了金寨区域配电网的全局集中优化和独立优化仿真模型并开展优化计算。

表 5.15　迭代过程中 DN2 的优化割和可行割参数

k	p_2	q_2	$\mu_{U,2,p}/\lambda_{U,2,q}$	$\mu_{P,2,p}/\lambda_{P,2,q}$	$\mu_{Q,2,p}/\lambda_{Q,2,q}$	$L'_{2,p}/L''_{2,q}$
1	1	—	9.8	−67656.2	−3.2	1243.8
2	—	1	−1	1	−1	−1.071
3	—	2	0	1	−1	−0.020
4	—	3	−0.2749	1	1	−0.304
5	—	4	0	1	1	−0.024
6	—	5	7.7E−16	1	0	−0.018
7	—	6	−0.1318	1	0.4907	−0.153
8	—	7	−0.1348	1	0.3737	−0.156
9	2	—	−307.4	−64049.6	971.0	856.3
10	3	—	19.4	−66652.7	−512.3	1236.7
11	4	—	−100.4	−65631.8	330.5	1096.6
12	5	—	19.2	−66657.3	−371.2	1236.8

表 5.16　迭代过程中 DN3 的优化割和可行割参数

k	p_3	q_3	$\mu_{U,3,p}/\lambda_{U,3,q}$	$\mu_{P,3,p}/\lambda_{P,3,q}$	$\mu_{Q,3,p}/\lambda_{Q,3,q}$	$L'_{3,p}/L''_{3,q}$
1	1	—	19.4	−70428.9	−133.5	−2940.7
2	—	1	−1.4E−15	1	1	0.059
3	—	2	1	1	−1	1.010
4	—	3	0	1	−1	0.025
5	—	4	−7.7E−16	1	−4.4E−16	0.042
6	2	—	19.9	−70435.0	−135.4	−2940.4
7	3	—	19.9	−70435.1	−135.5	−2940.4
8	4	—	20.0	−70435.7	−135.6	−2940.4
9	5	—	20.0	−70435.6	−135.6	−2940.4
10	6	—	20.0	−70436.0	−135.7	−2940.4
11	7	—	20.0	−70435.7	−135.6	−2940.4
12	8	—	20.0	−70435.7	−135.6	−2940.4

　　表 5.17 对比了全局集中优化结果和分层分布式优化结果的目标函数值,具体包括网络损耗、离散设备动作次数以及光伏有功缩减量等参数。两种优化方法下,高压配电网和 3 个中压配电网的网络损耗稍有偏差;离散无功调压设备的动作方式完全相同,均为 33 母线有载调压变抽头上调一档,34 母线电容器组投入一组,馈线开关均不动作;各中压配电网的光伏有功缩减量均为零;全局目标函数值相差 0.21 元,偏差率为 0.063%。

表 5.17   不同优化计算方法的目标函数对比

参数		全局集中优化	分层分布式优化	独立优化
网络损耗/MW	高压配电网	0.6883	0.6877	0.6540
	DN1	0.0273	0.0273	0.0265
	DN2	0.0463	0.0463	0.0089
	DN3	0.0539	0.0550	0.0546
OLTC 档位调节次数	高压变电站	0	0	0
	35kV 变电站	1	1	0
电容器动作次数	高压变电站	0	0	0
	35kV 变电站	1	1	7
光伏有功缩减量/MW	DN1	0	0	0.0119
	DN2	0	0	0.7444
	DN3	0	0	0
全局目标函数值/¥		332.89	333.10	828.92

表 5.18 对比了全局集中优化结果和分层分布式优化结果的边界变量值。两种
优化方法下，边界电压最大偏差为 0.001p.u.，偏差率为 0.126%；边界传输有功功
率最大偏差为 0.003MW，偏差率为 0.263%；边界传输无功功率最大偏差为
0.017Mvar，偏差率为 1.058%。由表 5.17 和表 5.18 可以看出，所提分层分布式优
化方法的计算结果与全局集中优化方法十分接近。

表 5.18   不同优化计算方法的边界变量对比

参数	全局集中优化	分层分布式优化	独立优化
$U_{HV,80}$	1.072	1.072	1.073
$P_{HV,80}$	−1.194	−1.197	−1.183
$Q_{HV,80}$	0.607	0.602	0.603
$U_{HV,81}$	1.026	1.026	1.077
$P_{HV,81}$	−1.797	−1.797	−1.090
$Q_{HV,81}$	0.125	0.127	0.001
$U_{HV,82}$	1.025	1.024	1.031
$P_{HV,82}$	4.227	4.229	4.228
$Q_{HV,82}$	1.639	1.657	1.646

独立无协调优化方法下，上层配电网和 3 个中压配电网分别基于边界变量
的量测值开展独立优化计算。其中，上层配电网将量测的边界传输功率作为母

线 80~82 接入负荷的净功率，而中压配电网将量测的边界节点电压作为平衡节点电压。

独立优化方法的目标函数值和边界变量值分别如表 5.17 和表 5.18 的最后一列所示。上层配电网的有功损耗有所下降；有载调压变抽头均不动作，5 座 35kV 变电站内的 7 组电容器组投入，馈线开关均不动作；DN1 和 DN2 共缩减光伏有功功率 0.7563MW 以解决配网内过电压；因光伏有功功率大幅缩减，全局目标函数值升至 828.92 元。

独立优化方法虽能有效降低高—中压配电网的网络损耗和解决过电压问题，但因忽略不同电压等级配电网间的电压支撑能力，造成较大的光伏发电损失。而所提分层分布式优化方法通过高—中压配电网间的分解协调，实现全局优化目标的分布式计算，有效降低了光伏发电损失和网络运行成本。

采用 3 种电压优化方法与无控制时的配电网电压分布如图 5.30 所示。无控制时，高压配电网和中压配网 DN1、DN2 均存在过电压问题；而采用 3 种电压优化方法后，配电网的过电压问题均有效解决，且集中优化方法和所提分层分布式优化的电压分布十分接近。

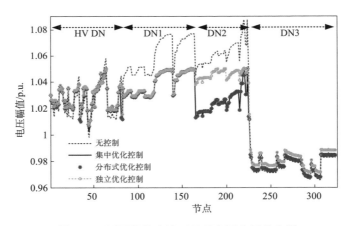

图 5.30　不同优化方法下的配电网电压分布图

参 考 文 献

[1] 张志友. 计算机集群技术概述[J]. 实验室研究与探索, 2006, 25(5): 607-609.

[2] 陈德荣, 吴宁. 集群通信系统[J]. 电信科学, 1994, 10(6): 59-60.

[3] 黄仲孚. 集群技术与集群系统[J]. 软件世界, 1997: 8-10.

[4] 窦晓波, 常莉敏, 倪春花, 等. 面向分布式光伏虚拟集群的有源配电网多级调控[J]. 电力系统自动化, 2018, 42(3): 21-31.

[5] 杨秀媛, 董征, 唐宝, 等. 基于模糊聚类分析的无功电压控制分区[J]. 中国电机工程学报,

2006, 26(22): 6-10.

[6] Quintana V H, Muller N. Partitioning of power networks and applications to security control[R].IEE Proceedings, Part C: Generation, Transmission and Distribution , 1991, 138（6）: 535-545.

[7] Lagonotte P, Sabonnadiere J C, Leost J Y, et al. Structural analysis of the electrical system: application to secondary voltage control in France[J]. IEEE Transactions on Power Systems, 1989, 4(2): 479-486.

[8] 郭庆来, 孙宏斌, 张伯明, 等. 基于无功源控制空间聚类分析的无功电压分区[J]. 电力系统自动化, 2005, 29(10): 36-54.

[9] Cotilla-Sanchez E, Hines P D H, Barrows C, et al. Multi-Attribute Partitioning of Power Networks Based on Electrical Distance[J]. IEEE Transactions on Power Systems, 2013, 28(4): 4979-4987.

[10] Zhao B, Xu Z C, Xu C, et al. Network Partition Based Zonal Voltage Control for Distribution Networks with Distributed PV Systems[J]. IEEE Transactions on Smart Grid, 2018, 9(5): 1-11.

[11] Li J, Liu C C, Kevin P S. Controlled partitioning of a power network considering real and reactive power balance[J]. Transactions on Smart Grid, 2010, 1(3): 261-269.

[12] 丁明, 刘先放, 毕锐, 等. 基于综合性能指标的高渗透率分布式电源集群划分方法[J]. 电力系统自动化, 2018, 42(15): 47-52.

[13] 肖传亮, 赵波, 周金辉 等. 配电网中基于网络分区的高比例分布式光伏集群电压控制[J]. 电力系统自动化, 2017, 41(21): 147-155.

[14] 唐东明. 聚类分析及其应用研究[D]. 成都: 电子科技大学, 2010.

[15] MacQueen J. Some methods for classification and analysis of multivariate observations. Proceedings of the Fifth Berkeley Symposium on Mathematical Statistics and Probability: Weather modification, 1967: 281-298.

[16] 魏震波. 复杂网络社区结构及其在电网分析中的应用研究综述[J]. 中国电机工程学报, 2015, 35(7): 1567-1577.

[17] Clauset A, Newman M E J, Moore C. Finding community structure in very large networks[J]. Physical Review E-Statistical, Nonlinear, and Soft Matter Physics, 2004, 70(62): 066111/1- 066111/6.

[18] 潘高峰, 王星华, 等. 复杂网络的社团发现方法在电网分区识别中的应用研究[J]. 电力系统保护与控制, 2013, 41(13): 116-121.

[19] Srinivas M, Patnaik L M. Adaptive probabilities of crossover and mutation in genetic algorithms[J]. IEEE Transactions on Systems, Man, and Cybernetics, 1994, 24(4): 656-667.

[20] Chai Y Y, Guo L, Wang C S, et al. Network Partition and Voltage Coordination Control for Distribution Networks with High Penetration of Distributed PV Units[J]. IEEE Transactions on Power Systems, 2018, 33(3): 3396-3407.

[21] Hu D, Ding M, Bi R, et al. Sizing and Placement of Distributed Generation and Energy Storage for a Large-Scale Distribution Network Employing Cluster Partitioning[J]. Journal of Renewable and Sustainable Energy, 2018, 10(2):025301.

第6章　分布式可再生能源发电集群接入规划

6.1　分布式可再生能源发电集群规划研究背景与意义

近年来，在国家能源局"加快贫困地区新能源开发建设，促进当地经济发展和民生改善"的倡导[1]下，以安徽省金寨县为代表的新能源扶贫示范县的分布式可再生能源发电装机容量持续增长，对增加贫困人口收入、节约能源起到了积极作用。然而，由于前期缺乏统一的"源-网-荷"协同规划，分布式电源渗透率较高，系统出现了过电压、功率倒送等问题，弃风、弃光等现象突出，影响配电网的安全稳定运行。因此，如何科学合理地开展大规模分布式电源的接入规划，充分利用现有配电网基础设施消纳分布式可再生能源发电，对提高扶贫用户收益、实现配电网的可靠和经济运行至关重要。

安徽金寨县具备风电、光伏、生物质等多种可再生能源形式，其中，户用光伏 26.2MW，村集体光伏电站 29.53MW，地面光伏电站 280MW，生物质发电 36MW，具备分布式可再生能源多种类、多容量、高密度、大规模、区域分散的特点。但是，随着高渗透率分布式可再生能源发电的接入，存在分散式光伏并网接入难、负荷送出难、安全管控难、服务难、结算难等一系列问题，主要体现在以下几个方面。

1. 光伏接入条件差

根据金寨扶贫开发战略规划，有 4 万多贫困户光伏电站需要接入并网，其中需经 220/380V 接入 3.5 万户，10kV 接入 5000 户。如此大规模光伏电站离散分布在 3814km² 范围之内，存在接入点地形复杂、贫困地区电网薄弱、现有技术标准不完善、又无现成经验可借鉴等诸多难题。分散式扶贫户用光伏接入条件与贫困户尽快脱贫紧迫性的落差，是推进光伏扶贫方案实施的首道难题和"拦路石"。

2. 负荷消纳送出难

贫困地区电力负荷较低，大量分布式电源从低压电网接入，不能就地消纳，反映了分布式能源规划建设和电网规划建设不同步。此外，电网规划、投资、改造等任务极其繁重，要保证 4 万多户近 150MW 光伏电能送出，涉及电网 2 个 220kV、4 个 110kV、23 个 35kV 变电站和配套线路以及 425 个 10kV 配电台区的建设和改造，共需投资 4.6 亿元。光伏发电装置建设工期短和电网建设改造周期长的矛盾，使供电企业统筹解决难题的任务更加艰巨。

3. 安全运行控制难

受电网结构、负荷特性等因素制约，特别是对于山区本来就比较薄弱的农村配电网，要保证大规模、离散分布的光伏能源全部接入和安全运行，还存在较大的困难。分布式光伏短期内快速发展导致金寨电网的"网-源"关系发生变化，电网由用电端转为发电端，局部电网存在孤岛运行的可能，给电网安全运行和用户安全用电带来新的挑战，电网运行方式安排、调峰措施、电压控制等问题更为复杂，实时监控及负荷预测难以掌握。

4. 光伏并网服务难

服务分散式光伏并网，需要面对报装方式调整、近万户信息校核、全额收购的硬性要求、量价费结算流程变更、点多面广的服务诉求，供电企业原有的供电服务模式已不能满足新的需求，需要建立健全一套适应光伏并网服务需求的制度和流程，涉及 20 余项制度、流程的修订和变更，信息系统信息变更工作量明显增大。而且员工对新服务体系短期内存在认知和掌握的滞后性，容易导致服务质量不足等现象发生。

5. 光伏收入兑现难

根据国家关于光伏扶贫相关政策规定，光伏电能电费结算由两部分构成，即上网电价和政府补贴，其中，政府补贴需要逐级申报，不能按月结算，无法定期到户，而便捷、足额、按月兑现到户，是贫困户的迫切愿望和现实需求。如果缺乏统一结算机制，不能变分解兑现为"一笔清"，是推进光伏扶贫工程最终落地的障碍，亦是贫困村户对光伏扶贫工程实施成效的疑虑与隐忧。

以上问题既是金寨地区可再生能源发展的"瓶颈"，也是国内可再生能源发展遇到的普遍问题。为解决大规模、高渗透率分布式可再生能源安全可靠、灵活高效并网所面临的问题，高渗透率分布式可再生能源发电集群并网优化规划设计技术是目前的研究热点，并且具有较好的实际应用和示范意义。一方面突破规模化、集群式可再生能源并网规划设计技术，可加速推动可再生能源的规模化高效利用，提升电网对分布式电源的接纳能力，节能减排，改善生态环境，支撑能源结构清洁化转型和能源消费革命；另一方面，通过分布式电源的集群规划，在技术与经济协调优化的目标框架内，将具有时空出力互补特性、可控性互补特性的分布式电源集合在一起，实现分布式电源集群出力的友好性，提出典型设计方案与应用模式，可以有效引导大规模分布式可再生能源发电有序接入电网，保障电网安全。此外，通过突破可再生能源集群规划技术，建设集群并网示范工程，形成分布式可再生能源发电集群典型建设模式，可以有效促进我国分布式可再生能源发电规模化推广与应用。

6.2　分布式可再生能源发电集群规划特点和一般模型

6.2.1　集群规划特点

分布式可再生能源发电的大规模高渗透率集群规划与传统分布式电源规划有着"量"与"质"的不同。首先，分布式可再生能源发电的接入点多，规划涉及的覆盖范围广，规划模型中变量规模巨大；其次，分布式可再生能源发电的渗透率高，对整个配电网的运行和调控产生了明显影响，传统"安装即忘记"的方式已经不再适用，需要对分布式可再生能源进行主动管理和控制，规划过程与规划模型中需要考虑到分布式发电的集群控制；再次，传统分布式可再生能源发电的规模小、渗透率高，发电不确定因素的影响小，而在大规模高渗透率集群规划中不确定性成为不可忽视的重要因素；最后，从大规模分布式可再生能源发电投资的角度，规划中如何顾及多方利益主体，协调配电网运营商、分布式可再生能源发电投资和运营商以及电力用户的关系，促进整个营商市场的健康发展是分布式发电集群规划中需要考虑的另一关键点。

1. 规划范围广，变量数目巨大，需要考虑分布式可再生能源的调控运行

分布式可再生能源发电以低压接入为主，而且随着国家光伏扶贫政策的开展，大规模分布式发电接入到用户。然而，在分布式发电接入之前电网及相关部门并未开展整体的接入容量评估与优化规划工作，导致高渗透率分布式发电接入后出现电压越限、消纳困难等一系列难题。为引导后续光伏发电有序接入，合理配置分布式可再生能源发电，需要从全县域的角度统筹考虑，电压等级涉及220kV～400V，而且容量规划需要具体到每个台区变压器，规划变量的数目巨大。为提高配电网对分布式发电的接纳能力，优化配电网运行状态，需要对大规模分布式发电集群调控，考虑到实际调控时的通信时延和优化算法的求解速度等问题，对规划模型构建、规划算法优化、集群调度算法优化及通信都带来相当挑战。

2. 规划模型需处理好大规模分布式可再生能源不确定性

在分布式可再生能源发电的规划和运行阶段，存在大量不确定因素，直接影响分布式发电接入电网的运行状况与电网安全稳定，主要包括负荷信息、资源信息、设备信息、市场信息和政策信息等 5 大类。高渗透率分布式可再生能源发电

对电网运行影响明显，不确定因素需要予以重视，考虑不确定性的分布式发电规划方法主要有基于多场景技术的规划、基于机会约束理论的规划和基于模糊理论的规划，其中，场景分析法将不确定因素的可能取值按规则枚举，组合成一系列规划场景，每个场景有确定的参数，从而将不确定性问题转化为确定性问题[2]，降低了不确定性问题建模和求解难度。本章将对常见的场景分析法进行总结和简要介绍。

3. 规划模型需顾及存在的多方利益主体

分布式电源渗透率的提高使分布式电源运营商(distributed generation operator，DGO)逐渐成为配电网中的利益主体，分布式发电规划面临多个利益主体的利益协同问题。因此，文献[3]在最大化配电网公司收益的同时，将分布式电源运营商的净收益作为约束条件，从而兼顾了双方收益。文献[4]分别从技术性和经济性两方面，提出了包含有功损耗、电压偏差和 DGO 净收益等在内的多目标规划模型，可以同时保证双方收益而且改善配电网的运行状况。但是文献[3]、[4]研究 DG 发展初期的规划，虽然考虑了不同利益主体，但未顾及高渗透率 DG 接入带来的问题。文献[2]总结了 DG 规划的双层规划模型，将规划问题分为规划主问题和运行子问题，考虑了主动配电网中的主动运行管理控制，可以实现高渗透率 DG 接入后的配电网最优运行。

可见，为促进分布式可再生能源发电健康可持续发展，保证电网安全稳定运行，从县域甚至更大规模的角度合理评估与规划分布式可再生能源发电成为亟待研究的问题。传统配电网网络由高电压等级电网供电，由上至下分配电能，而且分布式发电集群划分时根据电压等级以及网络区域范围划分为不同层级的集群，考虑到电力网络的分层结构及分布式发电集群的分层控制，分布式可再生能源发电集群规划与其保持一致，从上至下逐层递进。首先开展高电压等级集群的分布式发电规划，考虑网络重构等因素合理评估每个集群对分布式可再生能源发电的接纳能力；然后，针对每个高电压等级集群，在其内部开展分布式发电接入位置和接入容量的集群规划，层层递进实现高渗透率分布式可再生能源发电的接入与消纳。

6.2.2　一般规划模型

分布式发电的接入规划问题通常是复杂的混合整形非线性规划问题，可以表述如式(6.1)所示。

$$\min f(\boldsymbol{x}) = (f_1(\boldsymbol{x}), f_2(\boldsymbol{x}), \cdots, f_m(\boldsymbol{x}))$$
$$\text{s.t.} \begin{cases} g_i(\boldsymbol{x}) \leqslant 0, & i = 1, 2, \cdots, p \\ h_r(\boldsymbol{x}) = 0, & r = 1, 2, \cdots, q \end{cases} \tag{6.1}$$

式中，$\boldsymbol{x}$ 为 n 维决策向量，$f(\boldsymbol{x})$ 为目标函数；$g_i(x)$、$h_r(x)$ 分别表示第 i 个、第 r 个不等式与等式约束条件，记可行域

$$\boldsymbol{X} = \left\{ x \in R^n \,\middle|\, g_i(\boldsymbol{x}) \leqslant 0, i = 1, 2, \cdots, p, h_r(\boldsymbol{x}) = 0, r = 1, 2, \cdots, q \right\} \tag{6.2}$$

规划目标根据目标数量可以分为单目标和多目标，根据目标的属性可以分为技术性指标、经济性指标和环境指标。优化变量一般包括分布式可再生能源发电的接入位置、接入容量、接入类型、接入数量、接入时间及协议电价等其他因素。约束条件一般包括潮流等式约束及其他不等式约束。

6.2.3　多层规划模型

多层规划主要研究分布式决策问题[5]。假设某决策者及其下属有各自的决策变量和目标函数。决策者可以通过其决策对其下属施加影响，而下属则有充分权限决定如何对其各自目标进行决策，这些决策又将对其领导和下属产生影响。

下面我们对一个具有两层结构的决策系统进行讨论。假设有一决策者和其 m 个下属，x 和 y_i 分别是决策者和第 i 个下属的决策向量，而 $F(\boldsymbol{x}, \boldsymbol{y}_1, \cdots, \boldsymbol{y}_m)$ 和 $f_i(\boldsymbol{x}, \boldsymbol{y}_1, \cdots, \boldsymbol{y}_m)$ 分别为其目标函数，其中，$i=1,2,\cdots,m$。令 $\boldsymbol{S}$ 表示决策者的决策变量 x 的可行集：

$$\boldsymbol{S} = \{ \boldsymbol{x} \mid G(\boldsymbol{x}) \leqslant 0 \} \tag{6.3}$$

式中，G 为关于决策 x 的向量值函数，$\boldsymbol{0}$ 代表一个零值向量，即向量的各个元素都是零。对于领导者选择的每一个决策 $\boldsymbol{x}$，其第 i 个下属的控制向量 $\boldsymbol{y}_i$，不仅依赖于 $\boldsymbol{x}$，还依赖于 $\boldsymbol{y}_1, \cdots, \boldsymbol{y}_{i-1}, \boldsymbol{y}_{i+1}, \cdots, \boldsymbol{y}_m$ 的影响，这样对第 i 个下属来说，就有约束条件

$$g_i(\boldsymbol{x}, \boldsymbol{y}_1, \boldsymbol{y}_2, \cdots, \boldsymbol{y}_m) \leqslant 0 \tag{6.4}$$

式中，g_i 为向量值函数，$i=1,2,\cdots,m$。

假定决策者首先在其可行集中选择决策 $\boldsymbol{x}$，则其下属们根据这个决策制定了相应的决策序列 $(\boldsymbol{y}_1, \boldsymbol{y}_2, \cdots, \boldsymbol{y}_m) \in Y(x)$。这样，就得到了如式 (6.5) 形式的二层规划模型。

$$\begin{cases} \max\limits_{\boldsymbol{x}} F(\boldsymbol{x}, \boldsymbol{y}_1, \boldsymbol{y}_2, \cdots, \boldsymbol{y}_m) \\ \text{s.t.} \quad G(\boldsymbol{x}) \leqslant 0 \\ \text{其中每一个} \boldsymbol{y}_i (i=1,2,\cdots,m) \text{是如下规划的解。} \\ \begin{cases} \max\limits_{y_i} f_i(\boldsymbol{x}, \boldsymbol{y}_1, \boldsymbol{y}_2, \cdots, \boldsymbol{y}_m) \\ \text{s.t.} \quad g_i(x, y_1, y_2, \cdots, y_m) \leqslant 0 \end{cases} \end{cases} \tag{6.5}$$

对于每一个决策 x，下属的 Nash 均衡解定义为 $\left(\boldsymbol{y}_1^*, \boldsymbol{y}_2^*, \cdots, \boldsymbol{y}_m^*\right) \in Y(\boldsymbol{x})$，其使

$$f_i\left(\boldsymbol{x}, \boldsymbol{y}_1^*, \cdots, \boldsymbol{y}_{i-1}^*, \boldsymbol{y}_i, \boldsymbol{y}_{i+1}^*, \cdots, \boldsymbol{y}_m^*\right) \leqslant f_i\left(\boldsymbol{x}, \boldsymbol{y}_1^*, \cdots, \boldsymbol{y}_{i-1}^*, \boldsymbol{y}_i^*, \boldsymbol{y}_{i+1}^*, \cdots, \boldsymbol{y}_m^*\right) \tag{6.6}$$

对于任何的 $\left(\boldsymbol{y}_1^*, \cdots, \boldsymbol{y}_{i-1}^*, \boldsymbol{y}_i^*, \boldsymbol{y}_{i+1}^*, \cdots, \boldsymbol{y}_m^*\right) \in Y(\boldsymbol{x})$ 及 $i=1,2,\cdots,m$ 均成立。

令 $\boldsymbol{x}^*$ 为一可行决策向量，$\left(\boldsymbol{y}_1^*, \boldsymbol{y}_2^*, \cdots, \boldsymbol{y}_m^*\right)$ 为相应的一个 Nash 均衡解，称序列

$$\left(\boldsymbol{x}^*, \boldsymbol{y}_1^*, \boldsymbol{y}_2^*, \cdots, \boldsymbol{y}_m^*\right) \tag{6.7}$$

为二层规划的一个 Stackelberg-Nash 均衡解，当且仅当对于任何的 $\bar{\boldsymbol{x}} \in \boldsymbol{S}$ 及其相应的 Nash 均衡解 $\left(\boldsymbol{y}_1^*, \boldsymbol{y}_2^*, \cdots, \boldsymbol{y}_m^*\right)$ 有以下不等式成立：

$$F\left(\bar{\boldsymbol{x}}, \bar{\boldsymbol{y}}_1, \bar{\boldsymbol{y}}_2, \cdots, \bar{\boldsymbol{y}}_m\right) \leqslant F\left(\boldsymbol{x}^*, \boldsymbol{y}_1^*, \boldsymbol{y}_2^*, \cdots, \boldsymbol{y}_m^*\right) \tag{6.8}$$

Ben-Ayed 和 Blair[6]通过背包问题证明了多层规划是 NP-hard 问题。为了求解多层规划，研究人员设计了一系列的数值计算方法。例如，隐含枚举法[7]、k 阶最优　法[8]、参数互补中心算法[8]、一维格搜索算法[9,10]、分支定界法[11]、最速下降法[12]和遗传算法[13]。

6.3　分布式可再生能源发电规划场景生成方法

场景分析法是处理不确定因素的常用方法。从场景的时间属性角度可以将场景分为非时序场景和时序场景。非时序场景描述某个时间断面或者某个时刻可能存在的多种情景，如中午某时刻光伏的出力系数可以是[0,1]之间的多种可能；时序场景描述某个时间段或者规划期内可能存在的多种情景，每个场景代表一种可能的发展轨迹，每个场景中包含了多个时刻，如未来一周内的时序负荷情况。非时序场景分析多用于考虑不确定因素但不注重时序波动信息的问题中，如光伏发电规划中顾及天气等因素，导致的光伏发电出力不同，一般将每个时刻光伏出力的概率分布单独考虑。然而，在考虑储能的规划中，为考虑储能全天经济调度多采用时序场景。本节对非时序场景和时序场景的生成方法分别进行简要介绍。

6.3.1　非时序场景生成

1. 压缩法

1) 等级划分法压缩场景

等级划分法通过把多种不确定因素作为多维向量中的某一维，构建多维向量空间，再将历史场景或者预测场景放到该空间中，通过对不同维度上的不确定因素做等级划分，将多维空间分为多个子空间，用每个子空间的几何中心代表处于

该子空间内的场景[14]，从而既考虑了不确定性又有效减少了规划场景数量，达到提高规划计算速度的效果。图 6.1 给出了一种等级划分法的示例，以风机出力、光伏出力和负荷状况为向量构建三维空间，并在每个方向上以一定的精度进行分割，获得多个小立方体，代表某种典型场景，立方体中包含的历史场景数量越多表示该场景发生概率越大。

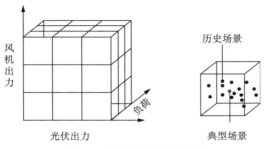

图 6.1　等级划分法示意图

2) 聚类算法压缩场景

等级划分法是一种简单的压缩方法，保证了结果分布的均匀性。另一种压缩方式是通过聚类算法压缩场景，通过对历史场景或预测场景之间的距离定义，采用传统 K-means 算法等，对大量数据聚类处理获得典型场景。常见的聚类方法包括 K-means 算法、K-medoids 算法、clarans 算法等。

2. 组合法

如果对每个负荷节点的负荷做概率分析，场景数量将随着负荷节点的个数呈指数增长，且大量负荷之间的相关性难以考虑。因此，为考虑资源负荷不确定性的同时顾及不同负荷对配电网的影响，文献[15]提出了组合法，在分时段分析的基础上，对资源和负荷分别利用概率密度函数拟合和负荷断面聚类压缩法进行分析，再组合为规划场景。

1) 资源场景分析

光照强度具有明显的日周期性，同一时段上可以利用 Beta 概率密度分布函数[14]来描述。

$$f_b(s) = \begin{cases} \dfrac{\Gamma(\alpha+\beta)}{\Gamma(\alpha)\Gamma(\beta)} s^{(\alpha-1)}(1-s)^{(\beta-1)}, & 0 \leqslant s \leqslant 1, \alpha \geqslant 0, \beta \geqslant 0 \\ 0, & \text{其他} \end{cases} \quad (6.9)$$

式中，s 为光照强度；$f_b(s)$ 为光照强度 s 的 Beta 概率密度分布函数；α 和 β 为概率密度函数的参数。光照强度可按大小分为若干场景，某时段 t 内所有场景的集合用 G_t 表示。

$$P\left\{\boldsymbol{G}_t^k\right\} = \int_{s_{k1}}^{s_{k2}} f_b(s) \cdot \mathrm{d}s \tag{6.10}$$

$$\mu\left\{\boldsymbol{G}_t^k\right\} = \int_{s_{k1}}^{s_{k2}} f_b(s)s \cdot \mathrm{d}s \tag{6.11}$$

式中，$\boldsymbol{G}_t^k$ 为光照强度的第 k 场景；$P\{\boldsymbol{G}_t^k\}$ 为光照强度处于 $\boldsymbol{G}_t^k$ 的概率，$\mu\{\boldsymbol{G}_t^k\}$ 为 $\boldsymbol{G}_t^k$ 的光照强度均值，s_{k1} 和 s_{k2} 分别为 $\boldsymbol{G}_t^k$ 的光照强度下限和上限。最简单的离散化可以依据随机变量平均划分，而文献[16]提出了一种根据 Wasserstein 概率距离进行划分的方法，使离散分布对原连续分布有效近似。

2）负荷场景分析

配电网在时段 t 内的负荷场景可用向量 $\boldsymbol{L}_t$ 表示。

$$\boldsymbol{L}_t = \{P_1, Q_1, P_2, Q_2, \cdots, P_i, Q_i, \cdots\} \tag{6.12}$$

式中，P_i 和 Q_i 分别表示节点 i 在时段 t 内的平均有功负荷功率和无功负荷功率。时段 t 内多个负荷向量构成的原始负荷场景集 $\boldsymbol{M}$ 和典型负荷场景集 $\boldsymbol{C}$ 分别用矩阵表示。

$$\boldsymbol{M} = \begin{bmatrix} L_t^1 \\ \vdots \\ L_t^\gamma \\ \vdots \\ L_t^m \end{bmatrix} \quad \boldsymbol{C} = \begin{bmatrix} L_t^{1'} \\ \vdots \\ L_t^{\gamma'} \\ \vdots \\ L_t^{c'} \end{bmatrix} \tag{6.13}$$

式中，L_t^γ 和 $L_t^{\gamma'}$ 分别为第 γ 个原始负荷场景和典型负荷场景；m 和 c' 分别为原始负荷场景和典型负荷场景的数量。基于欧氏距离对 $\boldsymbol{M}$ 中负荷向量聚类获得 $\boldsymbol{C}$，第 γ 个典型场景的发生概率为 $P\{L_t^{\gamma'}\}$。

$$P\left\{L_t^{\gamma'}\right\} = \frac{n_\gamma}{m} \tag{6.14}$$

式中，n_γ 表示属于 $L_t^{\gamma'}$ 所在类的原始负荷场景数量。为找到合适的聚类数量，本书以 $\mathrm{CH}^{(+)}$ 指标作为聚类有效性指标[17]。

$$\mathrm{CH}^{(+)} = \frac{T_k(N-k)}{H_k(k-1)} \tag{6.15}$$

式中，T_k、H_k 分别为聚类数为 k 时类间及类内个体离差平方和。聚类使原始负荷场景和典型负荷场景存在一定偏差，$\mathrm{CH}^{(+)}$ 指标仅从聚类本身的角度去判定聚类结果的优劣，没有考虑负荷场景本身的物理意义。因此，本书从负荷场景对应的电压和有功损耗的角度出发提出了三个校验指标，节点电压最大值偏差比 $R_{\mathrm{U}}^{\max}$、节点电压最小值偏差比 $R_{\mathrm{U}}^{\min}$ 和线路有功损耗平均值偏差比 $R_{\mathrm{P}}^{\mathrm{me}}$。

$$R_{\mathrm{U}}^{\max} = \max_i \left\{ \frac{\left| U_i^{\max} - U_i^{\max'} \right|}{U_i^{\max}} \times 100\%, \quad i \in C_{\mathrm{bus}} \right\} \tag{6.16}$$

$$R_{\mathrm{U}}^{\min} = \max_i \left\{ \frac{\left| U_i^{\min} - U_i^{\min'} \right|}{U_i^{\min}} \times 100\%, \quad i \in C_{\mathrm{bus}} \right\} \tag{6.17}$$

$$R_{\mathrm{P}}^{\mathrm{me}} = \max_l \left\{ \frac{\left| P_l^{\mathrm{me}} - P_l^{\mathrm{me}'} \right|}{P_l^{\mathrm{me}}} \times 100\%, \quad l \in C_{\mathrm{line}} \right\} \tag{6.18}$$

式中, $U_i^{\max}$ 和 $U_i^{\max'}$ 分别为场景集 $\boldsymbol{M}$ 和 $\boldsymbol{C}$ 对应潮流结果中节点 i 电压最大值, $U_i^{\min}$ 和 $U_i^{\min'}$ 分别为 $\boldsymbol{M}$ 和 $\boldsymbol{C}$ 对应潮流结果中节点 i 电压最小值, P_l^{me} 和 $P_l^{\mathrm{me}'}$ 分别为 $\boldsymbol{M}$ 和 $\boldsymbol{C}$ 对应潮流结果中线路 l 有功损耗平均值; C_{bus} 为节点集合; C_{line} 为线路集合。

决定聚类数量时, 首先根据 $\mathrm{CH}^{(+)}$ 指标找到最佳聚类数, 检验最佳聚类数量下校验指标是否满足检验标准, 如果满足则最佳聚类数即为最终聚类数; 否则, 以最佳聚类数为基础依次增大聚类数量直至校验指标达标,使校验指标协同 $\mathrm{CH}^{(+)}$ 共同找到最终聚类数。

3) 规划场景获取

配电网的规划场景 $\boldsymbol{Y}$ 由资源场景 $\boldsymbol{G}$ 和典型负荷场景 $\boldsymbol{C}$ 共同构成。

$$\boldsymbol{Y} = \left\{ \boldsymbol{G}, \boldsymbol{C} \right\} \tag{6.19}$$

$$N_Y = N_G * N_C \tag{6.20}$$

$$\boldsymbol{Y}_t^{\chi} = \left\{ \boldsymbol{G}_t^k, \boldsymbol{L}_t^{\gamma'} \right\} \quad P\left\{ \boldsymbol{Y}_t^{\chi} \right\} = P\left\{ \boldsymbol{G}_t^k \right\} * P\left\{ \boldsymbol{L}_t^{\gamma'} \right\} \tag{6.21}$$

式中, N_Y、N_G、N_C 分别为规划场景、资源场景和典型负荷场景数量; $\boldsymbol{Y}_t^{\chi}$ 为时段 t 内第 χ 个规划场景, 由 $\boldsymbol{G}_t^k$ 和 $\boldsymbol{L}_t^{\gamma'}$ 构成, $P\left\{ \boldsymbol{Y}_t^{\chi} \right\}$ 为该场景发生概率。

3. 考虑相关性的场景生成

由于不同资源之间以及资源与负荷之间存在一定的关联关系, 所以单独考虑后组合为规划场景时往往会丢失相关性信息, 忽略相关性生成的场景容易导致规划结果存在偏差, 本节介绍一种考虑相关性的场景生成方法。

1) 基于数据驱动顺序选择方法的 C-Vine Copula 模型

Copula 函数是一种研究随机变量间相依结构的有力工具, 它将多元随机变量的联合分布函数和各随机变量的边缘分布函数连接起来, 能够描述变量间的非线性、非对称性和尾部相关性等特征。

令 C、c、F、f 分别代表 Copula 累积分布函数、Copula 概率密度函数、变量的累积分布函数和变量的概率密度函数。n 维随机变量 $(X_1, \cdots, X_n)$ 的边缘分布函数和概率密度函数分别为 $F_i(c_i)$ 和 $f_i(c_i)$, $i=1, \cdots, n$。根据 Copula 理论, 多变量联合概

率密度函数可以表示

$$f(x_1,x_2,\cdots,x_n)=c(F_1(x_1),F_2(x_2),\cdots,F_n(x_n))\prod_{i=1}^{n}f_i(x_i) \tag{6.22}$$

式中，$c(F_1(x_1),F_2(x_2),\cdots,F_n(x_n))$ 为 $[0,1]^n \to \mathbb{R}$ 上的 n 维 Copula 概率密度函数；$u_i = F_i(x_i)$ 为 $[0,1]$ 上均匀分布的边缘分布函数。

C-Vine Copula 结构是一种能够灵活表征多变量相关性的 Copula 函数，其联合概率密度函数可表示[18]

$$f(x_1,x_2,\cdots,x_n)=\prod_{k=1}^{n}f(x_k)\prod_{j=1}^{n-1}\prod_{i=1}^{n-j}c_{j,j+i|1,\cdots,j-1} \tag{6.23}$$
$$\{F(x_j\mid x_1,\cdots,x_{j-1}),F(x_{j+i}\mid x_1,\cdots,x_{j-1})\}$$

式中，j 为 C-Vine Copula 结构的树；i 为每层树的边。

随机变量之间的条件分布函数可以用 h 函数[18]来表示。

$$h(x,v,\Theta)=F(x\mid v)=\frac{\partial C_{xv}(x,v,\Theta)}{\partial v} \tag{6.24}$$

式中，x 和 v 均为 $[0,1]$ 上均匀分布的变量；Θ 为 x 和 v 之间二元 Copula 函数对应的参数。

C-Vine Copula 结构第 j 层树中总有一个变量与其余 $n-j$ 个变量相连，该变量称为根节点。n 个变量的排列顺序决定了每一层树中的根节点，直接影响相关性建模的精度。当每一层树中的根节点与该层树中其他节点变量之间的相关性最强时，C-Vine Copula 结构的精度是最高的，为此采用数据驱动顺序选择方法[19]确定变量的最优顺序，具体步骤如下。

(1) 确定第一层树中的根节点。

定义变量

$$\hat{S}_i:=\sum_{j=1}^{n}\left|\hat{e}_{i,j}\right| \tag{6.25}$$

式中，$\hat{e}_{i,j}$ 为变量 X_i 和 X_j 的 Kendall 秩相关系数[20] $e_{i,j}$ 的估计值，$e_{i,i}=1$，$i=1,\cdots,n$。

式 (6.25) 取得最大值时对应的变量 X_i^* 即为第一层树中的根节点。为了简化符号，对变量进行重新排序，记 X_i^* 为 V_1。重新编号后，第一层树中的二元 Copula 函数记为 $c_{1,j}$，$j=2,\cdots,n$，对应的 Copula 函数的参数估计值为 $\hat{\theta}_{j,0}$。

(2) 确定第二层树中的根节点。

定义变量

$$\hat{g}_{j|1,t}:=h(u_{j,t},u_{1,t},\hat{\theta}_{j,0}),\quad j=2,\cdots,n,\quad t=1,\cdots,T_s \tag{6.26}$$

式中，T_s 为每个变量的样本点数量。经计算可得到 $n-1$ 个变量 $\hat{g}_{j|1,t}$。计算这些变量间的 Kendall 秩相关系数，当 $\hat{S}_i$ 取得最大值时对应的变量 X_i^{**} 即为第二层树中的

根节点。对变量进行重新排序，记 X_i^{**} 为 V_2。

(3) 依次确定其余层树中的根节点。

定义变量

$$\hat{g}_{j+i|1,\cdots,j,t} := h(g_{j+i|1,\cdots,j-1,t}, g_{j|1,\cdots,j-1,t}, \hat{\theta}_{i,j-1}) \tag{6.27}$$

参照 (2) 的过程，依次确定每一层树的根节点，最后将所有变量重新编号后记为 $(V_1,\cdots,V_n)$。

在上述确定变量顺序的过程中，使用 AIC 准则和最大似然估计方法确定每一对二元 Copula 函数的类型和相应的参数[19]，最终获得 C-Vine Copula 函数，可以用于典型相关性场景的生成。

4. 考虑相关性的典型场景生成

考虑负荷-资源相关性的典型场景构建流程包括如图 6.2 所示步骤。

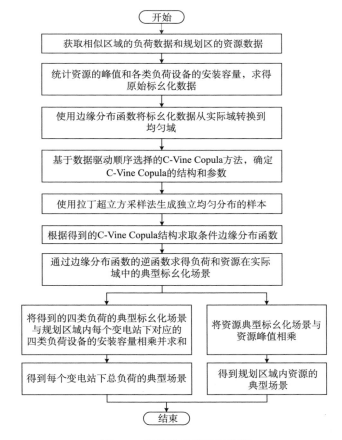

图 6.2　相关性场景构建流程

(1)取相似区域的负荷历史数据和规划区的资源历史数据,将数据分为风速、光照、工业负荷、农业负荷、商业负荷和居民负荷,统计对应的相似区域内各类负荷设备的安装容量和规划区的资源峰值,对每一类数据进行标幺化处理。

$$x_i = \frac{x_{\text{ori},i}}{x_{\text{ori},i}^{\max}}, \qquad i = 1,\cdots,6 \tag{6.28}$$

式中,$x_{\text{ori},i}$ 为某一类负荷或资源的原始数据;$x_{\text{ori},i}^{\max}$ 为相似区域内对应负荷类型的设备安装容量或规划区域内资源的峰值。

(2)使用边缘分布函数 $u_i = F_i(x_i)$($i=1,\cdots,6$)将标幺化数据从实际域转换到均匀域。

(3)采用数据驱动顺序选择方法确定 C-Vine Copula 结构中变量的顺序,同时求出每一对 Copula 函数的类型和参数。

(4)使用拉丁超立方采样方法[21]生成[0, 1]上独立均匀分布的变量(w_1, w_2, w_3, w_4, w_5, w_6)。根据得到的 C-Vine Copula 结构求取条件边缘分布函数,并计算负荷和资源在均匀域中的相关性场景样本(z_1, z_2, z_3, z_4, z_5, z_6)。

$$\begin{cases} z_1 = w_1 \\ z_2 = F^{-1}(w_2 \mid z_1) \\ z_3 = F^{-1}(w_3 \mid z_1, z_2) \\ z_4 = F^{-1}(w_4 \mid z_1, z_2, z_3) \\ z_5 = F^{-1}(w_5 \mid z_1, z_2, z_3, z_4) \\ z_6 = F^{-1}(w_6 \mid z_1, z_2, z_3, z_4, z_5) \end{cases} \tag{6.29}$$

(5)使用原始数据边缘分布函数的反函数 $x_i = F^{-1}i(z_i)$,$i=1,\cdots,6$ 求得 6 类数据在实际域中的典型标幺化场景。

(6)将 4 类负荷的典型标幺化场景与规划区域内每个变电站下对应的 4 类负荷设备的安装容量相乘并求和,即可以得到每个变电站下总负荷的典型场景。将资源典型标幺化场景与资源峰值相乘即为资源的典型场景。

6.3.2   时序场景生成

1. 主观选择法

常见的典型时序场景是典型日,一个典型日包含了相应的时序资源和时序负荷。最简单的典型日获取方法为主观选择法,人为地依据时间、负荷状况、资源状况等情况结合典型日的用途进行选取。表 6.1 给出了主观选择的常见依据和示例。

表 6.1　主观选择的常见依据和示例

选择依据	示例
时间	工作日/周末/节假日
负荷状况	是否包含峰值负荷
	是否包含低谷负荷
	该天负荷是否与平均负荷接近
资源状况	是否包含峰值资源
	是否包含低谷资源
	该天资源是否与平均资源接近

2. 聚类法

典型场景集本质上是能够反映原问题特征的、具有代表性的一组时间序列[17]。以风电为例,假设研究周期内有 S 个风电出力场景,每个场景包含 T 个时刻的风电出力数据,即可用 $S \times T$ 阶矩阵表示周期内风电出力的全部数据。通过构建典型场景集,用少数 K 个场景组成的典型场景集合替代原场景集 S 实现场景削减,风电出力矩阵的阶数也由原来的 S 阶降低到 K 阶,达到降低计算复杂度的目的。

时序场景一般包含大量数据,可以采用聚类算法获得典型场景集。传统 K-means 算法对事先选取的 K 个初始聚类中心,按最小距离原则将数据对象指派到离其最近的类,通过迭代过程把数据集划分为不同的类别,使得评价聚类性能的准则函数达到最优。但传统算法不能给出最佳聚类数,本节通过选择合适的聚类有效性指标改进传统 K-means 算法,在聚类数范围内,分析聚类结果,确定最佳聚类数。

聚类数的搜索范围为 $[2, N]$ 内的整数,N 为数据集中的样本总数。搜索聚类空间能够输出一系列具有不同聚类数目的聚类结果,聚类有效性指标用来评价聚类结果的质量并将最优的聚类结果所对应的聚类数目作为最佳聚类数。文献 [22] 系统地介绍了聚类有效性指标的研究现状,本书选择适用于 K-means 聚类的 $CH^{(+)}$ 指标作为有效性指标。

改进的 K-means 算法步骤如下。

(1) 设置聚类数的搜索范围 $[2, N]$。

(2) 在搜索范围内:①按照最大最小距离原则选定初始聚类中心;②采用 K-means 聚类算法,更新聚类中心直至距离准则函数[23]收敛;③根据聚类结果计算 $CH^{(+)}$ 指标。

(3)比较不同 k 值下的 $CH^{(+)}$ 指标，$CH^{(+)}$ 指标值达到最大时对应的 k 值即为最佳聚类数目。

(4)输出最佳聚类结果。

3. 启发式场景削减法

常见的启发式场景削减法包括前向选择法和后向削减法，通过重复挑选 s 次单个情景进行情景削减的方法叫前向选择法(forward selection，FS)[24]。图 6.3 为前向选择法的示意图，虚线为不确定因素可能的发展轨迹，实线为选择出的典型场景，每经过挑选一次，情景就增加一个。如图 6.3(a)所示起初是一个情景，经过一次前向选择法运算后，得到两个情景(如图 6.3(b))，再经过一次前向选择法运算后，得到 3 个情景(如图 6.3(c))。通过启发式的选择流程和判据使选择的场景尽可能覆盖多种情况，具体选择流程和权值分配参考文献[24]。

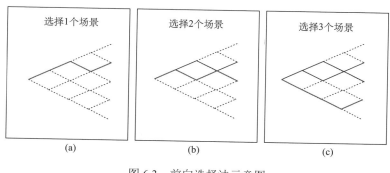

图 6.3　前向选择法示意图

6.4　分布式可再生能源发电集群接入规划

考虑到分布式可再生能源发电接入点多、接入规模大的实际情况，为从大范围、全县域综合评估分布式发电的接入能力，结合分布式可再生能源发电集群的分层特点，接入规划分电压等级开展。高电压等级(35kV 及以上)作为接入规划的第一步，通过考虑不同 35kV 站的负荷特点及站间的功率互补特性，合理提高配电网对分布式可再生能源发电的接纳能力；而低电压等级(10kV 及以下)的接入规划则具体负责分布式发电的接入位置、接入容量，通过考虑分布式可再生能源发电的合理调控实现配电网的安全稳定运行。

6.4.1　高电压等级接入规划

6.4.1.1　高电压等级集群接入规划特点

目前，国家标准要求 35kV 及以下电压等级接入的分布式电源以就地消纳为主[25]。现有分布式电源规划的研究多集中在 10kV/20kV 中压配电网层面，以确定单一变电站下分布式电源的安装位置和容量为主要内容，未计及运行中多个变电站之间功率流动对分布式电源规划的影响[26-30]。

传统单点 35kV 变电站下的分布式电源基于辐射型供电网络，通常规划可再生能源的容量以不超过其最大负荷为限制，从而将可再生能源的渗透率限制在 100% 以下，以防出现反向潮流从而影响电力系统的安全稳定运行，并不考虑 35kV 中高压网络功率交互的影响。为了实现可再生能源高渗透率接入，可以考虑允许 35kV 系统中的部分变电站之间实现相互供电与功率双向流通，并且保证在此集群范围内高渗透率地接入可再生能源时并不发生电压越限等电能质量问题。

考虑到规划区域内不同变电站下负荷和分布式电源的差异，其净负荷存在一定的互补特性。对单一变电站进行分布式电源规划，无法最大化利用不同变电站之间的功率互补优势，限制了分布式电源的高效利用。因此，需要考虑不同变电站之间运行的影响，进行多变电站下分布式电源的统筹规划。在高电压网络下，各接入节点之间地理位置通常距离较远，各节点所适合安装的可再生能源种类将会不同，且其出力之间通常具有一定的相关特性。

6.4.1.2　高电压等级集群接入规划模型

分布式电源接入规划需要同时考虑投资商的经济效益和配电网的安全运行[30-33]。投资商的效益指标主要包括售电收益、建设成本、运行维护成本、排放成本、网损成本等。在配电网的运行方面，主动管理技术可以通过无功优化调度、合理的有功削减、网络动态重构等措施，达到减小网损、调节电压和提高系统可靠性的目的[33]。

针对安徽省金寨县的实际情况，扶贫用户和投资商作为分布式电源的投资者和收益者，为了落实新能源扶贫政策，应以分布式电源投资收益最大为规划目标；而配电公司的职责是充分利用现有配电网网架和调控手段，通过主动管理提高分布式电源的消纳能力。

本节从分布式电源投资商的角度进行分布式电源的规划决策，上层规划模型计算每个变电站下分布式光伏和分散式风电的安装容量，下层调度模型考虑负荷和资源之间的相关性，通过无功调度、有功削减等措施优化系统运行。上下层之间传递分布式电源规划方案和所有典型场景中主动配电网的调度结果，并进行迭代计算，其模型架构如图 6.4 所示。

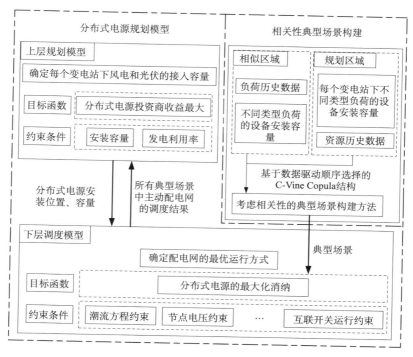

图 6.4　双层规划模型架构

1. 上层规划模型

1）目标函数

上层规划模型的目标函数为最大化分布式电源投资商收益的净现值。

$$\max(C_\text{s} - C_\text{ins} - C_\text{om} + C_\text{sv})\tag{6.30}$$

式中，C_s 为分布式电源投资商的售电收入；C_ins 为分布式电源的建设成本；C_om 为分布式电源的运行和维护成本；C_sv 为分布式电源的设备残值。

分布式电源投资商的售电收入可根据光伏和风电的售电量求得，表达式如式（6.31）所示。

$$\begin{aligned}C_\text{s} = \sum_{y=1}^{T}\frac{1}{(1+r)^y}\times\frac{8760}{N_s}\Big(&c_\text{sell,PV}\sum_{s=1}^{N_s}\sum_{i=1}^{N_b}P_{\text{grid},y,s,i}^{\text{PV}}\\ &+c_\text{sell,WT}\sum_{s=1}^{N_s}\sum_{i=1}^{N_b}P_{\text{grid},y,s,i}^{\text{WT}}\Big)\end{aligned}\tag{6.31}$$

式中，r 为贴现率；T 为规划年限；s 为场景数；N_b 为配电网的节点总数；$c_{\text{sell,PV}}$ 和 $c_{\text{sell,WT}}$ 分别为光伏和风机的上网电价；$P_{\text{grid},y,s,i}^{\text{PV}}$ 和 $P_{\text{grid},y,s,i}^{\text{WT}}$ 分别为第 y 年、场景 s 下节点 i 处光伏和风机的实际上网功率。

风机和光伏的建设成本可表示为

$$
\begin{aligned}
C_{\text{ins}} &= C_{\text{ins,PV}} + C_{\text{ins,WT}} \\
&= c_{\text{ins,PV}} \sum_{i=1}^{N_b} S_{\text{ins,PV},i} + c_{\text{ins,WT}} \sum_{i=1}^{N_b} S_{\text{ins,WT},i}
\end{aligned}
\tag{6.32}
$$

式中，$C_{\text{ins,PV}}$ 和 $C_{\text{ins,WT}}$ 分别为光伏和风机的建设成本；$c_{\text{ins,PV}}$ 和 $c_{\text{ins,WT}}$ 分别为光伏和风机单位容量的建设费用；$S_{\text{ins,PV},i}$ 和 $S_{\text{ins,WT},i}$ 分别为节点 i 处光伏和风机的安装容量。

运行维护成本由光伏的安装容量和风机的发电量计算得到：

$$
\begin{aligned}
C_{\text{om}} &= \sum_{y=1}^{T} \frac{1}{(1+r)^y} \Big(c_{\text{om,PV}} \sum_{i=1}^{N_b} S_{\text{ins}PV,i} \\
&\quad + \frac{8760}{N_s} c_{\text{om,WT}} \sum_{s=1}^{N_s} \sum_{i=1}^{N_b} (P_{\text{grid},y,s,i}^{\text{PV}} + P_{\text{cut},y,s,i}^{\text{WT}}) \Big)
\end{aligned}
\tag{6.33}
$$

式中，$c_{\text{om,PV}}$ 为光伏单位容量的年运行维护费用；$c_{\text{om,WT}}$ 为风机单位发电量的运行维护费用；$P_{\text{cut},y,s,i}^{\text{WT}}$ 为第 y 年、场景 s 下节点 i 处风机的有功削减量。

规划期末的设备残值可以表示为

$$
\begin{aligned}
C_{\text{sv}} &= \frac{1}{(1+r)^T} \Big(\sum_{i=1}^{N_b} c_{\text{ins,PV}} S_{\text{ins,PV},i} \frac{\text{TL}_{\text{PV}} - T}{\text{TL}_{\text{PV}}} \\
&\quad + \sum_{i=1}^{N_b} c_{\text{ins,WT}} S_{\text{ins,WT},i} \frac{\text{TL}_{\text{WT}} - T}{\text{TL}_{\text{WT}}} \Big)
\end{aligned}
\tag{6.34}
$$

式中，TL_{PV} 和 TL_{WT} 分别为光伏和风机的使用寿命。

2）约束条件

（1）受安装地理条件、项目总投资等因素的限制，分布式电源安装容量应满足一定约束。

$$
\sum_{i=1}^{N_b} S_{\text{ins,PV},i} \leqslant S_{\text{ins,PV}}^{\max}, \quad \sum_{i=1}^{N_b} S_{\text{ins,WT},i} \leqslant S_{\text{ins,WT}}^{\max}
\tag{6.35}
$$

式中，$S_{\text{ins,PV}}^{\max}$ 和 $S_{\text{ins,WT}}^{\max}$ 分别为光伏和风机的最大允许安装总容量。

（2）为了提高风电利用率和光伏发电利用率，设置如式（6.36）、式（6.37）的约束。

$$\frac{\sum\limits_{y=1}^{T}\sum\limits_{s=1}^{N_s}\sum\limits_{i=1}^{N_b} P_{\mathrm{grid},y,s,i}^{\mathrm{PV}}}{\sum\limits_{y=1}^{T}\sum\limits_{s=1}^{N_s}\sum\limits_{i=1}^{N_b}(P_{\mathrm{grid},y,s,i}^{\mathrm{PV}}+P_{\mathrm{cut},y,s,i}^{\mathrm{PV}})} \geqslant R_{\mathrm{PV}} \tag{6.36}$$

$$\frac{\sum\limits_{y=1}^{T}\sum\limits_{s=1}^{N_s}\sum\limits_{i=1}^{N_b} P_{\mathrm{grid},y,s,i}^{\mathrm{WT}}}{\sum\limits_{y=1}^{T}\sum\limits_{s=1}^{N_s}\sum\limits_{i=1}^{N_b}(P_{\mathrm{grid},y,s,i}^{\mathrm{WT}}+P_{\mathrm{cut},y,s,i}^{\mathrm{WT}})} \geqslant R_{\mathrm{WT}} \tag{6.37}$$

式中，$P_{\mathrm{cut},y,s,i}^{\mathrm{PV}}$ 为第 y 年、场景 s 下节点 i 处光伏的有功削减量；R_{PV} 和 R_{WT} 分别为光伏发电利用率和风电利用率的下限。

2. 下层调度模型

下层调度模型以规划期内每年分布式电源的最大消纳为目标，通过对互连开关、OLTC、分布式电源的有功和无功出力、无功补偿设备的调节实现。目标函数如式(6.38)所示。

$$\max_{\forall y}\left[\sum_{s=1}^{N_s}\left(\sum_{i=1}^{N_b} P_{\mathrm{grid},y,s,i}^{\mathrm{PV}} + \sum_{i=1}^{N_b} P_{\mathrm{grid},y,s,i}^{\mathrm{WT}}\right)\right] \tag{6.38}$$

调度模型的约束条件如下。

1) Distflow 支路潮流等式约束

Distflow 支路潮流等式约束见式(5.28)，其中

$$\begin{cases} P_j = P_{\mathrm{load},j} - P_{\mathrm{grid},j}^{\mathrm{PV}} - P_{\mathrm{grid},j}^{\mathrm{WT}} \\ Q_j = Q_{\mathrm{load},j} - Q_{\mathrm{c},j} - Q_{\mathrm{PV},j} - Q_{\mathrm{WT},j} \end{cases} \tag{6.39}$$

式中，$P_{\mathrm{load},j}$ 和 $Q_{\mathrm{load},j}$ 为节点 j 负荷的有功和无功功率；$Q_{\mathrm{PV},j}$ 和 $Q_{\mathrm{WT},j}$ 分别表示节点 j 处光伏和风机输出的无功功率；$Q_{\mathrm{c},j}$ 为节点 j 无功补偿装置输出的无功功率。

2) 配电网安全运行约束

节点电压约束见式(4.4)，线路传输载流量约束见式(5.59)。

3) 风机、光伏运行约束

$$\mathrm{PV}:\begin{cases} |Q_{\mathrm{PV},j}| \leqslant P_{\mathrm{grid},j}^{\mathrm{PV}}\tan\theta_{\mathrm{PV}} \\ (Q_{\mathrm{PV},j})^2 \leqslant (S_{\mathrm{PV},j})^2 - (P_{\mathrm{grid},j}^{\mathrm{PV}})^2 \end{cases} \tag{6.40}$$

$$\mathrm{WT}:\begin{cases} |Q_{\mathrm{WT},j}| \leqslant P_{\mathrm{grid},j}^{\mathrm{WT}}\tan\theta_{\mathrm{WT}} \\ (Q_{\mathrm{WT},j})^2 \leqslant (S_{\mathrm{WT},j})^2 - (P_{\mathrm{grid},j}^{\mathrm{WT}})^2 \end{cases} \tag{6.41}$$

式中，$S_{\text{PV},j}$ 和 $S_{\text{WT},j}$ 分别为节点 j 处光伏和风机的视在功率；$Q_{\text{PV},j}$ 和 $Q_{\text{WT},j}$ 分别为节点 j 处光伏和风机的无功功率 $\theta_{\text{PV}}=\arccos(PF_{\text{PV,min}})$ 和 $\theta_{\text{WT}}=\arccos(PF_{\text{WT,min}})$ 为光伏和风机输出功率的功率因数限制，本节中功率因数最小值 $PF_{\text{PV,min}}$ 和 $PF_{\text{WT,min}}$ 均设定为 0.95。

4）连续无功补偿设备运行约束

连续无功补偿设备运行约束见式（5.62）。

5）OLTC 运行约束

$$\begin{cases} U_i = k_{ij,t} U_j \\ k_{ij,t} = k_{ij,0} + K_{ij,t} \Delta k_{ij} \\ -K_{ij,\max} \leqslant K_{ij,t} \leqslant K_{ij,\max}, \quad K_{ij,t} \in Z \end{cases}, \qquad \forall i,j \in B_{\text{OLTC}} \qquad (6.42)$$

式中，B_{OLTC} 为包含 OLTC 的变电站节点集合；$k_{ij,t}$ 为支路 ij 中 OLTC 的可调变比；$k_{ij,0}$ 和 Δk_{ij} 分别为支路 ij 中 OLTC 的标准变比和调节步长；$K_{ij,t}$ 为支路 ij 中 OLTC 可调变化；$K_{ij,\max}$ 为支路 ij 中 OLTC 上调或下调的最大挡位。

考虑到设备寿命及经济性等因素，OLTC 受每年总操作次数限制，其约束条件

$$\frac{8760}{N_s} \sum_s \delta_{\text{OLTC},j,s} \leqslant N_{\text{OLTC,max}}, \qquad \forall j \in B_{\text{OLTC}} \qquad (6.43)$$

式中，$\delta_{\text{OLTC},j,s}$ 表示 OLTC 在第 s 个场景中的动作标识，如果动作，$\delta_{\text{OLTC},j,s}=1$，否则 $\delta_{\text{OLTC},j,s}=0$；$N_{\text{OLTC,max}}$ 为 OLTC 每年的最大动作次数。

6）变电站倒送功率约束

分布式电源以在 35kV 及以下电压等级就地消纳为主，因此要求 110kV 变电站无倒送功率。

$$0 \leqslant P_{\text{sub},110\text{kV}} \leqslant P_{\text{sub},110\text{kV}}^{\text{rated}} \qquad (6.44)$$

式中，$P_{\text{sub},110\text{kV}}$ 和 $P_{\text{sub},110\text{kV}}^{\text{rated}}$ 分别为 110kV 变电站的实际功率和额定功率。

7）辐射性及连通性约束

在配电网重构过程中，辐射性及连通性约束是配电网优化运行中的重要约束条件。令 u_{ij} 表示含开关的线路 (i,j) 的状态，$u_{ij}=0$ 表示线路断开运行，$u_{ij}=1$ 表示线路闭合运行。

辐射性约束保证网络开环运行，可以表示为

$$\begin{cases} P_{ij,\min} u_{ij} \leqslant P_{ij} \leqslant P_{ij,\max} u_{ij} \\ Q_{ij,\min} u_{ij} \leqslant Q_{ij} \leqslant Q_{ij,\max} u_{ij}, \quad \forall ij \in E_{\text{SW}} \\ I_{ij,\min}^2 u_{ij} \leqslant I_{ij}^2 \leqslant I_{ij,\max}^2 u_{ij} \end{cases} \qquad (6.45)$$

$$\sum_{ij \in E \setminus E^{\mathrm{SW}}} \text{"1"} + \sum_{ij \in E^{\mathrm{SW}}} u_{ij} = N_{\mathrm{bus}} - N_{\mathrm{sub}} \tag{6.46}$$

式中，E 为所有线路集合；E_{SW} 为所有包含开关的线路集合；N_{bus} 和 N_{sub} 分别为网络内节点数量和变电站数量。

连通性约束保证网络中每个节点与上级电源形成联络，不出现孤岛情况，可以使用如式(6.47)的辅助方程表示。

$$\begin{cases} P_j^* = \sum_{l:j \to l} P_{jl}^* - \sum_{i:i \to j} (P_{ij}^* - R_{ij} I_{ij}^{*2}) = \varepsilon \\ Q_j^* = \sum_{l:j \to l} Q_{jl}^* - \sum_{i:i \to j} (Q_{ij}^* - X_{ij} I_{ij}^{*2}) = \varepsilon \\ U_j^{*2} = U_i^{*2} - 2(R_{ij} P_{ij}^* + X_{ij} Q_{ij}^*) + (R_{ij}^2 + X_{ij}^2) I_{ij}^{*2} \end{cases} \tag{6.47}$$

式中，P_j^*、Q_j^*、U_j^*、I_{ij}^* 分别为有功功率、无功功率、电压、电流的辅助变量；ε 为一个较小的正常量，保证了所有节点与上级电网相连通。

在动态重构过程中，开关调节次数也受到限制，其约束可以表示为

$$\frac{8760}{N_s} \sum_s \delta_{\mathrm{SW},ij,s} \leqslant N_{\mathrm{SW},ij}^{\max}, \qquad \forall ij \in E_{\mathrm{SW}} \tag{6.48}$$

式中，$\delta_{\mathrm{SW},ij,s}$ 为开关在第 s 个场景中的动作标识，如果动作，$\delta_{\mathrm{SW},ij,s}=1$，否则 $\delta_{\mathrm{SW},ij,s}=0$；$N_{\mathrm{SW},ij}^{\max}$ 为开关的每年最大动作次数。

6.4.1.3　求解算法

上层规划模型使用遗传算法进行求解，步骤如下：①输入遗传算法参数和规划数据；②初始化遗传算法，产生初始种群，种群中个体的元素由每个候选变电站下风机和光伏的安装容量构成；③将每一个个体传递给调度模型，经过计算将调度结果返回到上层规划模型；④计算每个个体的目标函数，计算适应度，通过选择、交叉和变异得到子代种群；⑤重复③～④，直至遗传算法迭代次数达到设定值，输出优化结果。

下层模型的计算嵌套在上层遗传算法的求解过程中，该模型是一个混合整数非线性规划问题。采用文献[34]的方法，对式下层调度模型进行线性化和锥松弛处理，将原问题转换为动态最优潮流模型。在 MATLAB 环境中使用 CPLEX12.6.0 算法包进行求解，得到调度结果并传递给上层规划模型。

1. 遗传算法

1) 遗传算法简介

遗传算法(genetic algorithms，GA)是基于生物遗传和进化过程的计算机模拟方法，它使各种人工系统具有优良的自适应能力和优化能力，最早是 1975 年由美

国 J.Holland 教授提出。

遗传算法关键点在于对它对参数的编码进行操作并不是对参数本身，所以遗传算法可以很好地避开局部最优解；个体适应度是通过数学模型中的目标函数直接获得而不是人为设定，因此对问题本身的依赖性较小。遗传算法采用概率的方法进行寻优，可以对空间内的可行解进行不确定性的搜索，更容易发现最优解；染色体交叉使子代保留父代的优良基因，随机变异造成子代同父代的不同。遗传算法的这些优点使它广泛地应用在优化和信号处理等领域。

遗传算法基本的运算过程如下。

(1)初始化：设置进化代数，种群中个体数量，交叉率和变异率等，并且生成初始种群。

(2)适应度计算：根据目标函数，计算种群中每个个体的适应度大小。

(3)选择运算：根据适应度的大小，对种群中的个体进行概率选择，适应度大的个体被选择的概率大，更容易将优秀的基因遗传给子代。

(4)交叉运算：染色体交叉，这是遗传算法的核心步骤，既可以保留原有的优秀基因，又可以改变染色体。

(5)变异运算：染色体上基因会根据设置的变异率进行概率性的基因突变。可以提高算法搜索到空间内的最优解的能力。上一代种群经过选择、交叉、变异的各种运算后，得到一个新种群 $P(t+1)$。

(6)终止条件：终止条件可以设置为迭代次数达到最大的代数，也可以是根据目标函数的变化情况判断，如果在指定的代数内目标函数一直没有得到优化，或者最优解之间的差距小于给定值即可结束迭代循环。

2) 含有精英策略的非支配排序遗传算法

含有精英策略的非支配排序遗传算法（NSGA-II）是解决多目标最优化问题的一种有效方法。多目标遗传算法的核心是协调各个目标函数之间的关系，找出使各个目标函数折衷的最优解集[20]。自从帕累托最优解的概念被用来计算个体适应度之后，这种把解集按照被支配的程度进行划分等级的方法就被广泛应用。带有精英策略的非支配排序遗传算法有三个主要的组成部分。

(1)快速非支配排序。这是一种按照非支配性来对整个种群 P 进行排序的算法，通过目标函数决定个体之间的非支配关系，将种群划分为多个层级 Rank，每个层级内的个体具有等同的非支配性。

(2)拥挤度计算。为了了解每一个被支配等级上所有解的拥挤程度，需要计算相邻目标函数之间的距离来作为个体之间的拥挤距离 Distance，拥挤距离越大说明个体的差异性越大，适应度越好。

(3)比较运算。经过(1)(2)，种群 P 中的每个个体都拥有 Rank 和 Distance 两个参数，比较运算根据这两个参数判定个体适应度的大小：Rank 越小的个体非支配性越强，适应度大；同一层级的两个个体，Distance 越大个体适应度越大。

2. 二阶锥松弛算法

大多优化调度模型为 NP(non-deterministic polynomial，非确定性多项式)难的混合整数非凸非线性问题，非线性是由电压的平方项和负二次项、抽头挡位的绝对值项等导致的，非凸性是由电压电流乘积项等导致的。通过对目标函数和约束条件进行线性化和锥松弛，能将其转化为 MISOCP(mixed integer second order cone programming，混合整数二阶锥规划)模型，进而可以用优化算法包在多项式时间内完成求解。

通过变量替换将电压电流的平方项 $(U_{i,t})^2$ 和 $(I_{ij,t})^2$ 转化为线性项 $u_{i,t}$ 和 $l_{ij,t}$，则式(5-28)中的平方项可转化为

$$\sum_{i:i \to j}\left[P_{ij,t} - R_{ij}l_{ij,t}\right] - P_{j,t} = \sum_{l:j \to l}P_{jl,t} \tag{6.49}$$

$$\sum_{i:i \to j}\left[Q_{ij,t} - X_{ij}l_{ij,t}\right] - Q_{j,t} = \sum_{l:j \to l}Q_{jl,t} \tag{6.50}$$

$$u_{j,t} = u_{i,t} - 2(R_{ij}P_{ij,t} + X_{ij}Q_{ij,t}) + (R_{ij}^2 + X_{ij}^2)l_{ij,t} \tag{6.51}$$

将二次等式约束进行 SOCR 转化，松弛为不等式约束，可以写成电压电流功率间关系的旋转二阶锥约束形式。

$$(P_{ij,t})^2 + (Q_{ij,t})^2 \leqslant l_{ij,t} \cdot u_{i,t} \tag{6.52}$$

$$\left\|\begin{array}{c} 2P_{ij,t} \\ 2Q_{ij,t} \\ u_{i,t} - l_{ij,t} \end{array}\right\| \leqslant u_{i,t} + l_{ij,t} \tag{6.53}$$

第 k 次迭代的锥松弛精度由电流平方向量误差的无穷范数表示：

$$\mathrm{gap}_k = \max_t \left\| l_{ij,t,k} - \frac{(P_{ij,t,k})^2 + (Q_{ij,t,k})^2}{u_{i,t,k}} \right\|_\infty \tag{6.54}$$

使用割平面方法将松弛偏差限制在预定的精度范围内。割平面约束可以表示为

$$\sum_{\forall ij}R_{ij}l_{ij,t,k} \leqslant \sum_{\forall ij}R_{ij}l_{ij,t}\frac{\left(P_{ij,t,k-1}\right)^2 + \left(Q_{ij,t,k-1}\right)^2}{u_{i,t,k-1}}, \quad \forall t \tag{6.55}$$

MISOCP 模型在迭代过程中添加切割平面，提高了松弛精度。当最大松弛偏差收敛到给定精度时迭代结束。

所提模型的求解步骤如下所示，流程如图 6.5 所示。

步骤(1)：输入网络基础数据和设备参数，设定计算精度 ε 和最大迭代次数 k_{max}，初始化迭代次数 $k=1$。

步骤(2)：建立优化调度模型，通过线性化和锥松弛将其转化为 MISOCP 模型。

步骤(3)：若 $k<k_{max}$，则跳到下一步，否则计算结束。

步骤(4)：计算 MISOCP 问题并得到 gap_k，若 $gap_k<\varepsilon$，则跳到步骤(6)，否则进行下一步。

步骤(5)：$k=k+1$，添加割平面约束并跳到步骤(3)。

步骤(6)：输出调度结果并结束计算。

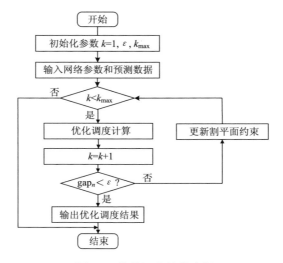

图 6.5　优化调度计算流程

6.4.1.4　案例分析

本节通过实际算例验证所提方法的有效性。程序在 Matlab R2014b 环境下基于 CPLEX12.6.0 算法包进行计算，系统硬件环境为 i5-4460U CPU 3.20GHz，8GB 内存，操作系统为 Win10 64bit。

1. 算例参数

测试算例选自中国安徽省金寨县部分区域配电网，其接线图如图 6.6 所示。该算例包含 1 座 220kV/110kV 变电站，容量为 180MV·A；2 座 110kV/35kV 变电站，容量分别为 40MV·A 和 31.5MV·A；8 座 35kV/10kV 变电站。35kV 变电站下的负荷等效到其低压侧，每个变电站的额定容量和每个变电站下不同类型负荷设备的统计安装容量见表 6.2。各变电站内均配置连续可调无功装置,调节范围见表 6.3。220kV 和 110kV 变电站高压侧档位可调,调节范围均为 1±8×1.25%;35kV 变电站高压侧档位调节范围为 1±3×2.5%。电站 3～7 之间闭环设计,开环运行,变电站出口均配置互联开关。目前运行中线路 L5 断开运行。首节点电压幅值设为 1.03p.u.,电压安全运行上下界分别为 U_{max}=1.05p.u.和 U_{min}=0.95p.u.。

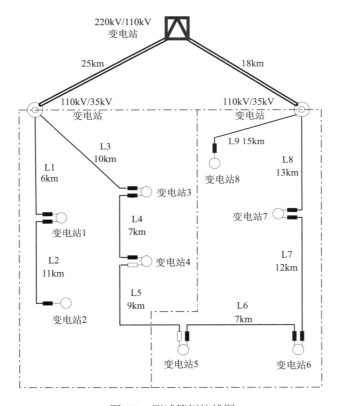

图 6.6　测试算例接线图

本算例对分布式光伏和分散式风电进行规划。光伏投资成本为 7 元/W,运行维护成本为 0.25 元/(W·年),上网电价 0.85 元/(kW·h),使用寿命 20 年。风机单台功率 2MW,建设成本 1200 万元/台,运行维护成本为 60 元/(MW·h),上网电价 0.5 元/(kW·h),使用寿命 20 年。风机的切入风速、额定风速和切出风速分别是 3m/s、13m/s 和 20m/s。规划年限为 15 年,年负荷增长率为 3%,贴现率为 5%。根据国家发展和改革委员会的要求[35],风电利用率和光伏发电利用率均要达到 95%。GA 算法的最大迭代次数为 100,种群个数为 40,交叉率为 0.8,变异率为 0.2。

表 6.2　变电站容量及各变电站下各类负荷设备安装容量　　　　（单位：MW）

35kV 变电站编号	额定容量	工业负荷	商业负荷	居民负荷	农业负荷
1	6.5	2	1	0	0
2	6.5	0	0.5	1	1
3	5	0	0.2	2	0
4	5	1	1	1	0
5	6.5	0	2	0.5	0
6	5	0	0	0.3	2.2
7	6.5	2.5	0	0.5	0
8	6.5	0	1.8	1.3	0

表 6.3　无功补偿装置参数

变电站	可调范围/Mvar
220kV 变电站	−36~36
110kV 变电站 1，110kV 变电站 2	−8~8
35kV 变电站 1,2,5,7,8	−1.5~1.5
35kV 变电站 3,4,6	−1~1

2. 相关性场景分析

获取相似区域最近一年 8760h 的负荷数据，风速、光照资源年历史数据取自规划区的气象部门。计算各变量之间的 Kendall 秩相关系数，如表 6.4 所示。

表 6.4　负荷、资源之间的 Kendall 秩相关系数

变量	光照	风速	工业	商业	居民	农业
光照	1.000	0.136	0.386	0.296	−0.001	0.098
风速	0.136	1.000	0.184	0.127	0.153	−0.016
工业	0.386	0.184	1.000	0.702	0.454	0.342
商业	0.296	0.127	0.702	1.000	0.567	0.471
居民	−0.001	0.153	0.454	0.567	1.000	0.302
农业	0.098	−0.016	0.342	0.471	0.302	1.000

根据表 6.4 可知，工业负荷与商业负荷之间的 Kendall 秩相关系数最大，达到 0.702。这主要是因为工业负荷 9 点~21 点较高，0 点~7 点较低，商业负荷 10 点后接近最大负荷，0 点~8 点较低，两类负荷变化趋势比较接近，所以具有较强的相关性。工业负荷、商业负荷与其他变量间的 Kendall 秩相关系数均较大，相

关性较强；风速与其他变量间的 Kendall 秩相关系数均较小，相关性较弱。在第一层树中，不同变量作为根节点时，$\hat{S}_i$ 的计算结果如表 6.5 所示。

表 6.5　第一层树中 $\hat{S}_i$ 的计算结果

根节点	光照	风速	工业	商业	居民	农业
$\hat{S}_i$	1.1886	0.88636	2.0683	2.1628	1.4766	1.2293

根据理论论述选择商业负荷作为第一层树的根节点时，此时 $\hat{S}_i$ 取得最大值，说明商业负荷与其他变量间的相关性水平较高。工业负荷对应的 $\hat{S}_i$ 值次之，风速对应的 $\hat{S}_i$ 值最小，这与对表 6.4 的分析一致。继续确定其余层树中的根节点和每一对 Copula 函数的参数，其结构如图 6.7 所示，其中 Tawn、Tawn1、Tawn2、BB7 等为二元 Copula 函数的类型。可以看出，使用本书所提方法确定的 C-Vine Copula 模型中变量的最优顺序为商业负荷、工业负荷、居民负荷、光照、农业负荷和风速。

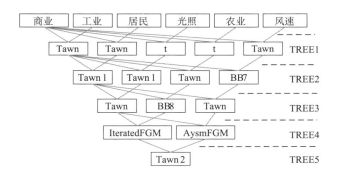

图 6.7　C-Vine Copula 结构

使用平均值、标准差、偏度、峰度评估典型场景构建的质量。生成的典型标幺化场景与原始标幺化场景之间在四个指标上的误差与拉丁超立方采样数量的关系如图 6.8 所示。不同指标的误差均随场景数增加而减小，当场景数达到一定数量后，误差趋于稳定。场景数为 250 时，四个指标的误差均小于 8%。当不对变量顺序即每层树中的根节点进行优化时，以变量顺序为光照、风速、工业负荷、商业负荷、居民负荷、农业负荷为例，其他步骤不变，同样生成 250 个场景，两种情况的指标误差对比结果如表 6.6 所示。

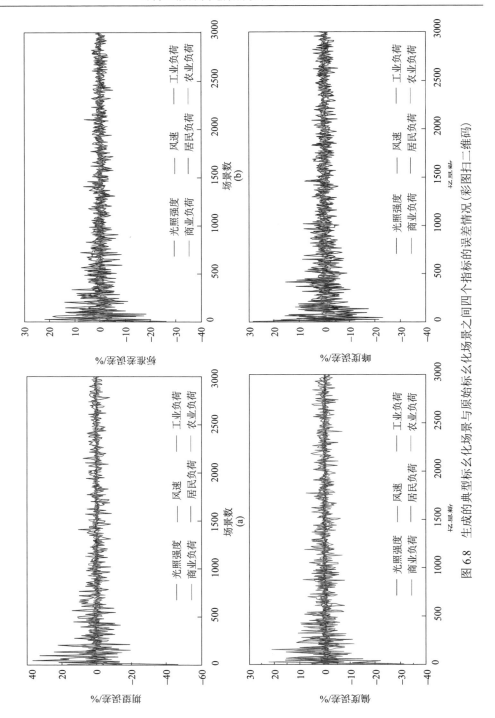

图 6.8 生成的典型标幺化场景与原始标幺化场景之间四个指标的误差情况（彩图扫二维码）

表 6.6　两种情况下不同指标误差的比较　　　　(单位：%)

指标	策略	光照	风速	工业	商业	居民	农业
平均值	不优化	12.8	2.42	2.39	4.65	1.86	4.29
	优化	3.15	1.59	1.33	5.71	0.28	1.86
标准差	不优化	6.99	1.53	4.87	2.56	7.04	7.66
	优化	4.71	0.32	0.7	2.7	5.42	5.29
偏度	不优化	7.85	1.6	9.67	3.33	5.52	6.27
	优化	1.12	1.39	2.68	6.5	1.32	7.35
峰度	不优化	13.19	6.12	2.75	8.8	4.14	2.75
	优化	6.12	7.69	1.19	4.34	4.88	1.36

　　由表 6.6 可知，对变量顺序进行优化后，相对于不优化的情况，生成场景的指标误差得到了明显改善。这是因为在生成 C-Vine Copula 结构时，使用本节方法对变量顺序进行优化后，保证了每层树中的根节点与该层树中其他节点的总体相关性最强，最大程度保留了原始数据中的相关特性。而人为确定变量顺序时，第一层树中的根节点是光照，根据表 6.5 可知，此时 $\hat{S}_i$ 的值为 1.1886，与商业负荷作为第一层树中根节点时对应的 $\hat{S}_i$ 值相差较大。C-Vine 结构中每一层树内只有一个节点与其他节点相连，导致与其他变量总体相关性最强的商业负荷在第一层树中失去了与其他变量的联系。第二层树中的根节点对应的变量为风速，根据表 6.4 和表 6.5 可知，风速与其他变量的总体相关性最弱。因此，人为确定变量顺序的处理方式将导致在每一层树的建模过程中丢失较多的相关性信息，建模精度下降。由上述分析可知，C-Vine Copula 结构中变量的顺序对变量相关性建模有直接影响。本节方法优化了 C-Vine Copula 结构中变量的顺序，提高了相关性建模的精度。

　　3. 基于相关性场景的分布式电源规划

　　根据本章所提方法生成的 250 个场景作为规划数据，每个变电站的负荷均值和最大值如表 6.7 所示。

表 6.7　各个变电站下的负荷情况　　　　(单位：MW)

35kV 变电站编号	1	2	3	4	5	6	7	8
平均负荷	1.48	1.20	1.03	1.43	1.09	1.27	1.56	1.39
负荷峰值	2.99	2.07	2.18	2.68	2.38	2.37	2.85	2.88

分两种情况验证典型相关性场景构建方法在分布式电源规划计算中的有效性。

案例 1：将从相似区域得到的四类负荷的原始标幺化数据与表 6.2 中对应类型负荷的设备安装容量相乘并求和，得到每个变电站下总负荷 8760h 的数据，光照和风速取自历史数据。以此数据进行规划的结果可作为基准，评估其他场景的性能。

案例 2：使用本书所提方法生成的典型相关性场景进行规划。

分布式电源的规划结果如表 6.8 和表 6.9 所示。两种情况下，风机规划容量一致，光伏规划容量相差 0.3MW。在规划效果方面，两种情况在各项指标上均十分接近，投资商收益净现值仅相差 24.4 万元。由于案例 2 相对于案例 1 计算场景大幅减小，案例 1 和案例 2 的计算时间分别为 76.1h 和 2.6h，案例 2 的计算速度明显提高。

表 6.8　案例 1 和案例 2 规划容量结果对比　　　　　　（单位：MW）

案例	类型	35kV 变电站编号								合计
		1	2	3	4	5	6	7	8	
案例 1	光伏	4	5.4	1.8	4.2	4.1	4.8	5.6	3.9	33.8
	风机	2	0	4	2	0	0	0	2	10
案例 2	光伏	3.9	5.5	1.6	4.2	3.9	4.6	5.7	4.1	33.5
	风机	2	0	4	2	0	0	0	2	10

表 6.9　案例 1 和案例 2 效果比较

案例	类型	收益净现值/元	内部收益率/%	发电利用率/%	利用小时数/h
案例 1	光伏	9.35×10^7	8.61	97.43	1257.34
	风机	2.99×10^7	9.85	95.22	1736.76
	总计	1.23×10^8	8.86	96.78	
案例 2	光伏	9.31×10^7	8.63	97.60	1258.94
	风机	3.00×10^7	9.86	95.31	1738.45
	总计	1.23×10^8	8.89	96.92	

通过上述分析可知，本节相关性场景构建方法较好地保留了原始数据的特性，保证了规划计算结果的精度，减小了计算量。

4. 多变电站互联运行对规划结果的影响

现有分布式电源规划的研究主要关注单一变电站下分布式电源的选址定容，忽略了变电站之间功率的互补性。为了说明多变电站互联运行对规划结果的影响，增加如下案例。

案例 3：将变电站 4 和变电站 5 之间的线路置于常开状态，与实际配电网真实运行情况一致。同时，不允许对线路开关进行调节。

表 6.10 和表 6.11 为案例 3 的规划结果。案例 2 中进行网络重构的场景数占总规划场景数的 6.37%，而案例 3 中无网络的动态重构。与案例 2 相比，案例 3 的光伏安装容量减小 0.2MW，收益减小 1.01×10^6 元，内部收益率由 8.89% 降低为 8.87%，发电利用率和发电利用小时数均减小。出现上述结果的原因是案例 3 中由于 110kV 变电站不允许功率倒送，且开关状态固定，无法进行网络重构，所以可以认为变电站 1～4 与变电站 5～8 没有功率交换。而案例 2 中，可以通过网络重构措施，充分利用多个变电站之间净负荷的互补特性，增加分布式电源的消纳水平。

表 6.10　案例 3 的规划容量结果　　（单位：MW）

类型	不同 35kV 变电站的规划容量								合计
	1	2	3	4	5	6	7	8	
光伏	3.7	5.4	3.8	4.1	3.5	4.5	3.0	5.3	33.3
风机	2	0	2	2	2	0	2	0	10

表 6.11　案例 3 的规划效果

类型	收益净现值/元	内部收益率/%	发电利用率/%	利用小时数/h
光伏	9.21×10^7	8.61	97.48	1257.58
风机	3.00×10^7	9.86	95.28	1737.77
总计	1.22×10^8	8.87	96.82	

选取案例 2 中的一个场景，该场景中的负荷、分布式电源出力情况如表 6.12 所示，初始状态为线路 L5 断开，对允许和不允许网络动态重构的运行情况进行比较。调度结果如表 6.13 所示。当允许网络动态重构时，线路 L7 断开，线路 L5 闭合，分布式电源出力在 35kV 及以下电压等级全部消纳，当不允许进行网络重构时，部分未本地消纳且无法转移到其他变电站的分布式电源有功出力被削减，降低了用户的收益。

表 6.12　所选场景中负荷和分布式电源出力情况　　（单位：MW）

类型	35kV 变电站编号							
	1	2	3	4	5	6	7	8
负荷	2.31	2.19	0.86	2.15	1.87	2.4	2.57	2.33
光伏	1.67	2.36	0.68	1.80	1.67	1.97	2.45	1.76
风机	0.4	0	0.8	0.4	0	0	0	0.4

表 6.13　调度结果对比

动态重构	线路状态	OLTC 挡位	网损/MW	有功削减/MW
允许	L7 断开，L5 闭合	不动作	0.0223	0
不允许	不变	不动作	0.0297	0.626

由上述分析可知，不同变电站下负荷和分布式电源存在差异，其净负荷具有互补特性。本书所提方法考虑了不同变电站之间运行的影响，通过网络重构措施，提高了分布式电源的消纳水平，减小了弃风、弃光量，增加了分布式电源投资商的收益。

5. 变量相关性对规划结果的影响

Kendall 秩相关系数可以描述变量间变化趋势的一致性，变化范围为[–1,1]，数值越大，说明变量之间变化趋势一致性越强。为了探索负荷、资源间不同相关性对规划结果的影响，使对比更有说服力，保持各类负荷和光照强度不变，在不改变风速总量及其形状的情况下对其进行平移，增加案例 4 和案例 5。其风速与其他变量间的 Kendall 秩相关系数如表 6.14 所示，分布式电源的规划结果如表 6.15 所示，效果比较如表 6.16 所示。

表 6.14　风速与其他变量之间的 Kendall 秩相关系数

案例	变量	光照	工业	商业	居民	农业
案例 4	风速	0.27	0.11	0.12	– 0.27	– 0.04
案例 5	风速	– 0.39	– 0.44	– 0.40	– 0.33	– 0.42

表 6.15　案例 4 和案例 5 规划容量结果对比　　　　（单位：MW）

案例	类型	不同 35kV 变电站的规划容量								合计
		1	2	3	4	5	6	7	8	
案例 4	光伏	3.1	4.3	3.4	2.9	4.7	3.9	5.1	3.3	30.7
	风机	2	0	2	2	0	0	0	2	8
案例 5	光伏	4.9	5.7	4.8	4.4	3.1	3.7	5.7	4.3	36.6
	风机	2	0	2	2	0	0	0	2	10

表 6.16　案例 4 和案例 5 效果比较

案例	指标	累积削减量/(MW·h)	总收益净现值/元	内部收益率/%
案例 4	光伏	$2.15×10^4$	$8.39×10^7$	8.55
	风机	$1.09×10^4$	$2.38×10^7$	9.81
	总计	$3.24×10^4$	$1.08×10^8$	8.78

续表

案例	指标	累积削减量/(MW·h)	总收益净现值/元	内部收益率/%
案例 5	光伏	2.33×10^4	1.01×10^8	8.57
	风机	1.32×10^4	2.99×10^7	9.84
	总计	3.65×10^4	1.30×10^8	8.82

在 3 种情况中，案例 4 的风速和光照之间的 Kendall 秩相关系数最大，变化趋势一致性最强，光伏和风机同时出现峰值或谷值的概率较大，增加了分布式电源有功削减的可能。案例 5 中的风速和光照之间的 Kendall 秩相关系数为较大的负数，两者互补性较强，光伏和风机错峰出力的概率较大，降低了有功削减的可能。因此，在案例 5 中，分布式电源的装机容量和用户收益最大，而在案例 4 中最小。另外，案例 5 中风速与 4 类负荷均表现出较强的负相关性，也就是说当风机出力较大时，负荷水平较小，源荷不匹配，影响了分布式电源装机容量的进一步增加。由此可见，负荷、资源之间的相关性对分布式电源规划方案有一定影响。当风光资源之间互补性较强时，会提高分布式电源的接入容量和投资商收益。

通过案例分析可知：

(1) 所提基于数据驱动顺序选择的相关性场景构建方法，优化了 C-Vine Copula 结构中变量的顺序，提高了对原始数据的拟合精度。该方法生成少量规划场景，在保证计算精度的同时，减少了计算量。

(2) 高压配电网中多个变电站之间存在功率互补特性，通过网络重构手段，提高了分布式电源的消纳水平，增加了分布式电源投资商的收益。

(3) 负荷、资源之间的相关性对规划结果有一定影响。当风、光互补性强时，可以提高分布式电源的接入容量，减少弃风和弃光。

若规划区域较大，不同地点风速的特性会出现差异，可以将其视为不同变量，使用本节方法进行负荷—资源多变量的相关性分析。

6.4.2　中低压等级接入规划

6.4.2.1　中低压等级集群接入规划特点

中低压配电网的配电线路一般较长，尤其是农村电网，且负荷较轻，高渗透率分布式可再生能源发电接入后容易导致能量倒送及电压越限等问题，影响配电网安全稳定运行，降低配电网电压质量。因此，在通过高电压等级规划获知低电压电网的接纳能力后，合理配置分布式发电的接入位置和接入容量尤为重要。考虑到可再生能源的间歇性和不确定性，容易引起配电网运行状况的波动，规划过程中应充分考虑资源的不确定性以及资源负荷的匹配特性。本节基于场景分析法中的组合法，构建了中低压分布式发电的接入规划模型。

6.4.2.2　中低压等级集群接入规划模型

DG 规划中配电系统运营商关注配电网运行情况，而 DGO 更多考虑自身收益，希望合理提高接入容量。因此，为顾及不同利益主体的利益协同问题，构建上层多目标规划模型；下层通过计及电压调节策略，解决高渗透率 DG 接入时的运行问题。上层模型传递给下层模型以 DG 安装容量，下层模型在给定容量下依据运行策略模拟各个场景的运行情况，并向上层传递模拟运行结果。

1. 上层多目标优化规划模型

1）目标函数

（1）配电网年平均有功损耗 E_{los}。

规划目标中的配电网有功损耗采用规划周期内的年平均值，每个时段的有功损耗为该时段中所有场景下的有功损耗期望值，计算公式如下：

$$E_{\text{los}} = \frac{1}{N_y} \sum_{y=1}^{N_y} \sum_{t=1}^{N_t} \sum_{s=1}^{N_s} \sum_{l=1}^{N_l} \Delta t \cdot \left| P_{y,t,s,l}^{\text{los}} \right| \cdot P_s \tag{6.56}$$

式中，N_t、N_l 分别为每个规划年内时段数、配电网中线路数量；Δt 为每个时段持续时间；$P_{y,t,s,l}^{\text{los}}$ 为规划期第 y 年时段 t 的场景 s 下第 l 条线路的有功损耗功率；P_s 为规划场景 s 的发生概率。

（2）配电网平均节点电压偏差 U_{d}。

规划目标中节点电压偏差采用规划周期内各时段的平均值，每个时段的电压偏差为该时段中所有场景下平均节点电压偏差的期望值，计算公式如下：

$$U_{\text{d}} = \frac{1}{N_y N_t N_n} \sum_{y=1}^{T} \sum_{t=1}^{N_t} \sum_{s=1}^{N_s} \sum_{i=1}^{N_b} \left| U_{y,t,s,i} - U_{\text{rate}} \right| \cdot P_s \tag{6.57}$$

式中，$U_{y,t,s,i}$ 为规划期第 y 年时段 t 的场景 s 下节点 i 的电压标幺值；U_{rate} 为额定电压标幺值。

（3）DGO 年平均净收益 S_{DG}。

规划期内 DGO 的收益来自售电收益及设备残值，成本包括投资成本和运行维护成本，这里均采用折现值，其计算公式如下：

$$B_{\text{DGO}} = \frac{1}{T} \left(B_{\text{ben,DGO}} - C_{\text{ins,DGO}} - C_{\text{om,DGO}} \right) \tag{6.58}$$

$$B_{\text{ben,DGO}} = \sum_{y=1}^{T} \alpha_y \sum_{t=1}^{N_t} \sum_{s=1}^{N_s} \sum_{i=1}^{N_{\text{DG}}} \left(\Delta t \cdot P_{y,t,s,i}^{\text{DG}} \cdot c_{\text{sal,DG}} \cdot P_s \right) \tag{6.59}$$

$$C_{\text{ins,DGO}} = \sum_{i=1}^{N_{\text{DG}}} S_{\text{DG},i} \cdot c_{\text{ins,DG}} - \alpha_T \cdot B_{\text{re,DG}} \tag{6.60}$$

$$C_{\text{DGO,om}} = \sum_{y=1}^{T} \alpha_y \sum_{i=1}^{N_{\text{DG}}} S_{\text{DG},i} \cdot c_{\text{DG,om}} \tag{6.61}$$

$$\alpha_y = \frac{1}{(1+r)^y} \tag{6.62}$$

式中，$B_{\text{ben,DGO}}$、$C_{\text{ins,DGO}}$、$C_{\text{DGO,om}}$ 分别为 DGO 在规划期内的总售电收益、总投资费用和总运行维护费用净现值；α_y 为第 y 年的折现率，N_{DG} 为 DG 个数；$P_{y,t,s,i}^{\text{DG}}$ 为第 y 年时段 t 的场景 s 下第 i 个 DG 的有功发电功率；$S_{\text{DG},i}$ 为第 i 个 DG 的有功安装容量，$c_{\text{sal,DG}}$、$c_{\text{ins,DG}}$、$c_{\text{DG,om}}$ 分别为 DG 售电价格、单位容量 DG 的投资费用、单位容量 DG 的运维费用；$B_{\text{re,DG}}$ 表示设备残值产生于规划期的最后一年，其余年份为零。

2）优化变量

本书研究已有配电网中有条件的接入节点对 DG 的接纳能力，因此以接入容量为优化变量，其表达式如下：

$$\boldsymbol{X} = \begin{bmatrix} S_{\text{DG},1} & S_{\text{DG},2} & \cdots & S_{\text{DG},i} & \cdots \end{bmatrix} \tag{6.63}$$

3）规划约束

（1）DG 安装容量上限约束。

$$S_{\text{DG},i} \leqslant S_{\text{DG},i}^{\max} \tag{6.64}$$

式中，$S_{\text{DG},i}^{\max}$ 为第 i 个接入点上的 DG 安装容量上限。

（2）DG 安装容量的离散性约束。

$$S_{\text{DG},i} = \omega S_{\text{DG},i}^{\min} \tag{6.65}$$

式中，$S_{\text{DG},i}^{\min}$ 为第 i 个接入点上的 DG 最小安装容量；ω 为任意自然数。

2. 下层考虑电压调节的运行策略

1）电压调节策略

为解决 DG 运行过程中由功率倒送导致的节点电压越限问题，本节提出了基于灵敏度的电压调节策略。交流潮流计算中，牛顿潮流算法极坐标形式的潮流修正方程可以表示为[36]

$$\begin{bmatrix} \Delta\boldsymbol{P} \\ \Delta\boldsymbol{Q} \end{bmatrix} = \begin{bmatrix} \dfrac{\partial\boldsymbol{P}}{\partial\boldsymbol{\theta}} & \dfrac{\partial\boldsymbol{P}}{\partial\boldsymbol{U}} \\ \dfrac{\partial\boldsymbol{Q}}{\partial\boldsymbol{\theta}} & \dfrac{\partial\boldsymbol{Q}}{\partial\boldsymbol{U}} \end{bmatrix} \begin{bmatrix} \Delta\boldsymbol{\theta} \\ \Delta\boldsymbol{U} \end{bmatrix} = \begin{bmatrix} \boldsymbol{H} & \boldsymbol{N} \\ \boldsymbol{M} & \boldsymbol{L} \end{bmatrix} \begin{bmatrix} \Delta\boldsymbol{\theta} \\ \Delta\boldsymbol{U} \end{bmatrix} \tag{6.66}$$

稳定潮流解附近雅可比分块矩阵 $\boldsymbol{H}$、$\boldsymbol{N}$、$\boldsymbol{M}$、$\boldsymbol{L}$ 反映了有功和无功功率变化对电压幅值和电压相角的影响。对有功和无功功率分别考虑可得

$$\Delta\boldsymbol{U} = \left(\boldsymbol{N} - \boldsymbol{H}\boldsymbol{M}^{-1}\boldsymbol{L}\right)^{-1} \cdot \Delta\boldsymbol{P} = \boldsymbol{A}_{\mathrm{P}} \cdot \Delta\boldsymbol{P} \tag{6.67}$$

$$\Delta\boldsymbol{U} = \left(\boldsymbol{L} - \boldsymbol{M}\boldsymbol{H}^{-1}\boldsymbol{N}\right)^{-1} \cdot \Delta\boldsymbol{Q} = \boldsymbol{A}_{\mathrm{Q}} \cdot \Delta\boldsymbol{Q} \tag{6.68}$$

式中，$\boldsymbol{A}_{\mathrm{P}}$ 和 $\boldsymbol{A}_{\mathrm{Q}}$ 分别为有功电压灵敏度和无功电压灵敏度矩阵。

节点电压变化和功率调节量之间关系可表示为

$$\begin{bmatrix} \Delta U_1 \\ \Delta U_2 \\ \vdots \\ \Delta U_n \end{bmatrix} = \begin{bmatrix} a_{11} & a_{12} & \cdots & a_{1n} \\ a_{21} & a_{22} & \cdots & a_{2n} \\ \vdots & \vdots & \ddots & \vdots \\ a_{n1} & a_{n2} & \cdots & a_{nn} \end{bmatrix} \cdot \begin{bmatrix} \Delta T_1 \\ \Delta T_2 \\ \vdots \\ \Delta T_n \end{bmatrix} \tag{6.69}$$

式中，ΔT_i 表示节点 i 有功功率调节量 ΔP_i 或无功功率调节量 ΔQ_i；元素 a_{ij} 的大小表示节点 j 对节点 i 电压的影响大小。

电压调节时为了减小功率调节量，设置每个 DG 的功率调节量正比于其灵敏度因子，以节点 m 电压越限为例，计算各个 DG 的功率调节量：

$$\begin{bmatrix} \Delta T_1 \\ \Delta T_2 \\ \vdots \\ \Delta T_n \end{bmatrix} = k \cdot \begin{bmatrix} a_{m1} \cdot \rho_1 \\ a_{m2} \cdot \rho_2 \\ \vdots \\ a_{mn} \cdot \rho_n \end{bmatrix} \tag{6.70}$$

式中，k 为比例系数；ρ_i 为布尔量，$i = 1, \cdots, n$。无功调节量计算中，若节点 i 上安装 DG 且功率因数在规定范围内则 $\rho_i = 1$，否则 $\rho_i = 0$。有功调节量计算中，若节点 i 上安装 DG 且存在可削减的有功发电功率则 $\rho_i = 1$，否则 $\rho_i = 0$。

$$\Delta U_m = \begin{bmatrix} a_{m1} & a_{m2} & \cdots & a_{mn} \end{bmatrix} \cdot k \cdot \begin{bmatrix} a_{m1} \cdot \rho_1 \\ a_{m2} \cdot \rho_2 \\ \vdots \\ a_{mn} \cdot \rho_n \end{bmatrix} \tag{6.71}$$

$$k = \frac{\Delta U_m}{\rho_1 a_{m1}^2 + \rho_2 a_{m2}^2 + \cdots + \rho_n a_{mn}^2} \tag{6.72}$$

式中，ΔU_m 为节点 m 的电压偏差。

由式(6.71)、式(6.72)可求得比例系数 k，进而求得每个 DG 的功率调节量。

DG 运行中采用分布式就地预防控制策略和基于灵敏度的电压集中控制策略。电压在约束范围内时，DG 通过分布式就地预防控制策略提高配电网电能质量；电压越限时，采用基于灵敏度的集中控制策略，使节点电压恢复到合理范围内。为减小 DG 有功削减导致 DGO 收益减少，基于灵敏度调节电压时首先考虑无功调压，无功调压能力用尽再考虑调节有功功率，电压调节策略如图 6.10 所示。

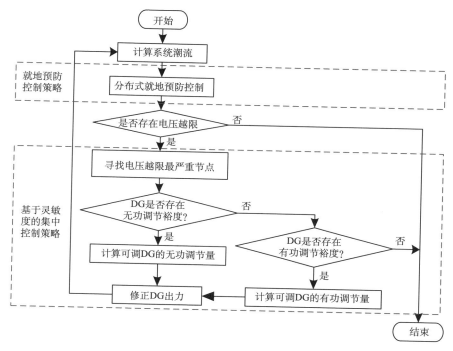

图 6.10　电压调节策略框图

2）运行约束

（1）潮流等式约束。

潮流等式约束见式(4-3)。

（2）线路传输容量约束：

$$S_j \leqslant S_{j,\max}, \qquad j \in C_{\text{line}} \tag{6.73}$$

式中，S_j 为线路实际功率；$S_{j,\max}$ 为线路最大允许容量。

（3）节点电压约束：

节点电压约束见式(4-4)。

（4）功率因数约束：

$$\cos \varphi_i \geqslant \cos \varphi_{i,\min} \tag{6.74}$$

式中，$\cos \varphi_i$ 为节点 i 的功率因数；$\cos \varphi_{i,\min}$ 为功率因数最小值。

6.4.2.3　求解算法与最优解选取

在场景分析基础上，针对构建的多目标双层优化规划模型，采取 NSGA-II 进行求解。上层模型传递给下层模型以光伏安装容量，下层模型在给定的光伏容量下依据运行策略模拟各个场景的运行情况，并传递给上层模型以模拟运行结果，包括各节点电压、各线路有功损耗、各光伏电源有功和无功功率等，整体思路如图 6.11 所示。

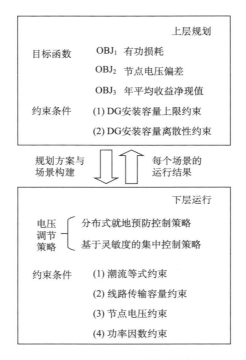

图 6.11　目标双层规划模型整体框图

对于多目标优化规划获得的帕累托解集，最优解选取常采用模糊决策法，一般以规划目标作为决策目标，未建立其他指标对方案进行多角度评估，且未根据重要程度区分评估顺序。为从多方面衡量各个方案，建立以下评估指标及评估流程。

1）内部收益率

内部收益率 IRR（internal rate of return）是指项目净现值为零时的折现率。

$$-C_{\text{ins}} + \sum_{y=1}^{T_y} S_{\text{DG},y} \times \text{IRR}^y = 0 \tag{6.75}$$

式中，$S_{\text{DG},y}$ 为第 y 年现金总流入与流出的差值。

2）有功损耗比 $E_{\text{p.u.}}$

$$E_{\text{p.u.}} = \frac{E'_{\text{los}}}{E_{\text{los}}} \tag{6.76}$$

式中，E_{los} 和 E'_{los} 分别为不安装 DG 和安装 DG 后的年平均有功损耗。

3）电压偏差比 $U_{\text{p.u.}}$

$$U_{\text{p.u.}} = \frac{U'_{\text{d}}}{U''_{\text{d}}} \tag{6.77}$$

式中，U'_{d} 和 U''_{d} 分别为不安装 DG 和安装 DG 后的平均节点电压偏差。

4）能量渗透率 E_{P}

能量渗透率反映 DG 全年提供的电量占负荷全年耗电总量的百分比。

$$E_{\text{P}} = \frac{\displaystyle\sum_{y=1}^{T}\sum_{t=1}^{N_t}\sum_{s=1}^{N_s} P_s \cdot \sum_{i=1}^{N_{\text{DG}}} P_{y,t,s,i}^{\text{DG}}}{\displaystyle\sum_{y=1}^{T}\sum_{t=1}^{N_t}\sum_{s=1}^{N_s}\sum_{i=1}^{N_b} P_{y,t,s,i}^{\text{loa}}} \tag{6.78}$$

式中，$P_{y,t,s,i}^{\text{loa}}$ 规划期第 y 年时段 t 的场景 s 下第 i 个节点的负荷功率。

评估指标从经济性、技术性和环保性上对帕累托解集进行评判。经济性上，LRR 从盈利能力的角度对方案进行评估，旨在最大化经济效益、促进 DG 发展的同时兼顾投资商盈利能力；技术性上，有功损耗比 $E_{\text{p.u.}}$ 和电压偏差比 $U_{\text{p.u.}}$ 通过与 1 比较大小，可直观地评判 DG 接入对配电网有功损耗和电压偏差的影响大小，若比值小于 1，则说明 DG 的接入可以改善配电网运行状况；环保性上，能量渗透率从电量占比的角度反映了清洁能源在配电网中的渗透程度。

为了提高 DGO 的投资积极性，选取规划方案时首先考虑 DGO 的内部收益率 r，在保证其投资收益的条件下，再根据有功损耗比、电压偏差比和能量渗透率，通过模糊决策选择出保证配电网电能质量和清洁安全运行的最优解。

6.4.2.4　案例分析

为验证本节所提出的场景分析和双层优化规划方法的可行性，本节以铁冲变配电系统为例进行分析，其电压等级为 10kV，网架结构如图 6.12 所示，具体网架参数参考附录表 A7、表 A8。

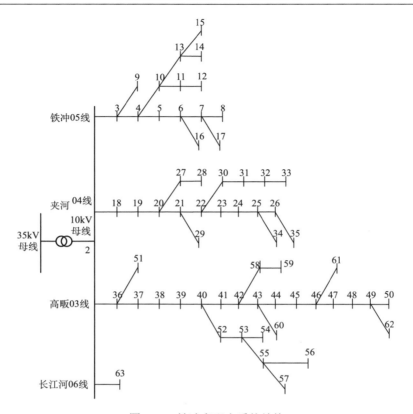

图 6.12　铁冲变配电系统结构

9 个光伏安装节点设置为 9、11、15、23、25、56、57、58、59。配电网节点电压允许范围为 0.93～1.07p.u.。优化算法采用含精英策略的非支配排序遗传算法（NSGA-II），最大迭代次数为 80，种群规模为 40，交叉率为 0.6，变异率为 0.2。

1. 场景分析

将全年分为 4 个典型日共 96 个时段，对不同时段的光照强度分别进行概率密度函数拟合，结果如图 6.13 所示。光照强度不恒为零的时段中，按照大小将光照强度分为低中高三个等级，即三个资源场景。

以第一个典型日第一个时段的负荷断面为例进行聚类压缩，聚类有效性指标 $CH^{(+)}$ 随聚类数量的增加先增大后减小，如图 6.14 所示，聚类数量为 3 时达到最大值。设定 R_U^{max} 和 R_U^{min} 的检验标准为 0.1%，R_P^{me} 的检验标准为 0.5%。如表 6.17 所示，当聚类数量为最佳聚类数 3 时不满足检验标准；聚类数量增大至 5 时可以同时满足 3 个校验指标且使聚类有效性指标 $CH^{(+)}$ 较大，因此最终聚类数为 5。

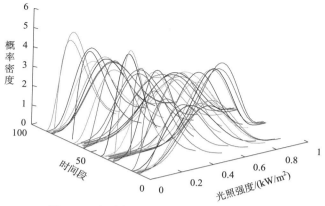

图 6.13　各时段光照强度概率密度函数曲线

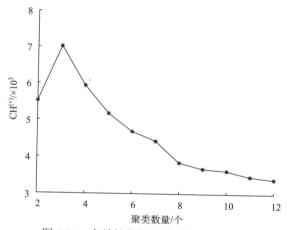

图 6.14　有效性指标随聚类数量的变化

表 6.17　不同聚类数量选择的检验标准结果

聚类数量	$CH^{(+)}/\times10^3$	$R_U^{max}/\%$	$R_U^{min}/\%$	$R_P^{me}/\%$
>1	/	<0.1	<0.1	<0.5
3	7.0168	0.0504	0.1080	0.4845
4	5.9363	0.0367	0.1070	0.3196
5	5.1744	0.0301	0.0532	0.3189

　　光伏规划中若按照历史数据进行时序潮流计算，每一规划年需计算 8760 次。根据本书提出的场景分析法，光照强度恒为零的时段，资源场景数量为 1；光照强度不恒为零的时段，将光照强度分为低中高 3 个等级，即资源场景数量为 3，规划场景数量等于资源场景数量与负荷场景数量乘积。本书将全年分为 96 个时

段，每个时段上的资源场景、负荷场景和规划场景的数量全年共 1000 个，潮流计算次数减小为原来的 11.42%，大大减少了规划设计所需计算量。

将本节提出的负荷向量聚类与总负荷聚类方法进行对比，分别对同一负荷场景集进行聚类压缩，聚类结果如表 6.18 所示。由表可见，两种方法获得的典型负荷场景在电压上的差别较小，电压最大值的相对误差仅为 0.022%；网损方面负荷向量聚类的方法明显优于总负荷聚类法，与原始负荷场景的有功损耗相比偏差由 2.85%降低为 0.037%。可见，采用负荷向量聚类，有利于将负荷断面近似的个体聚类，类内个体相似潮流结果接近，使该方法对原始负荷场景的近似效果更好，电压平均值及有功损耗与原始负荷场景更加接近。

表 6.18　不同方法负荷场景聚类结果对比

参数	不聚类	总负荷聚类	负荷向量聚类
电压最大值/p.u.	1.02010	1.01928	1.01905
电压最小值/p.u.	1.01419	1.01512	1.01537
电压平均值/p.u.	1.01784	1.01744	1.01748
有功损耗/(kW·h)	37.51598	37.50197	38.58597

2. 光伏优化规划结果分析

算例采用多目标双层优化规划模型进行光伏配置，上层规划中涉及的参数如表 6.19 所示，下层采取分布式就地预防控制策略和基于灵敏度的电压集中调节策略，采用 NSGA-II 算法获得如图 6.15 所示帕累托解集。

表 6.19　光伏规划中所用参数

参数	取值
负荷年增长率	3%
规划年限	15 年
光伏残值率	10%
贴现率	5%
光伏投资成本	7 元/W
光伏运维成本	0.25 元/W
光伏上网电价	0.43 元/(kW·h)
政府补贴电价	0.42 元/(kW·h)

对比不计及和计及电压调节策略的解集，可以看出，考虑调压策略时，帕累托解集的分布范围较广，整体上平均电压偏差、年平均有功损耗和 DGO 收益都较大。这是由于考虑调压策略时，允许光伏发电功率较大的时刻削减无功功率和

有功功率，保证电压幅值在规定的范围内，所以即使光伏安装容量偏大，通过调压策略依然可以保证配电网的正常运行，并且安装容量的增大提高了非峰值功率时刻的发电量，增加了净收益。

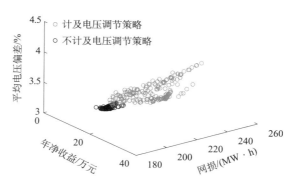

图 6.15　计及和不计及电压调节策略时的帕累托解集

图 6.16 展示了内部收益率、网络有功损耗比、DGO 净收益和电压偏差比随 PV 总安装容量的变化情况，浅色和深色分别表示不计及和计及电压调节策略的帕累托解集。由图可见，若不考虑调压策略，较大容量的 DG 容易导致电压越限，因此规划结果总安装容量整体偏小。

由图 6.16(a)可知，若不考虑调压策略，内部收益率基本相同为 8.06%，这是由于总体光伏安装容量较小，不存在削减有功调节电压的情况，光伏的投资成本、年运维成本及年售电收益都和光伏容量成正比，故内部收益率和容量无关，由单位容量的投资、运维成本和上网电价决定。若考虑调压策略，总安装容量较大时，削减有功功率会使单位容量的年售电收益减小，因此随着削减电量占比的增大内部收益率会逐渐减小。

由图 6.16(b)可知，若不考虑调压策略，随着光伏总安装容量增加净负荷减小，网络不倒送功率或倒送量较小，有功损耗一直减小并且小于无光伏安装的情景。若考虑电压调节策略，随着光伏规划容量增大，功率倒送逐渐严重，光伏的配置与负荷大小最为匹配时，有功损耗最小，因此有功损耗呈现先减小后逐渐增大的趋势。

由图 6.16(c)可知，无论是否考虑调压策略，DGO 净收益都随着安装容量近似线性增长；当考虑电压调节策略，总光伏安装容量较大时，需削减有功功率调压，这导致收益率减小，因此图 6.16(c)中对应总安装容量较大的末端斜率变小。

光伏接入减小了净负荷，对节点电压起到支撑作用，节点电压偏差随着光伏安装容量的增加应先减小后增大，但由于电压偏差减小的同时伴随着有功损耗的减小，导致该部分不属于帕累托解集。图 6.16(d)中所示为光伏安装容量已经较大的情况，随着光伏安装容量增加电压偏差一直增大，从小于无光伏安装的情况，逐渐增大至大于无光伏安装的情况。

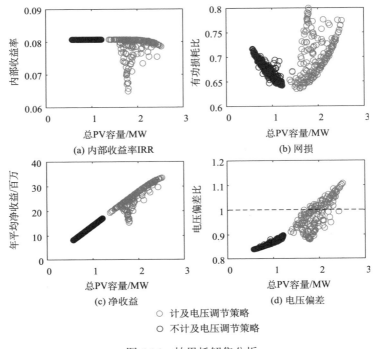

图 6.16　帕累托解集分析

　　然而，由图 6.16(a)可见，总光伏安装容量相近的方案在内部收益率方面可能存在较大差异，部分方案 IRR 低于 7%，且年平均有功损耗偏大，年平均收益偏小，但是平均电压偏差却较小。对比 IRR<7%和 IRR>8%的方案，各个光伏容量配置如图 6.17 所示，IRR<7%方案的共同点是 PV6 和 PV7 的光伏安装量大，而 PV5 的安装量小。对比节点负荷大小，发现 PV6 和 PV7 处负荷远大于其他节点的负荷，而 PV5 处的负荷小于平均值且距线路首端较近。因此 IRR 较小的规划方案，旨在将线路首端负荷较轻处的光伏容量转移到距线路首端较远且负荷较重的节点。由于两个大容量光伏 PV6 和 PV7 安装在相邻节点，导致有功削减量较大进而 IRR 较小，但是如此配置起到了电压支撑的作用。

　　根据内部收益率 IRR>7.5%的条件，对帕累托解集进行初次筛选，再利用层次分析法单层次排序获取有功损耗比、电压偏差比和能量渗透率的权值，参考比例标度表，方案 1 中层次分析法的判断矩阵设置为

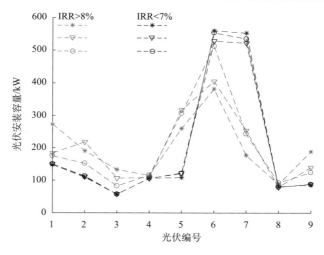

图 6.17　各个光伏容量配置情况

$$C = \begin{bmatrix} 1 & \dfrac{1}{5} & \dfrac{1}{5} \\ 5 & 1 & 1 \\ 5 & 1 & 1 \end{bmatrix}$$

通过改变判断矩阵可获得不同权值，从而改变选择的侧重点，为验证判断矩阵设置的合理性，基于层次分析法计算一致性指标 CI 和一致性比率 CR[37]，计算权值和一致性指标 CI，根据表 B5 平均一致性指标计算一致性比率 CR，结果如表 6.20 所示，CI 和 CR 都小于 0.1，因此权值分配通过一致性检验。由模糊决策[4]获得光伏配置的三种方案及其指标对比分别如表 6.21 和表 6.22 所示。通过改变判断矩阵获得不同的权值，从而改变选择的侧重点，三种方案中 CI 和 CR 都小于 0.1，因此权值分配通过一致性检验。对筛选后的个体的 $EL_{p.u.}$、R_u 和 EP 进行标幺化处理，再根据权值计算最终的模糊决策值，根据模糊决策值进行筛选。

表 6.20　候选方案权值与一致性检验

方案	权值			CI	CR
	有功损耗比	电压偏差比	能量渗透率		
	$EL_{p.u.}$	R_u	EP		
方案 1	0.7143	0.1429	0.1429	4.4×10^{-16}	7.7×10^{-16}
方案 2	0.1429	0.7143	0.1429	2.2×10^{-16}	3.8×10^{-16}
方案 3	0.1429	0.1429	0.7143	2.2×10^{-16}	3.8×10^{-16}

表 6.21　3 种方案光伏容量配置

光伏编号	方案 1	方案 2	方案 3
PV1/kW	191	162	474
PV2/kW	137	114	145
PV3/kW	99	62	75
PV4/kW	113	107	107
PV5/kW	182	120	464
PV6/kW	402	505	561
PV7/kW	147	202	317
PV8/kW	102	84	161
PV9/kW	162	90	135

表 6.22　3 种方案参数对比

指标	方案 1	方案 2	方案 3
年平均有功损耗/(MW·h)	191.14	201.55	233.37
有功损耗比/%	63.44	66.89	77.45
平均电压偏差/%	3.5065	3.3191	3.6345
电压偏差比/%	95.71	90.60	99.21
DG 年平均净收益/百万	21.31	20.03	29.51
内部收益率 IRR/%	8.06	8.06	7.53
总 PV 容量/MW	1.536	1.445	2.439
能量渗透率 EP/%	44.62	41.98	69.34

由表 6.22 可见，通过改变权值的大小，可以改变筛选最优解时的侧重点。3 种方案分别着力减小有功损耗、减低电压偏差和增大能量渗透率，因此各自筛选获得的解在各自侧重点上最优。3 个方案中有功损耗比和电压偏差比都小于 1，说明虽然各有侧重，但是 3 种光伏接入方案都能起到减小配电网有功损耗和电压偏差的作用。

本节通过对光照资源进行传统的概率密度分析，对负荷断面聚类压缩构建了规划场景，在此基础上考虑技术性和经济性构建了多目标双层规划模型，上层规划光伏接入容量，下层考虑光伏调压策略，最后采用提出的评估指标和评估流程选取了最优解，结果分析表明：

(1)对光照强度和负荷分别采用适合的方法分析再构建规划场景，一方面可以考虑到不确定性带来的影响，另一方面可以在顾及负荷之间较强相关性的同时大大减少场景数量。

(2)充分考虑光伏无功功率和有功功率对电压的调节作用，可以扩大规划结果集的范围，从而为决策者提供更多候选方案，有利于提高光伏渗透率。

（3）在距线路较远的重负荷节点配置较大容量光伏，虽然减小了内部收益率，但可以起到电压支撑的作用。

（4）充分利用光伏电源的无功功率有利于减小配电网的电压幅值偏差，避免大幅度削减有功功率，保证分布式电源运营商的收益。

参 考 文 献

[1] 国家能源局: 国家能源局关于印发加快贫困地区能源开发建设推进脱贫攻坚实施意见的通知[EB/OL], [2015-12-24]. 北京: 国家能源局,2015.

[2] 张沈习, 程浩忠, 邢海军, 等. 配电网中考虑不确定性的分布式电源规划研究综述[J]. 电力自动化设备, 2016, 36(8): 1-9.

[3] 曾鸣, 舒彤, 史慧, 等. 兼顾分布式发电商利益的有源配电网规划[J]. 电网技术, 2015, 39(05): 1379-1383.

[4] Ameli A, Farrokhifard M R, Davari-Nejad E, et al. Profit-based DG planning considering environmental and operational issues: A multiobjective approach[J]. IEEE Systems Journal, 2015: 1-12.

[5] 刘宝碇, 赵瑞清,王纲. 不确定规划及应用[M]. 清华大学出版社, 2003.

[6] Blair B A E. Computational difficulties of bilevel linear programming[J]. Operations Research, 1990, 38(3): 556-560.

[7] Wilfred C, Robert T. A linear two-level programming problem[J]. Computers & Operations Research, 1982.

[8] Bitran G R. Linear multiple objective problems with interval coefficients[J]. Management Science, 1980, 26(7): 694-706.

[9] Bard J F. An algorithm for solving the general bilevel programming problem[J]. Mathematics of Operations research, 1983, 8(2): 260-272.

[10] Bard J F. Optimality conditions for the bilevel programming problem[J]. Naval research logistics quarterly, 1984, 31(1): 13-26.

[11] Bard J F, Moore J T. A branch and bound algorithm for the bilevel programming problem[J]. SIAM Journal on Scientific and Statistical Computing, 1990, 11(2): 281-292.

[12] Savard G, Gauvin J. The steepest descent direction for the nonlinear bilevel programming problem[J]. Operations Research Letters, 1994, 15(5): 265-272.

[13] Liu B. Stackelberg-Nash equilibrium for multilevel programming with multiple followers using genetic algorithms[J]. Computers & Mathematics with Applications, 1998, 36(7): 79-89.

[14] Atwa Y M, El-Saadany E F, et al. Optimal renewable resources mix for distribution system energy loss minimization[J]. IEEE Transactions on Power Systems, 2010, 25(1), 360-370.

[15] 杨书强, 郭力, 刘娇扬, 等. 应用场景压缩和计及电压调节策略的光伏接入规划[J]. 电力系统自动化, 2018, 42(15): 31-38, 276-280, 303-307.

[16] 王群, 董文略, 杨莉. 基于 Wasserstein 距离和改进 K-medoids 聚类的风电/光伏经典场景集生成算法[J]. 中国电机工程学报, 2015, 35(11): 2654-2661.

[17] 丁明, 解蛟龙, 刘新宇, 等. 面向风电接纳能力评价的风资源/负荷典型场景集生成方法与应用[J]. 中国电机工程学报, 2016, 36(15): 4064-4072.

[18] Aas K, Czado C, Frigessi A, et al. Pair-copula constructions of multiple dependence[J]. Insurance: Mathematics and Economics, 2009, 44(2): 182-198.

[19] Czado C, Schepsmeier U, Min A. Maximum likelihood estimation of mixed C-vines with application to exchange rates[J]. Statistical Modelling, 2012, 12(3): 229-255.

[20] Joe H. Families of m-variate distributions with given margins and m(m-1)/2 bivariate dependence parameters[J]. Distributions with Fixed Marginals and Related Topics, 1996, 28: 120-141.

[21] Shu Z, Jirutitijaroen P. Latin hypercube sampling techniques for power systems reliability analysis with renewable energy sources[J]. IEEE Transactions on Power Systems, 2011, 26(4): 2066-2073.

[22] 周开乐, 杨善林, 丁帅, 等. 聚类有效性研究综述[J]. 系统工程理论实践, 2014, 34(9): 2417-2431.

[23] 王千, 王成, 冯振元, 等. K-means 聚类算法研究综述[J]. 电子设计工程, 2012, 20(7): 21-24.

[24] 谢上华. 随机机组组合问题中情景生成与削减技术研究[D]. 长沙: 湖南大学, 2013.

[25] 中华人民共和国国家质量监督检验检疫总局, 中国国家标准化管理委员会. GB/T 33593-2017 分布式电源并网技术要求[S]. 北京: 中国标准出版社, 2017.

[26] Zou K, Agalgaonkar A P, Muttaqi K M, et al. Distribution system planning with incorporating DG reactive capability and system uncertainties[J]. IEEE Transactions on Sustainable Energy, 2011, 3(1): 112-123.

[27] Ganguly S, Samajpati D. Distributed generation allocation on radial distribution networks under uncertainties of load and generation using genetic algorithm[J]. IEEE Transactions on Sustainable Energy, 2015, 6(3): 688-697.

[28] Zeng B, Zhang J, Yang X, et al. Integrated planning for transition to low-carbon distribution system with renewable energy generation and demand response[J]. IEEE Transactions on Power Systems,2013, 29(3): 1153-1165.

[29] Gao Y, Hu X, Yang W, et al. Multi-objective bi-level coordinated planning of distributed generation and distribution network frame based on multi-scenario technique considering timing characteristics[J]. IEEE Transactions on Sustainable Energy, 2017, 8(4): 1415-1429.

[30] Hejazi H A, Araghi A R, Vahidi B, et al. Independent distribution generation planning to profit both utility and DG investors [J]. IEEE Transactions on Power Systems,2013,28(2): 1170-1178.

[31] 张沈习,袁加妍,程浩忠,等. 主动配电网中考虑需求侧管理和网络重构的分布式电源规划方法[J]. 中国电机工程学报,2016,36(S1): 1-9.

[32] 张立梅, 唐巍, 王少林, 等. 综合考虑配电公司及独立发电商利益的分布式电源规划[J]. 电

力系统自动化, 2011, 35(4): 23-28.

[33] Georgilakis P S, Hatziargyriou N D. Optimal distributed generation placement in power distribution networks: models, methods, and future research[J]. IEEE Transactions on Power Systems, 2013, 28(3): 3420-3428.

[34] 高红均, 刘俊勇, 沈晓东, 等. 主动配电网最优潮流研究及其应用实例[J]. 中国电机工程学报, 2017, 37(06): 1634-1645.

[35] 国家发展和改革委员会. 国家发展改革委 国家能源局关于印发《清洁能源消纳行动计划 (2018-2020 年)》的通知[EB/OL]. 北京: 国家发展改革委, 2018 (2018-10-30) [2019-06-09]. https://www.ndrc.gov.cn/xxgk/zcfb/ghxwj/201812/t20181204_960958.html?code=&state=123.

[36] 王锡凡, 方万良, 杜正春. 现代电力系统分析[M]. 北京: 科学出版社, 2003.

[37] 邓雪, 李家铭, 曾浩健, 等. 层次分析法权重计算方法分析及其应用研究[J]. 数学的实践与认识, 2012, 42(7): 93-100.

第7章 分布式可再生能源发电集群与储能规划

储能系统(energy storage system，ESS)具有快速吞吐能力，能够吸收过剩的可再生能源发电功率，同时在新能源出力较小时释放电能，从而有效地弥补新能源发电波动性的缺点[1]，对于改善配电网电压质量，保证配电网安全经济运行，具有重要意义。随着可再生能源的规模化接入及储能技术的快速发展，储能系统的应用范围主要包括[2]以下几方面。

(1)配合风力发电、光伏发电等可再生能源并网[3,4]。主要为平滑可再生能源输出功率波动[5](包括短期波动和长期波动)，以满足可再生能源并网标准，减少弃风弃光现象，提高可再生能源能量渗透率以及利用率。

(2)将间歇式的可再生能源转变为能够调度的电源，实现计划发电[6]。如通过储能充放电策略的制定，削减可再生电源出力峰值[7]、削峰填谷[8](搬运可再生能源出力峰值与负荷用电峰值相吻合，并通过峰谷差价实现套利)、按计划曲线发电。

(3)应用于微电网，保证微电网的内部能量平衡[9]。尤其是在高比例可再生能源微电网中，储能通过快速吸收或释放电能，能够有效地弥补微电网内可再生电源波动性的缺点，实现微电网对配网的友好接入。储能系统可应用于微电网中平滑联络线功率波动[10]、削峰填谷等。

大规模分布式可再生能源发电的接入影响了配电网的安全稳定运行，以光伏发电为例，在光伏发电较大的中午时刻，节点电压越限情况严重，为了满足电压质量等配电网运行要求，已出现了严重的弃光现象。储能系统为解决高渗透率光伏带来的节点电压越限等问题，减少光伏因过电压被削减的电量，提高光伏利用率提供了新的思路。

7.1 储能系统运行及寿命模型

储能种类众多，可按存储原理分为机械储能(如抽水蓄能、压缩空气储能、飞轮储能)、电磁储能(如超导磁储能、超级电容储能)、电化学储能(如铅酸电池、锂电池、液流电池)、相变储能(冰蓄冷储能)等；也可按功能特性分为功率型储能(满足快动态响应要求)和能量型储能(满足慢动态响应要求)。本节以锂离子电池储能系统为例，建立储能系统运行模型和寿命模型。

7.1.1　运行模型

储能系统在充放电过程中，其存储能量可用荷电状态来表示：

$$SOC_t = \frac{E_{ESS,t}}{E_{ESS,n}} \tag{7.1}$$

式中，SOC_t 为储能系统在 t 时刻的荷电状态；$E_{ESS,t}$ 为储能系统在 t 时刻存储的能量；$E_{ESS,n}$ 为储能系统的额定容量。则储能系统的运行特性可描述为

$$SOC_t - SOC_{t-1} + \Delta t P_{ESS,dis,t} / \eta_{dis} - \Delta t \eta_{ch} P_{ESS,ch,t} = 0, \qquad t \geqslant 2 \tag{7.2}$$

$$SOC_1 + P_{ESS,dis,1} / \eta - \eta P_{ESS,ch,1} = SOC_0 \tag{7.3}$$

式中，SOC_t 和 SOC_{t-1} 分别为储能系统在 t 时刻和 $t-1$ 时刻的荷电状态；SOC_0 和 SOC_1 分别为储能系统初始时刻和第 1 时刻的荷电状态；$P_{ESS,ch,t}$、$P_{ESS,dis,t}$ 分别为储能系统在第 t 时刻的充电、放电功率；η_{ch}、η_{dis} 分别为储能系统的充电、放电效率；Δt 为运行步长。

考虑到大电流充放电会损害储能设备的性能，缩短其运行寿命，故在运行过程中设定储能充放电功率不超过某一功率水平：

$$0 \leqslant P_{ESS,dis,t} \leqslant U_{ESS,t} \lambda E_{ESS,n} \tag{7.4}$$

$$0 \leqslant P_{ESS,ch,t} \leqslant (1 - U_{ESS,t}) \lambda E_{ESS,n} \tag{7.5}$$

式中，$U_{ESS,t}$ 为为了避免储能系统同时充放电而引进的二进制变量，$U_{ESS,t}$ 取 1 表示储能系统处于放电状态，取 0 表示其处于充电状态；λ 为储能系统的最大充放电倍率。

储能运行过程中其剩余容量需满足一定的约束，在任一时刻，储能的荷电状态都必须小于 SOC_{max} 且大于 SOC_{min}。

$$SOC_t \geqslant SOC_{min} \tag{7.6}$$

$$SOC_t \leqslant SOC_{max} \tag{7.7}$$

式中，SOC_{max} 和 SOC_{min} 分别为储能系统荷电状态的上限值和下限值，不同储能系统的荷电状态上下限值也将有所不同。此外，为了满足储能规划、调度等研究的要求，储能系统每个调度周期始末存储能量即荷电状态一致可确保其连续运行的周期性。

$$SOC_0 = SOC_{end} \tag{7.8}$$

式中，SOC_{end} 为储能系统末时刻的荷电状态。

7.1.2　寿命模型

在规划期内，各个设备是否有必要进行替换取决于自身的运行寿命。通常来

讲，电化学型储能受制于材料老化等的影响，在规划期内一般需替换若干次。考虑规划期内储能运行状态受到其寿命的限制，需对储能系统的寿命进行评估，得到储能寿命模型。本节考虑充放电次数以及放电深度对电池循环寿命的影响而开展研究。此处，电池的一个循环定义为放电到某一深度值后开始下次充电。根据各电池在不同放电深度下对应的循环寿命表，进行曲线拟合来表征循环寿命与放电深度的关系：

$$T_{\text{ESS},i} = f(\text{DOD}_i) \tag{7.9}$$

即当放电深度为 DOD_i 时，储能共经历 $T_{\text{ESS},i}$ 个循环后寿命结束，定义储能电池每经历一个循环对应的寿命消耗比例为 $1/T_{\text{ESS},i}$，若在调度周期 1 天内，每种放电深度 DOD_i 对应的电池循环次数为 $N_{\text{ESS},i}$，且共有 N_{dis} 种放电深度，则此时储能对应的寿命消耗比例为

$$D_1 = \sum_{i=1}^{N_{\text{dis}}} \frac{N_{\text{ESS},i}}{T_{\text{ESS},i}} \tag{7.10}$$

对应的 Y 年内的储能寿命消耗比例为

$$D_Y = 365 D_1 \tag{7.11}$$

当 $D_Y = 1$ 时，认为该储能系统寿命耗尽，需要更换电池组。

7.2 分布式发电集群与储能两阶段双层规划

能源危机和环境问题的不断加剧，促进了分布式光伏发电(photovoltaic，PV)的快速发展。具有间歇性、随机性等典型特点的 PV 大规模接入配电网中，可能会对系统的安全经济运行带来影响，如潮流分布发生改变、PV 出力难以就地消纳、功率层层倒送、系统网损增加和节点电压越限等。储能系统具有灵活的充放电功率调节和供蓄能力，能够有效缓解 PV 出力与负荷需求间的时序不匹配的问题，为大规模 PV 并网规划问题提供了一种解决方案。

PV 和 ESS 的接入容量及位置与配电网的运行性能密切相关。目前已有大量学者对配电网中分布式电源(DG)和 ESS 的选址定容规划问题进行了相关研究，并取得了一定进展。文献[11]考虑时序特性和多场景，建立以电能损耗和可靠性为目标的 DG 选址定容规划模型。文献[12]计及不确定性因素间的相关性，以年综合费用和配电网运行风险最小为目标，对 DG 的类型、容量和接入位置进行优化。文献[13]计及资源与负荷间的相关性，以年综合费用最小为目标建立 DG 选址定容规划模型。文献[14]针对负荷峰值与 DG 最大出力的时序不匹配性引起的电压越限问题，以总成本最小为目标规划 ESS 的接入容量、位置和类型。文献[15]

建立了基于虚拟分区的二层规划模型,上层以年费用最小为目标优化 PV 的接入位置和容量,下层以等效负荷方差和最小为目标,进行虚拟分区和 ESS 的选址定容优化,并采用遗传算法与粒子群算法联合求解。

上述文献从不同角度对接入配电网中的 DG 和 ESS 选址定容规划问题进行了研究,有效缓解了 PV 的高比例接入给配电网造成的不利影响,但均没有在电源规划阶段考虑配电网运行控制的分区。随着 PV 渗透率继续提高,配电网中部分节点由负荷特性转变为电源特性,配电网的电力供应模式也由主网集中供电向主网集中供电与 PV 出力并存的运行模式转变。此时,PV 的功率波动可能会影响到配电网运行控制过程中的各项指标,配电网的电源规划问题与运行控制问题相互关联且相互影响,因此在规划布局阶段考虑运行控制的可行性显得非常必要。

此外,对于节点数目较多、PV 单机容量小、渗透率高且并网位置分散的配电网,考虑时序性的 PV 优化规划复杂度高,宜采用分层规划方法;系统运行的集中控制过程复杂,宜采用分区控制方法。因此,有必要在含高渗透率 PV 的配电网中以集群规划概念来考虑分区控制问题,以满足合理的运行控制需求,指导 PV 规划过程。

分布式发电集群是储能规划中的一个集群,在运行控制中可能就是一个调度控制分区。在规划阶段将配电网按照集群进行划分考虑了配电网运行控制的需求,既为接入配电网中的分布式发电规划提供了多层级网架结构基础,也为实现更高效的分布式发电接入配电网的分层分区优化规划提供了可能。

7.2.1　储能的分群配置模式

PV 出力与负荷需求在时序上可能不匹配,即 PV 出力峰值时刻,负荷水平低,导致配电系统无法接纳多余 PV 出力,配置 ESS 后能够有效提高配电系统中的 PV 渗透率、改善系统经济性。在含多个集群的配电系统中,PV 和 ESS 的接入容量和并网位置相互影响,协同进行 PV 与 ESS 配置能够降低 PV 出力与负荷需求间的时序不匹配性,提高配电网对 PV 出力的自消纳能力。

集群结构为 ESS 的优化布局提供了网架基础,以集群为单元配置 ESS 的方式对接入多集群配电网中的 PV-ESS 容量和位置进行分层协调规划,可以为集群提供双向功率支撑。

鉴于以上分析,采用以集群为单元配置 ESS 的方式对接入多集群配电网中的 PV-ESS 容量和位置进行分层协调规划。该方式根据集群净负荷特性分别对各集群的 ESS 进行独立调度,有利于实现群内源–荷–储功率相对平衡,减少群间交互功率和主配网联络功率,降低系统网损,提高集群的自治能力和供电可靠性。

7.2.2　分布式发电集群与储能两阶段双层规划模型

7.2.2.1　配电网-集群-节点分层规划思路

为提高配电网中 PV 的渗透率和 PV 出力的自消纳能力，基于集群划分结果，提出 PV 与 ESS 选址定容分层规划[16]策略：集群内功率平衡优化，集群间互补协同运行，主配网协调互连。

1. 集群划分结果

以 IEEE33 节点配电系统为例的集群划分，如图 7.1 所示。其中，图 7.1(a) 为原 IEEE 33 节点配电网结构，图 7.1(b) 为集群划分结果；图 7.1(c) 为以集群为基本单元的结构示意。下面对此划分结果做一简单讨论，以阐明本节双层规划的思路。

在该集群结构中，存在以下 3 类支路。

(1)群内支路：连接同一个集群内节点的支路，如支路 5～9。

(2)群间交互支路：连接不同集群的支路，如支路 4、10、18。

(3)主网联络支路：连接母线和某一集群内节点的支路，如支路 1。

2. 上层规划——以集群为基本单元

集群划分完毕后，构造出图 7.1(c) 所示的配电网-多集群层。配电网-多集群层由主配电网、主网联络支路、各集群等效节点和群间交互支路构成。本节以集群为基本操作单元的上层规划以所构造的多集群配电网为研究对象，将各集群视为等效节点，根据各集群的负荷总量，考虑群间负荷的相对大小及时序变化趋势，对接入各集群的 PV 容量、ESS 容量和功率进行协同优化。

3. 下层规划——以节点为单元

在各集群的 PV 和 ESS 总容量通过上层规划确定的前提下，群内各节点的 PV 接入容量和 ESS 并网位置不同，会对该集群和整个配电系统的网损造成影响。因此，下层以集群—节点层为研究对象，进行各单一集群内的 PV 定址分容和 ESS 选址规划。特别地，下层规划算法采用并行配置方式，同时优化每个集群内节点接入的 PV 容量和 ESS 的位置布局。该方式既考虑了各集群决策变量优化过程的相互影响关系，又能够实现并行计算，有效提高了运行效率和计算精度。

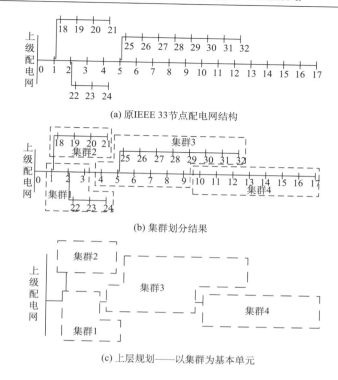

(a) 原IEEE 33节点配电网结构

(b) 集群划分结果

(c) 上层规划——以集群为基本单元

图 7.1　33 节点配电系统集群划分结果

7.2.2.2　光储选址定容双层规划模型

1. 双层规划架构

针对被划分为 N_c 个集群的某配电网的 PV-ESS 选址定容规划问题，根据 7.2.2.1 节所述的配电网-集群-节点分层规划策略，建立 PV 与 ESS 选址定容双层协调规划模型，模型架构如图 7.2 所示。

上层规划模型中，规划目标是配电网年综合成本最小；决策变量是配置到各集群的 PV 容量、ESS 容量和功率；约束条件包括各集群的 PV 装机容量约束、主网联络支路倒送功率约束、群间交互支路功率约束、ESS 充放电功率约束和荷电状态约束；采用粒子群算法进行求解。

下层规划模型中，规划目标是配电网网损最小；决策变量是群内各节点接入的 PV 容量和 ESS 的接入位置；约束条件包括各节点接入的 PV 容量约束、配电网潮流约束、节点电压约束和支路功率约束；采用与交流潮流计算结合的双层迭代混合粒子群算法求解。

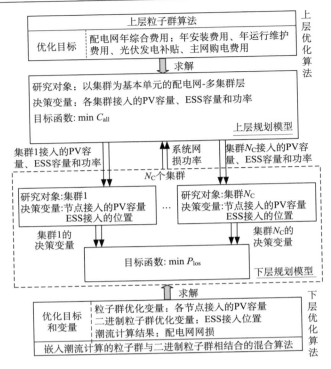

图 7.2 双层规划模型架构

双层规划模型间的参数传递关系：双层规划模型的上下层优化问题都有各自的目标函数、决策变量和约束条件，但是上下层规划的优化过程相互依赖，需要通过参数传递进行层间的信息交互。上层规划将决策变量(即各集群的 PV 容量、ESS 容量和功率)作为参数传递给下层规划,并作为下层决策变量优化的初始条件和约束；下层规划模型在此基础上对集群-节点层内接入到各节点的 PV 容量和 ESS 的接入位置进行寻优，根据优化结果进行潮流计算，得到系统网损功率，并作为参数反馈到上层规划的有功功率平衡等式约束中。

2. 上层规划模型

上层规划模型以集群为基本单元，负责求解各集群的 PV 和 ESS 规划总量：以配电网年综合成本最小为目标，规划接入每个集群的 PV 容量、ESS 容量和功率。

1)目标函数

$$\min C_{all}=C_1 + C_{ma} - C_{PV} + C_{pe} \tag{7.12}$$

式中， C_{all} 为配电网的年综合成本，包括 PV 和 ESS 的等年值安装成本 C_1 、系统

年运行维护成本 C_{ma}、PV 年发电补贴 C_{PV} 和主网购电成本 C_{pe}。各项成本的具体计算公式如下。

(1)等年值安装成本。

$$C_I = C_{I,PV} + C_{I,ESS} = \sum_{j=1}^{N_C}\left[\frac{r(1+r)^{y_{PV}}}{(1+r)^{y_{PV}}-1}c_{PV}S_{PV,j} + \frac{r(1+r)^{y_{ESS}}}{(1+r)^{y_{ESS}}-1}(c_{ESS}S_{ESS,j} + c_P P_{ESS,j})\right]$$

(7.13)

式中，$C_{I,PV}$、$C_{I,ESS}$ 分别为 PV、ESS 的等年值安装成本；N_C 为集群个数；r 为贴现率；y_{PV}、y_{ESS} 分别为 PV、ESS 的使用年限；c_{PV}、c_{ESS}、c_P 分别为 PV 单位容量投资成本、ESS 单位容量和单位功率投资成本；$S_{PV,j}$、$S_{ESS,j}$、$P_{ESS,j}$ 分别为集群 j 安装的 PV 额定容量、ESS 额定容量和额定功率。

(2)年运行维护成本。

$$C_{ma} = C_{ma,PV} + C_{ma,ESS} = \sum_{t=1}^{T_y}\sum_{j=1}^{N_C}\left(c_{ma,PV}P_{PV,j,t} + c_{ma,ESS}u_{ESS,j,t}P_{ESS,j,t}\right)$$

(7.14)

$$P_{PV,j,t} = P_{PV,j}\frac{G_t}{G_{STC}}\left[1 + k\left(T_{PV,t} + 30\times\frac{G_t}{1000} - T_{STC}\right)\right]$$

(7.15)

式中，$C_{ma,PV}$、$C_{ma,ESS}$ 分别为 PV、ESS 的年运行维护成本；T_y 为一年 8760h；$c_{ma,PV}$、$c_{ma,ESS}$ 分别为 PV 单位发电量、ESS 单位充放电量运行维护成本；$P_{PV,j,t}$、$P_{ESS,j,t}$ 分别为 t 时刻集群 j 的 PV 出力、ESS 的充放电功率，$P_{ESS,j,t}$ 正值表示 ESS 放电，负值表示 ESS 充电；$u_{ESS,j,t}$ 为 t 时刻集群 j 的 ESS 充放电功率标志位，ESS 放电为 1，充电为 -1，浮充状态为 0；G_t、$T_{PV,t}$ 分别为 t 时刻实际光照强度、PV 电池表面温度；G_{STC}、T_{STC} 分别为标准测试条件下的光照强度、环境温度；k 为功率温度系数。

(3)PV 年发电补贴。

$$C_{PV} = \sum_{t=1}^{T_y}\sum_{j=1}^{N_C}B_{PV}P_{PV,j,t}$$

(7.16)

式中，B_{PV} 为 PV 单位发电补贴。

(4)主网购电成本。

$$C_{pe} = \sum_{t=1}^{T_y}\sum_{l=1}^{N_{cp}}c_t P_{l,t}$$

(7.17)

式中，N_{cp} 为主网联络支路数；c_t 为 t 时刻主网实时电价；$P_{l,t}$ 为 t 时刻主网联络支路 l 的功率。

2) 约束条件

约束条件包括 PV 装机容量约束、功率平衡约束、主网联络支路倒送功率约束、群间交互支路功率约束、ESS 充放电功率约束和 ESS 荷电状态约束，具体如下所述。

(1) 集群 j 允许安装的 PV 容量约束。

$$0 \leqslant S_{\text{PV},j} \leqslant \sum_{i=1}^{N_j} S_{\text{PV},i,j}^{\max}, \quad \forall j \in \{1,2,\cdots,N_C\} \tag{7.18}$$

式中，N_j 为集群 j 内的节点数；$S_{\text{PV},i,j}^{\max}$ 为集群 j 内的节点 i 允许安装的 PV 容量。

(2) 功率平衡约束。

$$\sum_{l=1}^{N_{\text{cp}}} P_{l,t} + \sum_{j=1}^{N_C}(P_{\text{PV},j,t} + P_{\text{ESS},j,t}) = \sum_{j=1}^{N_C}\sum_{i=1}^{N_j} P_{\text{loa},i,t} + P_{\text{los}} \tag{7.19}$$

式中，$P_{\text{loa},i,t}$ 为时刻 t 节点 i 的负荷有功功率；P_{los} 为下层规划的目标配电网网损，由下层潮流计算得到。

(3) 主网联络支路倒送功率约束。

$$P_{l,t} \geqslant -P_l^{\max}, \quad \forall l \in \{1,2,\cdots,N_{\text{cp}}\} \tag{7.20}$$

式中，$P_l^{\max}$ 为主网联络支路 l 允许通过的最大倒送功率。

(4) 群间交互支路功率约束。

$$\left|P_{\text{cl},l,t}\right| \leqslant P_{\text{cl},l}^{\max}, \quad \forall l \in \{1,2,\cdots,N_{\text{cl}}\}, \forall t \tag{7.21}$$

式中，$P_{\text{cl},l,t}$ 为 t 时刻群间支路 l 的交互功率；$P_{\text{cl},l}^{\max}$ 为群间交互支路 l 允许通过的最大功率；N_{cl} 为群间交互支路数。

(5) ESS 充放电功率和荷电状态约束。

ESS 的充放电功率和荷电状态需要满足如式(7.2)~式(7.8)的约束。

3. 下层规划模型

下层模型以节点为基本单元，负责求解每个集群内各节点的 PV 与 ESS 选址定容问题：以配电网网损最小为目标，优化集群内各节点的 PV 接入容量和 ESS 的接入位置。

1) 目标函数

下层规划的目标函数为整个配电网网损最小，其数学表达式如式(7.22)所示。

$$\min P_{\text{los}} = \sum_{t=1}^{T_y}\sum_{l=1}^{N_{\text{sl}}} P_{\text{los},l,t} \tag{7.22}$$

式中，N_{sl} 为配电网支路数；$P_{\text{los},l,t}$ 为 t 时刻支路 l 的网损。

2)约束条件

集群 j 内各节点接入的 PV 容量受到上层决策变量(各集群接入的 PV 总容量)的约束。

(1)集群 j 内各节点接入的 PV 容量约束。

$$S_{\text{PV},j} = \sum_{i=1}^{N_j} S_{\text{PV},i,j}, \qquad \forall j \in \{1,2,\cdots,N_\text{C}\} \tag{7.23}$$

式中，$S_{\text{PV},i,j}$ 为集群 j 内节点 i 接入的 PV 容量。

(2)节点 i 允许安装的 PV 容量约束。

$$0 \leqslant S_{\text{PV},i,j} \leqslant S_{\text{PV},i,j}^{\max}, \qquad \forall i \in \{1,2,\cdots,N_j\} \tag{7.24}$$

(3)配电网潮流约束。

配电网潮流约束见式(4.3)。

(4)节点 i 电压约束。

节点 i 电压约束见式(4.4)。

(5)支路 l 功率约束。

$$P_{l,j}^{\min} \leqslant P_{l,j} \leqslant P_{l,j}^{\max}, \qquad \forall l \in \{1,2,\cdots,N_{\text{sl},j}\} \tag{7.25}$$

式中，$P_{l,j}$ 为集群 j 的群内支路 l 的传输功率；$P_{l,j}^{\min}$、$P_{l,j}^{\max}$ 分别为群内支路 l 的传输功率上、下限；$N_{\text{sl},j}$ 为集群 j 的群内支路数。

7.2.3　求解算法

本节基于交互迭代嵌套思想，针对所提双层规划模型包含变量个数多、类型不统一的特点，采用嵌入交流潮流计算的双层迭代混合粒子群算法(bi-level hybrid particle swarm optimization algorithm，BHPSO)进行求解。

双层迭代混合粒子群算法的具体实施步骤如下。

步骤 1：初始化。输入待规划配电网络原始数据，进行初始潮流计算，获得配电网初始支路潮流和节点电压数据，初始化算法参数。

步骤 2：初始化上层粒子群。根据上层规划决策变量的取值范围，初始化粒子群的速度、位置、个体最优值和群体最优值，设置当前迭代次数 iteru = 0。

步骤 3：上层粒子群更新。更新上层粒子的速度和位置，并判断更新后的值是否满足条件：若更新前、后的速度一致，则对当前速度乘以一个(0,1)之间的随机数；若更新后的位置出现越界情况，则采用空间缩放和吸引子的边界变异策略[19]对越界粒子进行处理，更新迭代次数 iteru=iteru+1。

步骤4：下层优化。按照以下分步骤执行。

(1)初始化下层粒子群。以上层粒子为条件，并行初始化各集群对应维度的下层粒子的速度和位置，初始化个体最优值和群体最优值，设置当前迭代次数 iter = 0。

(2)下层粒子群更新。下层各节点接入的 PV 容量对应的粒子更新同步骤 3，ESS 接入位置对应的粒子采用二进制粒子群公式进行优化；更新迭代次数 iter=iter + 1。

(3)计算下层粒子适应度。根据下层粒子数据，更新配电网潮流程序中各节点接入的 PV 出力和 ESS 充放电功率数据；进行潮流计算，获得下层粒子群的适应度。

(4)更新下层粒子群的个体最优值、个体最优适应度、群体最优值和群体最优适应度。将粒子群的适应度依次与当前对应的个体最优适应度进行比较，更新个体最优值和个体最优适应度。再将个体最优适应度依次与当前群体最优适应度进行比较，更新群体最优值和群体最优适应度。

(5)迭代次数判断。判断是否满足条件 iter < max iter（max iter = max iteru/10），若满足，则返回(2)；否则，以当前群体最优值和群体最优适应度作为优化结果，转向步骤 5。

步骤 5：计算上层粒子适应度。根据当前种群粒子数据，求取粒子适应度。

步骤 6：更新上层粒子群的个体最优值、个体最优适应度、群体最优值和群体最优适应度。同分步骤(4)。

步骤 7：迭代次数判断。判断是否满足条件 iteru < max iteru，若满足，则返回步骤 3；否则输出双层选址定容优化结果。

1. 粒子编码结构

双层混合粒子群算法中，上、下层的粒子结构如图 7.3 所示。

上层规划的每个粒子包括 3 部分：接入到各集群的 PV 容量 $P_{\text{PV},j}$、ESS 容量 $E_{\text{ESS},j}$ 和功率 $P_{\text{ESS},j}$，如图 7.3(a)所示。

下层规划的每个粒子包括两部分：接入到各节点的 PV 容量 P_i 和 ESS 的位置 L_i，如图 7.3(b)所示。其中，接入到集群 j 内各节点的 PV 容量 $P_{\text{PV},i,j}$ 满足式(7.37)，集群 j 内 ESS 的接入位置满足以下约束。

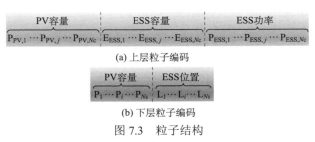

(a) 上层粒子编码

(b) 下层粒子编码

图 7.3 粒子结构

$$L_{1,j} + L_{2,j} + \cdots + L_{i,j} + \cdots + L_{N_j,j} = 1, \quad \forall j \in \{1, 2, \cdots, N_C\} \tag{7.26}$$

式中，$L_{i,j}$ 的取值为 0 或 1，$L_{i,j} = 0$ 表示集群 j 内的节点 i 不安装 ESS，$L_{i,j} = 1$ 表示集群 j 内的节点 i 配置 ESS。

2. 运行性能评价指标

1）改进的自平衡度 $S_{\mathrm{A},j}$

$$S_{\mathrm{A},j} = \begin{cases} \dfrac{\displaystyle\sum_{t=1}^{T_{\mathrm{y}}} \left(\sum_{i=1}^{N_j} P_{\mathrm{loa},i,t} - \sum_{l=1}^{N_{\mathrm{cl},j}} P_{\mathrm{cl},l,t} - P_{l,t} \right)}{\displaystyle\sum_{t=1}^{T_{\mathrm{y}}} \sum_{i=1}^{N_j} P_{\mathrm{loa},i,t}}, & j = 1 \\[3em] \dfrac{\displaystyle\sum_{t=1}^{T_{\mathrm{y}}} \left(\sum_{i=1}^{N_j} P_{\mathrm{loa},i,t} - \sum_{l=1}^{N_{\mathrm{Cl},j}} P_{\mathrm{cl},l,t} \right)}{\displaystyle\sum_{t=1}^{T_{\mathrm{y}}} \sum_{i=1}^{N_j} P_{\mathrm{loa},i,t}}, & j \neq 1 \end{cases}, \quad \forall j \in \{1, 2, \cdots, N_C\} \tag{7.27}$$

式中，$N_{\mathrm{cl},j}$ 为与集群 j 相连的群间交互支路数。自平衡度 $S_{\mathrm{A},j}$ 指标反映集群内 PV-ESS 出力对负荷的全年总体支撑情况和集群的自治能力。

2）能量渗透率 S_{EP}

集群内 PV 全年出力与群内负荷全年所需电量之比，反映 PV 出力的累积效应和 PV 出力对负荷的电量供应情况。

$$S_{\mathrm{EP}} = \dfrac{\displaystyle\sum_{t=1}^{T_{\mathrm{y}}} \sum_{i=1}^{N_j} P_{\mathrm{PV},i,t,j}}{\displaystyle\sum_{t=1}^{T_{\mathrm{y}}} \sum_{i=1}^{N_j} P_{\mathrm{loa},i,t}}, \quad \forall j \in \{1, 2, \cdots, N_C\} \tag{7.28}$$

3）容量渗透率 S_{CP}

集群内 PV 全年最大出力与群内负荷全年最大值之比，反映集群内 PV 安装容量的饱和程度和装机容量极限。

$$S_{\mathrm{CP}} = \dfrac{\displaystyle\max_{t \in \{1,2,\ldots,T_{\mathrm{y}}\}} \left(\sum_{i=1}^{N_j} P_{\mathrm{PV},i,t,j} \right)}{\displaystyle\max_{t \in \{1,2,\ldots,T_{\mathrm{y}}\}} \left(\sum_{i=1}^{N_j} P_{\mathrm{loa},i,t} \right)}, \quad \forall j \in \{1, 2, \cdots, N_C\} \tag{7.29}$$

4）功率渗透率 S_{PP}

集群内 PV 出力与同一时刻群内负荷之比的年最大值，反映集群内 PV 出力对负荷的最大支撑能力。

$$
S_{\mathrm{PP}} = \begin{cases} \max\limits_{t\in\{1,2,\dots,T_{\mathrm{y}}\}}\left(\dfrac{\sum\limits_{i=1}^{N_j}P_{\mathrm{PV},i,t,j}}{\sum\limits_{i=1}^{N_j}P_{\mathrm{loa},i,t}}\right), & P_{\mathrm{loa},i,t}\neq 0 \\ 0, & P_{\mathrm{loa},i,t}=0 \end{cases},\ \forall j\in\{1,2,\cdots,N_{\mathrm{C}}\} \tag{7.30}
$$

7.2.4　算例分析

1. 算例概况

采用某"区域分散型"PV 发电扶贫示范区的 10kV 配电系统作为算例，进行仿真分析。该馈线的拓扑结构如图 7.4(a)所示，为辐射型网络。图 7.4(b)为集群划分结果。

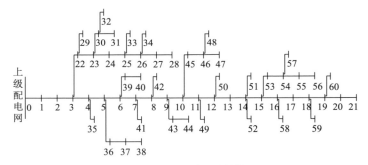

(a) 原规划区配电网络结构

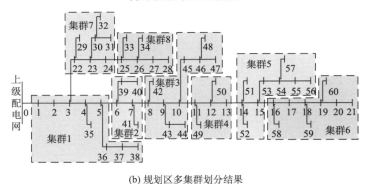

(b) 规划区多集群划分结果

图 7.4　规划区配电系统及集群划分

该算例的网架结构包括 60 个节点，其中 39 个负荷节点，总有功负荷年最大值为 1169.6 kW。PV 出力和负荷功率数据采用该地区 2016 年的实测数据，其中负荷存在两个日用电高峰时段，分别是 8 点～10 点和 18 点～21 点，为典型的居民负荷。该地区的 PV 单位出力全年小时数据如图 7.5 所示。

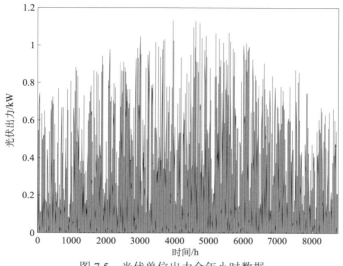

图 7.5　光伏单位出力全年小时数据

典型日集群平均负荷功率和群内各节点负荷功率小时数据如图 7.6 所示，图中实线为集群单个节点负荷功率，不区分具体节点，仅做功率波动趋势对比。

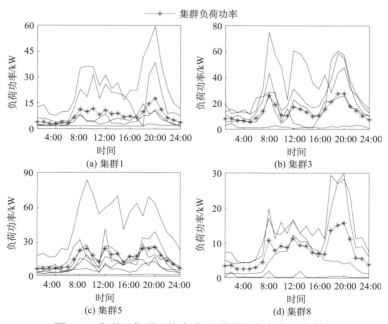

图 7.6　典型日集群平均负荷及群内节点负荷功率数据

　　由图 7.6 可见，集群平均负荷功率曲线波动比群内节点负荷功率曲线波动明显减小。主要是由于 PV 的地理位置分散、负荷间具有时序相关性，集群出力具有独特的时空特性。PV 和 ESS 的技术和经济原始参数见表 7.1。

表 7.1　系统原始参数

参数	取值	参数	取值
PV 单位容量投资成本/(元/kW)	5500	ESS 的 SOC 上限	0.8
PV 单位发电量运行维护成本/(元/(kW·h))	0.3	ESS 的 SOC 下限	0.2
PV 使用年限/年	20	ESS 的充电效率	0.9
ESS 单位容量投资成本/(元/(kW·h))	1270	ESS 的放电效率	0.9
ESS 单位功率投资成本/(元/kW)	1650	贴现率	0.06
ESS 单位发电量运行维护成本/(元/(kW·h))	0.08	光伏发电补贴/(元/(kW·h))	0.42
ESS 使用年限/年	15	主网购电电价/(元/(kW·h))	0.55

　　图 7.7 为年综合费用与 ESS 的额定功率和额定容量比例系数关系。由图可知，将 ESS 的额定功率与额定容量的数值比例系数取为 1/3 时，该系统的经济性最优。粒子群算法的仿真参数设置为：种群规模取 20，上层迭代次数取 500，最大惯性权重系数取 0.9，最小惯性权重系数取 0.4。

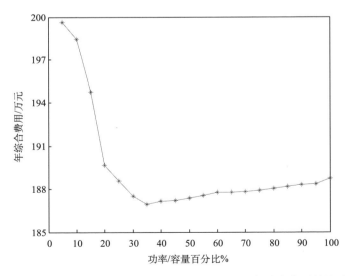

图 7.7　储能的额定功率与额定容量比例系数对年综合费用的影响

2. 算例结果及案例对比分析

1)PV 与 ESS 选址定容规划方案

为了突出所提分层规划策略的优势，本节构建了 3 种规划方案，对比分析不同情况下配电网的 PV 与 ESS 选址定容问题。

方案 1：未对配电网进行集群划分。采用单层规划模型，以节点为基本单元，对接入到各节点的 PV 容量、ESS 容量和功率直接进行规划，根据时序电压灵敏度指标[5]确定 ESS 的待选安装节点为 3、6、8、12、14、16、21、22、25、26、30、40、47、50、54，ESS 可接入个数为 8。

方案 2：无 ESS 场景。基于集群划分结果，采用双层规划模型，上层模型以集群为基本单元，对接入到各集群的 PV 总容量进行规划，下层模型以节点为基本单元，优化集群内各节点接入的 PV 分容量。

方案 3：基于集群划分结果，采用双层规划模型，上层模型以集群为基本单元，对接入到各集群的 PV 总容量、ESS 容量和功率进行规划，下层模型以节点为基本单元，优化集群内各节点接入的 PV 分容量和 ESS 接入的位置。

2)上层规划结果

不同方案下，各集群接入的 PV 与 ESS 容量如图 7.8 所示，各方案对应的规划成本如表 7.2 所示。

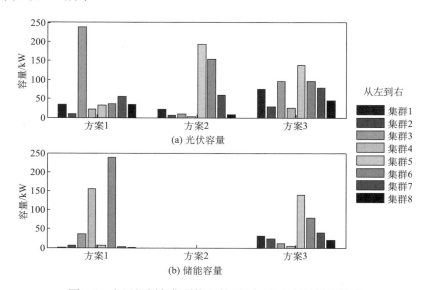

图 7.8　上层规划各集群接入的 PV 与 ESS 容量优化结果

表 7.2　上层规划 PV 与 ESS 优化成本　　　　　（单位：万元）

成本	未规划	方案1	方案2	方案3
安装成本	0	30.594	21.726	34.619
运维成本	0	23.422	22.787	29.908
光伏发电补贴	0	32.609	31.901	41.238
主网购电成本	220.202	177.190	176.145	163.627
年综合费用	220.202	198.597	188.757	186.916

　　由表 7.2 经济性指标可知，规划前配电网的负荷需求全部通过主网购电来供应，对主网和联络线的依赖性高，主网购电成本高。可见，对该配电网进行容量规划是非常有必要的。规划后，3 种方案的主网购电成本有所下降，但是相对其他成本来说，该项成本所占比例较大。主要原因在于：一方面，PV 出力与负荷需求具有时序不匹配性；另一方面，现阶段 ESS 的配置成本较高，其功率的时序转移能力有限，导致配电网中 PV 的渗透率依然较低。

　　对比方案 1 与 3，分析集群划分对容量规划的影响。由图 7.8 可知，方案 1、方案 3 配置的 PV 和 ESS 存在较大差异：①方案 3 中配电网接入的 PV 总容量为方案 1 的 1.26 倍；②方案 1、3 中 PV 容量在各个集群的分布存在差异，方案 1 的 PV 集中于集群 3，而方案 3 中 PV 在各集群间的分布较为均匀；③方案 1 中接入的 ESS 较多；④两种方案下，ESS 在各集群间的分布也存在一定差异，方案 1 中 ESS 主要集中于集群 4、6，方案 3 中 ESS 在各集群间的分布较为均匀。由表 7.2 可知，方案 3 的主网购电成本较低，相对方案 1 减少了 13.56 万元，但安装成本和运维成本较高，原因是方案 3 中 PV 的渗透率高。整体来看，基于集群划分的容量规划，提高了接入配电网中的 PV 总容量，改善了 PV 在各集群间的分布情况，从而减少了配电网中接入的 ESS 容量，提高了配电网的经济性。

　　对比方案 2 与方案 3，分析配置 ESS 对容量规划的影响。由图 7.8 可知，方案 2、方案 3 配置的 PV 存在较大差异：①方案 3 中配电网接入的 PV 总容量为方案 2 的 1.29 倍；②方案 2、方案 3 中 PV 容量在各个集群的分布存在差异，方案 2 中的 PV 集中于集群 5、6。由表 7.2 知，方案 2 的安装成本、运维成本较低，分别为方案 3 的 62.76% 和 76.19%，是由于方案 2 未配置 ESS，而 ESS 的装机成本较高，运维成本较低。但是 PV 出力具有间歇性，与负荷在时序上不完全匹配，因此方案 2 的 PV 渗透率较低，其 PV 出力仅为方案 3 的 77.36%，当 PV 出力不足以满足负荷需求时，需要从主网购电，增加了主网和联络线的负担。从整体上看，接入 ESS 提高了配电网中 PV 的接入容量，降低了从主网购电的成本。

　　3）下层规划结果

　　不同方案下对应的网损数据如图 7.9 所示。

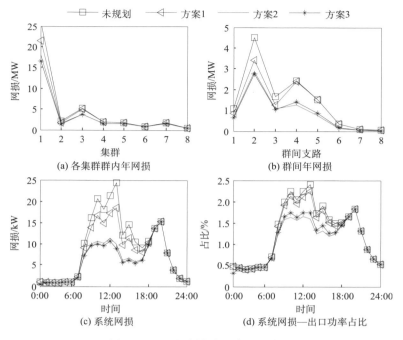

图 7.9　下层规划的各方案网损数据

由图 7.9(a)、(b)可知，方案 2、方案 3 中各集群的群内年网损值和群间支路年网损值较原系统和方案 1 明显下降。其中，方案 3 的集群 1~3 的群内年网损值分别为原系统的 63.03%、69.05%和 71.67%，各群间支路网损值下降为原系统的47.59%~63.65%。

由图 7.9(c)、(d)可知，在 7 点~18 点，方案 2、方案 3 的典型日系统网损小时数据和系统网损-出口功率占比小时数据较原系统和方案 1 明显下降，是由于该时段 PV 出力就地满足负荷需求，减少了支路上的功率流动，降低了系统网损。其中，13:00 时刻，系统网损和系统网损-出口功率占比下降最多，方案 3 的系统网损和系统网损-出口功率占比分别下降为原系统的 37.06%和 72.69%。

方案 2 与方案 3 的网损较原系统有明显改善。因此，基于集群的 PV 与 ESS配置方式，明显降低了系统网损。

各方案对应的典型日节点电压数据如图 7.10 所示。规划前和方案 1 的系统节点电压偏低，最小值分别为 0.977 和 0.981，方案 2、方案 3 将其提高为 0.985，且降低了系统的节点电压波动率，降低幅度分别为规划前的 24.95%和 13.67%。因此，在系统中配置 PV 对系统的节点电压最小值具有提升作用，且能够明显抑制系统的电压波动。

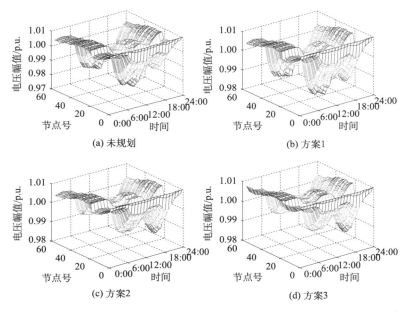

图 7.10　各方案的节点电压质量

各方案对应的迭代过程如图 7.11 所示。由图可见，方案 2、方案 3 在较少的迭代次数内，就能够迅速收敛到最优值附近，而方案 1 需要经过更多的迭代次数

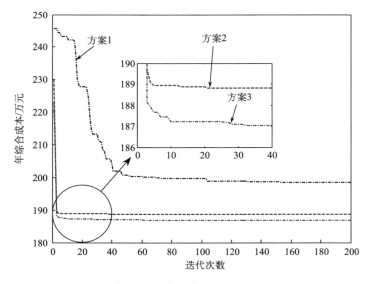

图 7.11　各方案的迭代过程

才能收敛到最优解附近。该现象的原因是方案 1 的决策变量维度高，优化复杂度大，优化过程较慢。进一步，可以得到结论：所提基于集群划分的分层配置方法能够在改善配电网运行经济性的同时，有效降低运算复杂度、提高计算效率。

3. 规划性能评价指标分析

如图 7.12 所示，为 3 种方案下各个集群的指标评价情况。

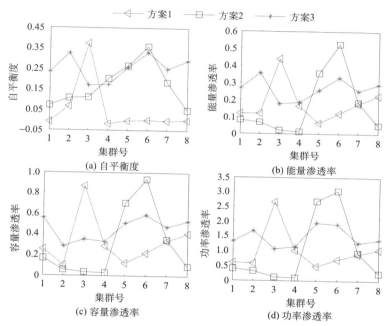

图 7.12　各方案下的集群自平衡度、能量/容量/功率渗透率

集群的自平衡度越接近 1 说明集群的自治能力越强；反之，越偏离 1 说明集群的自治能力越弱。由图 7.12(a) 可知，方案 3 中各集群的自平衡度较高，稳定在 0.15～0.35，且在集群间的分布较为均匀，原因在于该方案基于集群配置 PV 和 ESS，计及了群内节点间的负荷时序相关性和互补性。方案 1 的集群 3 和方案 2 的集群 5、6 自平衡度较高，其他集群的自平衡度相对较低，且在集群间的分布差异性较大。

集群的渗透率指标与群内接入的 PV 容量相关。由图 7.12(b)、(c)、(d) 可知，方案 1 中集群 3 的 PV 渗透率高，其他集群渗透率较低。方案 2 中集群 5、6 的 PV 渗透率较高，其他集群渗透率较低，是由于该方案未配置 ESS，部分集群的负荷峰值与 PV 出力峰值时序不相关，使 PV 出力在时序上难以满足负荷需求，导致接入该集群的 PV 容量较小。方案 3 中 PV 渗透率相对较高，且在集群间的分布较为均匀，是由于该方案以集群为基本单元配置 ESS，有效地缓解了 PV 出力与负荷需求的时序不匹配性，提高了接入各集群的 PV 容量。PV 容量渗透率的临界值为 1，超过临界值时，集群内 PV 出力的最大值高于群内负荷的最大值，必然存在 PV 富余出力在集群间交互的情况，此时，系统网损将增大，部分节点可能出现电压越限情况。由图 7.12(c) 可见，不同配置方案下，各集群的容量渗透率均未超过 1，说明配置结果较合理。集群的 PV 容量渗透率、能量渗透率和功率渗透率呈非线性正向相关性。

图 7.13 为 3 种方案下配电网的评价指标对比情况。分析该图可以得到以下结论。

(1) 方案 3 的配电网各指标均为最优。

(2) 将方案 1、2 与方案 3 进行对比，可以得到：基于集群的 PV 和 ESS 容量规划提高了配电网中 PV 的渗透率和系统的自治能力。

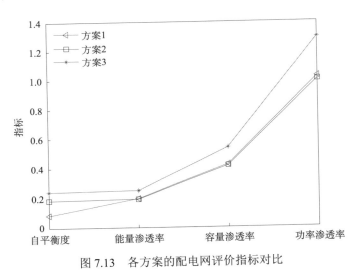

图 7.13　各方案的配电网评价指标对比

7.3　配电网中多光储微网系统的优化配置方法

为了缓解大规模光伏接入后给配电网规划和运行等环节带来的较大影响，许多国家推出了"分布式光伏+储能"组成光储微电网模式的激励政策。微电网是指集成多种分布式电源、储能和负荷的一类小型发-配-用电系统，通过内部各单元的协调运行，可实现高度自治和对配电网的友好接入。在进行光伏电源初始规划时，将光伏发电系统和储能系统结合建设微电网系统，能够发挥储能快速吸收或释放电能的能力，有效地弥补光伏电源波动性的缺点，对于保证配电网安全经济运行，解决光伏电源高效消纳问题，具有重要意义。同时，光储微电网可以提高用户的光伏自发自用比例，满足本地负荷高峰时段的用电需求，缓解配电网的运行压力；在分时电价机制下，通过储能系统可将富余电量反送电网获取收益，从而降低本地用户成本，也能够降低配电网的总经济成本。

7.3.1　配电网与多光储微电网协调运行策略

在进行光储微电网优化规划时，需要充分考虑配电网和多光储微电网的协调运行，协调运行策略的选取将影响系统运行和规划结果。实现协调运行，主要存在两方面的挑战。

（1）光储微电网本体的优化调度，即如何确定光储微电网的运行策略，实现其可靠、经济运行。

（2）多光储微电网和配电网的协调运行，即如何设计两者之间的互动机制，兼顾配电网运行约束和不同主体的利益。

配电网网损成本占比较低，因此本节在设计多光储微电网和配电网互动机制时，主要考虑光储微电网功率倒送可能带来的电压问题。

本节所设计的配电网和多光储微电网协调运行策略[17]如图 7.14 所示。在配电网的不同节点处接有 m 个光储微电网，$m \in M$，每个光储微电网内都包含光伏系统、储能系统及本地负荷。在运行过程中，光储微电网需要考虑各设备的运行约束和自身的供需平衡，配电网则需保证系统的安全运行及负荷的可靠供电。两者都希望尽可能地最小化自身运行成本，其信息交互及互动流程如下。

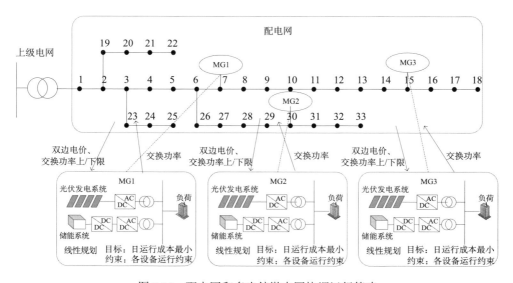

图 7.14　配电网和多光储微电网协调运行策略

（1）配电网公布与光储微电网之间的双边交易电价。

（2）各光储微电网在接收到日前电价后，分别采用混合整型线性规划方法确定最优的经济调度方案，并上报和配电网各时段的交换功率。

（3）配电网调度中心根据各光储微电网提交的交易方案、自身的负荷信息以及系统电压、潮流约束条件，通过雅可比矩阵实时计算得到有功电压灵敏度矩阵，利用基于有功电压灵敏度的调压策略对各光储微电网交换功率上下限进行调节。返回步骤（2），直至配电网运行约束均满足。

为保证配电网安全运行，采用基于有功电压灵敏度的调压策略，解决光储微电网接入配电网可能带来的电压越限等问题。

7.3.2 配电网中考虑多光微电网运行策略的光储容量规划

1. 上层光储微电网容量规划模型

上层光储微电网容量规划模型综合考虑多光储微电网在规划期内的总成本及配电网的总经济成本。且本节在考虑多光储微电网总成本时将光储系统接入节点的用户作为光储系统投资商，光储微电网总成本即用户总成本。上层优化规划目标函数如下。

$$\min C_{\text{all}} = C_{\text{I}} + C_{\text{II}} \tag{7.31}$$

1）上层模型目标函数

考虑多光储微电网规划期内总成本最小的目标函数如下。

$$\min C_{\text{I}} = C_{\text{I,PV,ESS}} + C_{\text{ma,PV,ESS}} + C_{\text{pse,MG}} - B_{\text{PV}} - C_{\text{sal,PV,ESS}} \tag{7.32}$$

式中，$C_{\text{I,PV,ESS}}$ 为光伏储能系统总配置替换成本，计算公式为

$$C_{\text{I,PV,ESS}} = \sum_{m=1}^{N_m} S_{\text{PV},m} c_{\text{I,PV}} + \sum_{t=1}^{T} \sum_{m=1}^{N_m} S_{\text{ESS},m,t} c_{\text{ESS},t} / (1+r)^{t-1} \tag{7.33}$$

式中，T 为项目规划年限；N_m 为配网中光储微电网的个数；r 为项目贴现率；$c_{\text{I,PV}}$、$S_{\text{PV},m}$ 分别为光伏发电系统在项目基准年的单位投资成本和第 m 个光储微电网中的安装容量；$c_{\text{ESS},t}$、$S_{\text{ESS},m,t}$ 分别为储能系统在第 t 年的单位投资成本和新安装容量。

$C_{\text{ma,PV,ESS}}$ 为光伏、储能系统日常总运行维护成本[21]，计算公式为

$$C_{\text{ma,PV,ESS}} = T_{\text{d}} \sum_{t=1}^{T} \sum_{m=1}^{N_m} (S_{\text{PV},m} c_{\text{ma,PV}} + E_{\text{ESS,dis},m} c_{\text{ma,ESS}}) / (1+r)^{t} \tag{7.34}$$

式中，T_{d} 为一年中的天数；$c_{\text{ma,PV}}$、$c_{\text{ma,ESS}}$ 分别为光伏、储能系统的单位运维成本；$E_{\text{ESS,dis},m}$ 为第 m 个光储微电网中的储能系统日放电量。

$C_{\text{pse,MG}}$ 为光储微电网日常运行购售电成本，计算公式如式(7.35)。

$$C_{\text{pse,MG}} = T_{\text{d}} \sum_{t=1}^{T} \sum_{m=1}^{N_m} \sum_{h=1}^{24} c_{\text{MG,GN},h} (P_{\text{buy},m,h}^{\text{MG}} - P_{\text{sell},m,h}^{\text{MG}}) \Delta t / (1+r)^t \tag{7.35}$$

式中，Δt 为仿真步长；$c_{\text{MG,DN}}$ 为第 h 时段光储微电网向配电网购售电的双边电价；$P_{\text{buy},m,h}^{\text{MG}}$、$P_{\text{sell},m,h}^{\text{MG}}$ 分别为第 m 个光储微电网在第 h 时段的购、售电功率。

B_{PV} 为光伏发电财政补贴，计算公式如下：

$$B_{\text{PV}} = T_{\text{d}} \sum_{t=1}^{T} \sum_{m=1}^{N_m} \sum_{h=1}^{24} P_{\text{PV},m,h} b_{\text{PV},t} \Delta t / (1+r)^t \tag{7.36}$$

式中，$P_{\text{PV},m,h}$ 为第 m 个光储微电网中光伏发电系统在第 h 时段的发电功率；$b_{\text{PV},t}$ 为第 t 年的光伏发电度电补贴。

配电网在规划期内的经济成本包括向光储微电网的购售电成本、向上级电网的购电成本和网损成本。

$$\begin{aligned}
\min C_{\text{II}} = T_{\text{d}} \sum_{t=1}^{T} \sum_{m=1}^{N_m} \sum_{h=1}^{24} (c_{\text{MG,DN},h} (P_{\text{sell},m,h}^{\text{MG}} - P_{\text{buy},m,h}^{\text{MG}}) \Delta t \\
+ c_{\text{DN,TN},h} P_{\text{DN,TN},h} \Delta t) + T_{\text{d}} \sum_{t=1}^{T} \sum_{h=1}^{24} c_{\text{DN,TN},h} P_{\text{los},h} \Delta t / (1+r)^t
\end{aligned} \tag{7.37}$$

式中，$c_{\text{DN,TN},h}$ 为第 h 时段配电网向上级电网的购电单位电价；$P_{\text{DN,TN},h}$ 为第 h 时段配电网向上级电网的购电功率；$P_{\text{los},h}$ 为第 h 时段配电网的总网损功率。

2) 上层模型约束条件

上层规划模型中主要考虑配电网的运行约束，包括基本的潮流约束、节点电压约束、支路潮流约束、购电功率约束等约束条件。

(1) 潮流约束：

潮流约束见式(4.3)。

(2) 电压约束：

电压约束见式(4.4)。

(3) 支路潮流约束：

$$S_j \leqslant S_{\text{max},j} \quad j \in \text{T} \tag{7.38}$$

式中，S_j 为线路 j 的视在功率；$S_{\text{max},j}$ 为线路 j 允许通过的视在功率上限；T 为线路集合。

(4) 配电网向上级电网购电功率约束：

$$P_{\text{DN,TN,min}} \leqslant P_{\text{DN,TN},h} \leqslant P_{\text{DN,TN,max}} \tag{7.39}$$

式中，$P_{\text{DN,TN,min}}$、$P_{\text{DN,TN,max}}$ 分别为配电网向上级变电站购电最小功率、最大功率。

3）上层模型求解方法

采用含有精英策略的非支配排序遗传算法（NSGA-II）对上层规划模型进行求解。其中，遗传算法采用实数编码，具体编码方法如下。

假设配电网中有 N_m 个光储微电网的光伏容量、储能容量待确定，则种群中第 i 个个体为

$$\boldsymbol{X}_i = \{S_{\mathrm{PV},i,1}, S_{\mathrm{ESS},i,1}, S_{\mathrm{PV},i,2}, S_{\mathrm{ESS},i,2}, \cdots, S_{\mathrm{PV},i,N_m}, S_{\mathrm{ESS},i,N_m}\} \tag{7.40}$$

式中，S_{PV,i,N_m}、S_{ESS,i,N_m} 分别为第 N_m 个光储微电网中光伏、储能系统的安装容量。

2. 下层光储微电网日前经济调度模型

1）下层模型目标函数

以各个光储微电网的日运行成本最小化为目标，建立混合整型线性规划模型，优化微电网一日运行。目标函数如下：

$$\min C_{\mathrm{d}} = \sum_{h=1}^{24} (C_{\mathrm{ESS},m,h} + C_{\mathrm{ex},m,h} + C_{\mathrm{PV},m,h}) \tag{7.41}$$

式中，$C_{\mathrm{ESS},m,h}$ 为储能在第 h 时段的调度成本，考虑其一次配置与运维成本[19]，计算公式为

$$C_{\mathrm{ESS},m,h} = k_{\mathrm{ESS}}(P_{\mathrm{dis},m,h}^{\mathrm{ESS}} / \eta + P_{\mathrm{ch},m,h}^{\mathrm{ESS}} \eta) \Delta t \tag{7.42}$$

式中，k_{ESS} 为储能系统单位调度成本；$P_{\mathrm{dis},m,h}^{\mathrm{ESS}}$、$P_{\mathrm{ch},m,h}^{\mathrm{ESS}}$ 分别为第 m 个光储微电网中储能系统在第 h 时段的放电、充电功率；η 为储能系统充放电效率。

$C_{\mathrm{ex},m,h}$ 为配电网与光储微电网交互成本，公式为

$$C_{\mathrm{ex},m,h} = c_{\mathrm{MG,DN},h}(P_{\mathrm{buy},m,h}^{\mathrm{MG}} - P_{\mathrm{sell},m,h}^{\mathrm{MG}}) \Delta t \tag{7.43}$$

式中，$P_{\mathrm{buy},m,h}^{\mathrm{MG}}$、$P_{\mathrm{sell},m,h}^{\mathrm{MG}}$ 分别为第 m 个光储微电网在第 h 时段的购电功率和售电功率。

$C_{\mathrm{PV},m,h}$ 为光伏的削减成本，计算公式为

$$C_{\mathrm{PV},m,h} = k_{\mathrm{PV}} \Delta P_{\mathrm{PV},m,h} \Delta t \tag{7.44}$$

式中，k_{PV} 为光伏单位削减成本；$\Delta P_{\mathrm{PV},m,h}$ 为第 m 个光储微电网中光伏系统在第 h 时段的削减功率。

2）下层模型约束条件

（1）充放电功率约束。

充放电功率约束见式(7.4)、式(7.5)。

(2)荷电状态约束(剩余容量约束)。

荷电状态约束见式(7.2)、式(7.3)和式(7.6)～式(7.8)。

(3)功率平衡约束。

$$P_{\text{buy},m,h}^{\text{DG}} - P_{\text{sell},m,h}^{\text{DG}} = P_{\text{ch},m,h}^{\text{ESS}} + P_{\text{L},m,h} - P_{\text{f},m,h}^{\text{PV}} + \Delta P_{m,h}^{\text{PV}} - P_{\text{dis},m,h}^{\text{ESS}} \tag{7.45}$$

式中，$P_{\text{L},m,h}$ 为第 m 个光储微电网第 h 时段的负荷功率值；$P_{\text{f},m,h}^{\text{PV}}$ 为第 m 个光储微电网中光伏发电

(4)光储微电网购售电功率约束。

$$0 \leqslant P_{\text{buy},m,h}^{\text{DG}} \leqslant U_{m,h} P_{\text{DG,buy},m,h}^{\text{max}} \tag{7.46}$$

$$0 \leqslant P_{\text{sell},m,h}^{\text{DG}} \leqslant \left(1 - U_{m,h}\right) P_{\text{DG,sell},m,h}^{\text{max}} \tag{7.47}$$

式中，$U_{m,h}$ 为二进制变量；$P_{\text{DG,buy},m,h}^{\text{max}}$、$P_{\text{DG,sell},m,h}^{\text{max}}$ 分别为光储微电网向配电网购电、售电功率最大值。

(5)光伏削减量约束。

$$0 \leqslant \Delta P_{\text{PV},m,h} \leqslant P_{\text{f},m,h}^{\text{PV}} \tag{7.48}$$

3)下层模型求解方法

上述模型为混合整数线性规划问题，可采用常规的确定性优化方法进行求解。光储微电网优化模型紧凑形式可表述为

$$\begin{aligned} &\min_{x,y} \boldsymbol{c}^{\text{T}} \boldsymbol{y} \\ &\text{s.t.} \quad \boldsymbol{A}\boldsymbol{y} = \boldsymbol{b} \\ &\quad\quad \boldsymbol{D}\boldsymbol{y} \geqslant \boldsymbol{d} \\ &\quad\quad \boldsymbol{F}\boldsymbol{x} + \boldsymbol{G}\boldsymbol{y} \geqslant \boldsymbol{h} \end{aligned} \tag{7.49}$$

式中，$\boldsymbol{c}$ 为目标函数对应的系数列向量；$\boldsymbol{A}$、$\boldsymbol{D}$、$\boldsymbol{F}$、$\boldsymbol{G}$ 为对应约束下变量的系数矩阵；$\boldsymbol{b}$、$\boldsymbol{d}$、$\boldsymbol{h}$ 为常数列向量，约束条件的第一行表示等式约束，第二行和第三行为不等式约束。

算法变量如式(7.50)所示，其中，$\boldsymbol{x}$ 为二进制变量，$\boldsymbol{y}$ 为连续变量。

$$\begin{cases} \boldsymbol{x} = (U_{\text{ESS},m,h}, U_{\text{ex},m,h})^{\text{T}} \\ \boldsymbol{y} = (P_{\text{dis},m,h}^{\text{ESS}}, P_{\text{ch},m,h}^{\text{ESS}}, \text{SOC}_{m,h}, P_{\text{buy},m,h}^{\text{MG}}, P_{\text{sell},m,h}^{\text{MG}}, \Delta P_{\text{PV},m,h})^{\text{T}} \end{cases} \tag{7.50}$$

式中，$U_{\text{ESS},m,h}$ 为二进制变量；$U_{\text{ex},m,h}$ 为二进制变量；$P_{\text{dis},m,h}^{\text{ESS}}$、$P_{\text{ch},m,h}^{\text{ESS}}$ 分别为第 m 个光储微电网中储能系统在第 h 时段的放电和充电功率；$\text{SOC}_{m,h}$ 为储能在第 h 时段的荷电状态；$P_{\text{buy},m,h}^{\text{MG}}$、$P_{\text{sell},m,h}^{\text{MG}}$ 分别为第 m 个光储微电网在第 h 时段的购、售电功率；$\Delta P_{\text{PV},m,h}$ 为第 m 个微电网中光伏发电系统第 h 时段的削减量。

7.3.3　算例分析

1. 算例介绍

为了验证双层优化配置模型和求解算法的可行性，以图 7.15 所示的安徽省金寨县铁冲变高畈 03 线为研究算例进行仿真。考虑项目实际及当地用户情况，只在节点 5、13 和 25 中配置 3 个光储系统，系统峰值总负荷为 2.016MW。光伏典型日发电功率、负荷典型日曲线如图 7.16 所示，额定电压为 10.5kV，节点电压允许范围为 0.93～1.05p.u.。

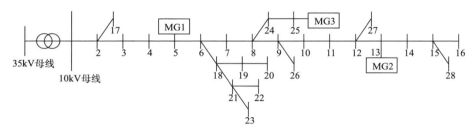

图 7.15　铁冲变高畈 03 线 10kV 馈线拓扑图

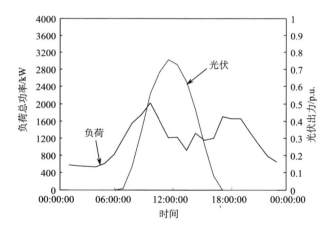

图 7.16　负荷、光伏典型日特性曲线

本算例以某市居民用电阶梯电价作为向上级电网购电电价，具体电价如图 7.17 所示。其中，双边电价是在上级电网电价下设置的光储微电与配电网的交易电价。本算例以锂电池储能作为研究对象，系统仿真参数设置如表 7.3 所示。混合整型线性规划算法中，考虑储能一次投资成本、运维成本，储能调度成本约为 0.37 元/(kW·h)，光伏削减成本设为 0.74 元/kW，仿真步长为 1h。

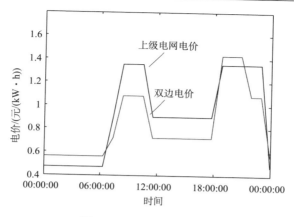

图 7.17　电价日特性曲线

　　因储能投资费用较高，为明确储能对系统运行和各利益主体所带来的影响，现将系统从以下 3 种场景进行仿真并分析比较。

　　场景 1：用户不投资配置光伏、储能。

　　场景 2：用户仅投资配置光伏，不加储能。

　　场景 3：用户同时投资配置光伏和储能，与本地负荷构成光储微电网。

表 7.3　仿真参数设置

类别	参数名称	取值
	各场景始末荷电状态	0.1
	荷电状态运行范围	[0.1,0.9]
	最大充放电倍率	0.5C
储能参数	充放电效率	0.95
	单位储能成本/(元/(kW·h))	4000
	单位储能运维成本/(元/(kW·h))	0.06
	循环次数(80%DOD)	4000
	单位光伏成本/(元/kW)	7000
光伏参数	单位光伏运维成本/(元/kW·a)	0.42
	光伏补贴/(元/(kW·h))	20
	光伏寿命/年	20
	规划年限/年	5
光伏参数	贴现率/%	7
	残值率/%	[0.1,0.9]

2. 帕累托最优前沿分析

在场景 2、场景 3 这两种配置方式下，按照多目标规划模型仿真得到的帕累托最优前沿如图 7.18 所示。

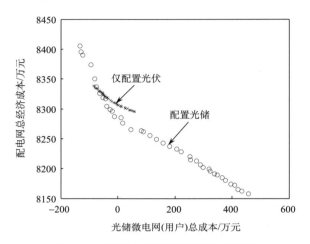

图 7.18　不同场景下的帕累托最优前沿

由图 7.18 可以看出，在配电网总经济成本相同的情况下，用户投资配置光储系统并与负荷构成光储微电网时，相较于仅投资配置光伏系统时的总成本较小（即此时投资光储系统的净收益大于仅投资光伏系统的净收益）。对比此时这两种场景下帕累托解集对应的光伏安装容量，仅投资光伏系统时的光伏安装容量比投资光储系统时的容量大。但由于接入储能系统后，通过向储能系统进行充电，可以减少光伏因过电压导致的削减量，使得光伏补贴费用增加；且储能系统通过能量"搬运"作用，在负荷高峰时段释放电量，在分时电价机制下，使得光储微电网向配电网的售电收益进一步增加，这部分费用的增加大于储能系统的配置替换、运行维护费用。因此，此时投资光储系统的净收益大于仅投资光伏系统时的净收益，使得投资光储系统后的用户总成本小于仅投资光伏系统的总成本。

3. 与仅配置光伏系统的对比分析

采用上文中的基于 TOPSIS 法的多属性决策方法[20]对用户投资配置光储系统规划得到的帕累托解集进行筛选，筛选时分别得到解集中各个解的光储系统内部收益率，进行初步筛选，再计算电压偏差指标、网损偏差指标、能量渗透率指标[21]和光伏利用率指标，根据不同指标的变化情况计算得到权值，并进行进一步的筛选得到方案如表 7.4 第 4 列所示。

表 7.4 不同场景下系统运行结果对比

项目	不配置光储	仅配置光伏	配置光储(最优目标)
光伏安装容量/kW	0,0,0	2545,1045,605	2140,1020,570
储能安装容量/(kW·h)	0,0,0	0,0,0	1150,1205,1260
光储总量/(kW/(kW·h))	0,0	4195,0	3730,3615
用户总成本/万元	3317.71	24.61	12.00
光伏/光储净收益/万元	0	3293.10	3305.71
配置替换成本/万元	0	2939.80	4941.22
运行维护成本/万元	0	0	78.93
微网购售电成本/万元	−3317.71	−766.21	−2294.89
光伏补贴成本/万元	0	2071.41	2582.90
配电网总经济成本/万元	9953.14	8302.66	8284.65
配网向微网购售电成本/万元	9625.08	766.21	2294.89
配网向上级电网购电成本/万元	9953.14	7354.07	5866.78
网损成本/万元	328.06	182.38	122.98
光伏/光储收益率/%	0	15.99	13.73
电压偏差指标	1	0.8124	0.8065
网损偏差指标	1	0.5559	0.3732
能量渗透率指标	0	0.4283	0.4908
光伏利用率指标	0	0.6077	0.8193

同时,为了与仅配置光伏系统时的优化规划结果进行对比分析,选取与仅配置光伏系统进行规划得到的帕累托解集中光伏安装总量相同的规划方案进行对比,具体方案如表 7.4 第 3 列所示。表 7.4 中列出了各方案对应的不同经济成本和运行指标,其中,光伏/光储系统净收益为项目周期内本地负荷的用电成本与用户总成本之差。

用户不投资配置光储系统时,此时的用户成本即为本地负荷在项目周期内的总用电成本,为 3317.71 万元。配电网总经济成本即为配电网向上级电网项目周期内的购电总成本,为 9953.14 万元。由表 7.4 中第 2 列和第 4 列可以看出,投资配置光储系统后,用户总成本下降 99.64%,配电网总经济成本下降 16.76%。对比还可看出,配置光储系统时,配电网网损成本下降 62.51%,下降幅度较大;电压偏差指标值小于 1,配电网系统电压情况有所改善。且由图 7.19 中配置光储前后配网系统每时段的节点电压对比图可以看出,用户投资配置光储后,配电网节点电压整体水平有所提升,尤其是对于负荷功率较高的 9 点~11 点时段,光储系统的接入有效地改善了因负荷较重出现的节点低电压情况。

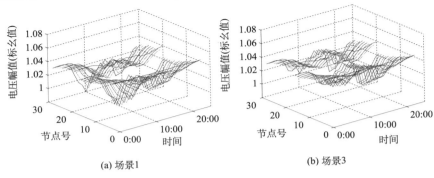

(a) 场景1　　　　　　　　　　(b) 场景3

图 7.19　　不同场景下的系统节点电压曲线

由表 7.4 中第 3 列、第 4 列可以看出，相较于仅配置光伏系统，在用户投资配置光储系统时有以下影响。

对于配电网：①配电网总经济成本减少 18.01 万元，原因是配电网向上级电网购电成本减少，从光储微电网购电的成本增加，在分时电价机制下，总的经济成本下降；②配电网的网损成本下降 32.57%，主要是储能系统接入后，在分时电价机制下，能够在光伏出力较大时存储电能从而减少了光伏因过电压而被削减的电量，在光伏出力较小而负荷用电功率较大时放出电能，从而减少了网供负荷的大小，降低了系统中的网损功率，致使网损成本下降；③电压有所改善，光伏利用率、能量渗透率有所提高，增幅分别为 34.82%、14.59%；④光储系统内部收益率有所下降，原因是储能初始配置成本、替换成本及运维成本较高，故其内部收益率较低。

对于用户：用户投资配置光储系统时，虽然储能的配置替换成本、运行维护费用比较高，但是其向配电网的售电收益、光伏的补贴费用都增加，使得光储系统的净收益比光伏系统的净收益多 12.61 万元。可以预见，随着未来储能成本的降低，光储系统的净收益将进一步增加，其接入优势也更明显。

上述对比结果表明，接入光储微电网时，通过合理地配置光伏与储能容量，既可满足负荷高峰时段的用户用电需求，改善本地用电经济效益；还可将富余电量反送电网获取额外收益，大大降低了微电网的运行成本，也减少了配电网的运行成本；同时对于改善配电网运行情况，保证配电网安全经济运行也发挥着重要作用。另外，光储微电网的接入对于提高光伏能量渗透率，提高光伏利用率，实现光伏电源的就地消纳也有着重要作用。

4. 储能投资成本变化对优化结果的影响

目前，储能系统高昂的成本成为其发展的瓶颈之一，本书为研究储能投资成本变化对优化结果的影响，现将储能电池投资成本降至原来的一半，对比以下两个场景。场景 4：保留原投资成本下优化出的储能容量配置方案，仅重新计算系统的各项指标；场景 5：基于新的投资成本，重新优化系统的最优储能容量配置方案，并计算系统的各项指标。

　　表 7.5 展示了新场景和原场景下的储能优化方案的各项指标。从场景 4 的结果可以看出，重新计算经济指标后，由于储能成本的下降，系统的内部收益率有所上升。从场景 5 的结果可以看出，与原投资成本下的方案相比，新的光伏、储能容量配置方案会选择更高的容量，令方案的经济性下降、但是系统各运行指标都有所改善。可见，储能成本是影响优化规划设计的重要因素。当储能初始投资成本较高时，配置较大容量的储能来改善系统运行、提高光伏利用率显得十分不经济。反过来，若储能初投资成本下降至一定水平，就可以选择配置更大容量的储能以获得更好的系统运行水平和更高的光伏利用率。

表 7.5　储能投资成本变化后的优化方案对比

项目	场景 5	场景 4
光伏安装容量/kW	2275,1095,665	2140,1020,570
储能安装容量/(kW·h)	1115,2325,1535	1150,1205,1260
光储总量/(kW/(kW·h))	4035,4975	3730,3615
用户总成本/万元	−2612.32	−2501.26
配置替换成本/万元	3018.09	2470.61
运行维护成本/万元	108.62	78.93
微网购售电成本/万元	−2691.45	−2294.89
光伏补贴成本/万元	2836.58	2582.90
配电网总经济成本/万元	8059.01	8284.65
配网向微网购售电成本/万元	2691.45	2294.89
配网向上级电网购电成本/万元	5367.56	5866.78
网损成本/万元	99.10	122.98
光伏/光储收益率/%	14.71	15.23
电压偏差指标	0.8015	0.8065
网损偏差指标	0.3021	0.3732
能量渗透率指标	0.5201	0.4908
光伏利用率指标	0.8361	0.8193

参 考 文 献

[1] Nejabatkhah F, Li Y W. Overview of power management strategies of hybrid AC/DC microgrid[J]. IEEE Transactions on Power Electronics, 2015, 30(12): 7072-7089.

[2] 于波. 微网与储能系统容量优化规划[D]. 天津大学, 2012.

[3] 王成山, 于波, 肖俊, 等. 平滑可再生能源发电系统输出波动的储能系统容量优化方法[J]. 中国电机工程学报, 2012, 32(16): 1-8.

[4] Jia H J, Fu Y, Zhang Y, et al. Design of hybrid energy storage control system for wind farms based on flow battery and electric double-layer capacitor[C]// Power & Energy Engineering Conference. IEEE, 2010, 3: 1643-1644.

[5] 李滨, 陈姝, 梁水莹. 一种平抑光伏系统输出波动的储能容量优化方法[J]. 电力系统保护与控制, 2014(22): 45-50.

[6] 易林, 娄素华, 吴耀武, 等. 基于变寿命模型的改善风电可调度性的电池储能容量优化[J]. 电工技术学报, 2015(15): 53-59.

[7] Mahdi S, Ali A, Masoud A. Optimal storage planning in active distribution network considering uncertainty of wind power distributed generation[J]. IEEE Transactions on Power System, 2016, 31(1): 304-316.

[8] 靳文涛, 李建林. 电池储能系统用于风电功率部分 "削峰填谷" 控制及容量配置[J]. 中国电力, 2013, 46(8): 16-21.

[9] 王成山, 李鹏. 分布式发电、微网与智能配电网的发展与挑战[J]. 电力系统自动化, 2010, 34(2): 10-14, 23.

[10] 肖峻, 张泽群, 张磐, 等. 用于优化微网联络线功率的混合储能容量优化方法[J]. 电力系统自动化, 2014, 38(12): 19-25.

[11] 李亮, 唐巍, 白牧可, 等. 考虑时序特性的多目标分布式电源选址定容规划[J]. 电力系统自动化, 2013, 37(3): 58-63.

[12] 李珂, 邰能灵, 张沈习, 等. 考虑相关性的分布式电源多目标规划方法[J]. 电力系统自动化, 2017, 41(9): 51-57.

[13] Zhang S, Cheng H, Li K, et al. Optimal siting and sizing of intermittent distributed generators in distribution system [J]. IEEE Transactions on Electrical & Electronic Engineering, 2015, 10(6): 628-635.

[14] Giannitrapani A, Paoletti S, Vicino A, et al. Optimal allocation of energy storage systems for voltage control in LV distribution networks [J]. IEEE Transactions on Smart Grid, 2017, 8(6): 2859-2870.

[15] 白牧可, 唐巍, 谭煌, 等. 基于虚拟分区调度和二层规划的城市配电网光伏-储能优化配置[J]. 电力自动化设备, 2016, 36(5): 141-148.

[16] 丁明, 方慧, 毕锐, 等. 基于集群划分的配电网分布式光伏与储能选址定容规划[J]. 中国电机工程学报, 2019(8): 2187-2201, 2.

[17] 刘娇扬, 郭力, 杨书强, 等. 配电网中多光储微网系统的优化配置方法[J]. 电网技术, 2018, 42(9): 2806-2815.

[18] 赵波, 包侃侃, 徐志成, 等. 考虑需求侧响应的光储并网型微电网优化配置[J]. 中国电机工程学报, 2015, 35(21): 5465-5474.

[19] 刘一欣, 郭力, 王成山. 微电网两阶段鲁棒优化经济调度方法[J]. 中国电机工程学报, 2018, 038(14): 4013-4022.
[20] 李丽娜. 集中典型类型的多属性决策方法[D]. 成都: 西南交通大学, 2013.
[21] 赵波, 张雪松, 洪博文. 大量分布式光伏电源接入智能配电网后的能量渗透率研究[J]. 电力自动化设备, 2012, 32(8): 95-100.

第8章 分布式可再生能源发电集群与配电网协同规划

8.1 分布式发电与配电网协同规划特点及一般模型

8.1.1 分布式发电与配电网协同规划内容及特点

配电网规划的主要任务是根据规划期间网络所供负荷的空间预测结果和现有网络的基本状况，在满足负荷增长和安全可靠供电的前提下，确定包括变电站选址定容和线路新建在内的最优系统建设方案，使配电网的建设和运行费用最小。当配电网中电源容量满足不了规划区域负荷的增长需求时或者对供电可靠性和安全性的要求更高时，就需要对规划区域进行扩展规划，包括确定最优的变电站位置和容量、线路型号和位置，其目标是投资、运行、检修、网损、可靠性等费用最小或安全性、可靠性指标最优[1]。

此外，储能系统的加入使配电网的扩展规划问题增加了新的选择，除需开展传统的变电站、线路规划外，还需进行分布式可再生能源发电和储能系统的选址定容，以实现更好的经济效益或达到更佳的供电指标，而合理地开展配电网扩展规划对于提高分布式可再生能源发电渗透率和综合利用率具有重要实际意义。

分布式可再生能源发电和储能装置的加入使配电网扩展规划增加了新的方案，除需开展传统的变电站、线路规划，还需进行分布式可再生能源发电和储能的选址定容，以实现更好的经济效益或达到更佳的供电指标。配电网的扩展规划对于提高光储渗透率和综合利用率具有重要意义，但是分布式可再生能源发电的接入给传统的配电网规划带来了新的挑战，这主要是由于传统的规划方案不同程度地将规划问题进行了简化，对于分布式可再生能源发电的加入缺少较好的处理方法，具体包括以下几个方面：①传统方法将分布式可再生能源发电接入和配电网网络布线分开规划，未考虑它们在可靠性、经济性等方面的相互作用，所得到的规划方案不是全局意义上的最优解。②若将分布式可再生能源发电接入和配电网规划进行融合，则分布式可再生能源发电出力的不确定性将使配电网负荷预测、网络结构规划等具有很大的不确定性。③分布式可再生能源发电布点及安装容量的不确定性，使得规划人员更难以准确预测负荷，进而影响到后续的网络规划。合理的分布式可再生能源发电接入可以减少电能损耗，能推迟或减少电网升级改造的费用；不适当的规模和接入位置可能会导致电能损耗的增加，还会导致部分节点电压的下降或出现严重的过电压。④分布式可再生能源发电如果接入到供电容量充裕的节点，可能导致原有供电容量或分布式可再生能源发电设备长期处于闲置状态，降低了供电设施的利用率，同时随着强不确定性可再生能源的不断渗透，电源与电网分开优化的不协调、不匹配使弃风和弃光等问题日益凸显。

由于绝大部分分布式可再生能源发电均采用低压接入模式和中压接入模式，对配电线路潮流方向、容量平衡、规模确定与走向布局等带来十分复杂的影响，所以本节重点研究分布式可再生能源发电和配电线路之间的协同规划。

8.1.2　分布式可再生能源发电与配电网协同规划的一般模型

在数学上，分布式可再生能源发电与配电网协同规划是一个离散非线性的、多阶段多目标的组合优化问题，根据模型的复杂程度，可将该问题分为单层优化模型和双层优化模型[2]。

1. 单层优化模型

根据目标函数的数量和方向，可将单层优化模型分为以下几种：以经济性最优为目标函数、以可靠性最优为目标函数、多目标函数[3]。

1）以经济性最优为目标函数

该类模型通常站在全局角度，以新建线路建设成本、分布式可再生能源发电建设和运行成本、购电成本、网损费用、考虑可靠性的停电损失成本的综合成本效益最优为目标，其目标函数为

$$\min C_{all} = C_l + C_{DG} + C_{pe} + C_{los} + C_{out} \tag{8.1}$$

式中，C_l 为线路的建设成本；C_{DG} 为分布式可再生能源发电建设和运行成本；C_{pe} 为购电成本；C_{los} 为网损费用；C_{out} 为停电损失成本。

该数学模型的约束条件如下。

（1）系统连通性约束条件。

（2）配电网辐射状运行约束条件。

（3）防电压越限约束条件。

（4）负载率约束。

该类问题一般是非线性混合整数规划，往往采用智能算法进行求解。

2）多目标函数

该类模型从经济性、安全性、可靠性等多个角度综合考虑分布式可再生能源发电与配电网协同规划问题，需要分别保证线路及分布式可再生能源发电的投资成本最小、综合网损最低、分布式可再生能源发电有功消纳量最大等，其目标函数为

$$\min\left\{C_{lDG}, F_{los}, F_{con}\right\} \tag{8.2}$$

$$C_{\text{lDG}} = C_1 + C_{\text{DG}} \tag{8.3}$$

$$F_{\text{los}} = \sum^{s_{\max}} P_{\text{los},i} \tag{8.4}$$

$$F_{\text{con}} = -\sum^{s_{\max}} P_{\text{DG},i} \tag{8.5}$$

该数学模型的约束条件如下。

(1) 系统连通性约束条件。

(2) 配电网辐射状运行约束条件。

(3) 防电压越限约束条件。

(4) 负载率约束。

(5) 分布式可再生能源发电出力约束。

(6) 线路传输约束。

一般通过量纲的变化及设置权重来将多目标函数转换成单目标函数进行求解, 或者求取多目标函数的帕累托最优解。

2. 双层优化模型

双层优化是一种二层交互递进的系统优化方法, 涉及处于不同层次的多个决策者, 将优化问题分为上下两层, 每一层都有各自的决策变量、约束条件和目标函数[4]。上层决策指导下层决策, 下层将上层决策作为已知条件, 进行优化决策, 同时下层优化策略会反过来影响上层决策。这种决策机制使得上层决策者在选择策略以优化自己的目标达成时, 必须考虑到下层决策者可能采取的策略对自己的不利影响, 上下两层构成一种相互制约和相互影响的关系。分布式可再生能源发电和配电网协同规划涉及不同的考虑层面或利益方, 可以分为以下两种。

1) 从规划和运行两方面考虑的双层优化模型

高渗透率分布式可再生能源发电接入到配电网中, 会面临分布式可再生能源发电的消纳问题, 利用主动配电网的相应手段, 可建立协同规划双层模型: 上层为规划层, 进行配电网的线路建设; 下层为运行层, 采用主动配电网的调整手段促进分布式可再生能源发电消纳。

具体而言, 上层规划层考虑线路建设方案, 决策变量是配电网的线路规划, 以年综合费用最低为目标函数, 得到网架方案并向下层传递; 下层考虑在上层的网架结构下考虑分布式可再生能源发电的消纳, 以分布式可再生能源发电的总消纳量最大为目标函数, 得到年运行费用向上层传递。

2) 从配电企业和分布式可再生能源发电两方面考虑的双层优化模型

按分布式可再生能源发电投资主体的不同, 分布式可再生能源发电的出资模式基本可分为三大类：一种是由电网企业出资在配电网建设分布式可再生能源发电，用来供应供电用户的新增负荷需求，电网企业通过这种方式，可节省配电升级换代的成本；第二种是由电力用户自己建设分布式可再生能源发电装置或者政府、光伏企业和贫困户共同出资建设扶贫光伏电站，在满足电力用户用电的同时，希望向电网卖电，并获得一部分收益；第三种是完全由第三方在配电网用户负荷周边新建分布式可再生能源发电装置，通常与用户的用电特性相结合进行运营。我国以后两种为主。

相比于传统规划模型只从配电网角度考虑了配电企业投资和运营成本而言，该双层模型按如下设置：上层为电网层面，决策变量是配电网的线路规划，以年综合费用最低为目标函数，得到网架方案并向下层传递；下层为分布式可再生能源发电层，决策变量是分布式可再生能源发电的接入位置和接入容量，并向上层传递分布式可再生能源发电接入的综合运行费用。

若同时考虑配电企业和分布式可再生能源发电层面的经济成本问题[5]，从配电企业和分布式可再生能源发电角度开展双层优化的数学模型为：上层考虑配电企业总成本/收益最优，决策变量是配电网的线路规划以及分布式可再生能源发电和储能的选址问题，并传递给下层分布式可再生能源发电的位置；下层考虑分布式可再生能源发电总成本/收益最优，决策变量是分布式可再生能源发电的容量，将分布式可再生能源发电的费用传递给上层。

8.1.3　分布式可再生能源发电集群与配电网协同规划的研究思路

根据实际网架和分布式可再生能源发电的接入情况可以将分布式可再生能源发电和配电网协同规划分为以下几种情况：①大量的分布式可再生能源发电已经安装在配电网中，需通过配电网线路的扩展规划来满足负荷的增长需求与分布式可再生能源发电的消纳；②分布式可再生能源发电的安装位置与容量均未确定，需要与线路的扩展规划共同满足负荷的增长需求与分布式可再生能源发电的消纳；③在上述场景中，通过分布式可再生能源发电、储能的选址定容以及线路的扩展规划共同满足负荷的增长需求与分布式可再生能源发电的消纳。

8.2　含分布式可再生能源发电的主动配电网扩展规划

本节研究的是在已经确定分布式可再生能源发电安装位置和容量的基础上对配电网进行扩展规划，以满足负荷的增长需求与分布式可再生能源发电消纳的问题。

8.2.1　含分布式可再生能源发电的主动配电网扩展规划框架

含分布式可再生能源发电的主动配电网扩展规划指的是，考虑各种主动管理措施的新型可控设备接入的主动配电网扩展规划，需要协调好主动管理措施与网架建设方案。常见的主动配电网的管理模式包括分布式可再生能源发电出力控制、无功补偿的投切、有载调压变压器抽头调整、网架结构的动态重构等方式。其中，分布式可再生能源发电出力指通过控制分布式可再生能源发电出力以调整接入分布式可再生能源发电节点的电压，从而改善潮流分布；无功补偿的投切指通过在分布式可再生能源发电接入节点投切无功补偿设备来满足配电网运行对无功的需求；有载调压变压器抽头调整指通过改变变压器一/二次侧绕组间的匝数比来改变变压器的电压比，进而改变整个配电网络的电压分布情况；网架结构的动态重构指考虑网架结构和负荷大小来调整网架中的可控开关的开闭状态，进而改变潮流分布情况。本节采用网络重构的方式来提升分布式可再生能源发电的消纳[6]能力。

配电网重构可分为静态重构和动态重构两大类。静态重构主要针对某个时间断面的网络结构、负荷情况、约束条件进行优化；动态重构则综合考虑各时段内的负荷变化情况。静态重构单纯追求某时刻的符合特定目标的最优网络结构，动态重构考虑了负荷波动、开关操作约束/费用等因素，更具实用价值。

含分布式可再生能源发电的主动配电网扩展规划包括网架建设及配电网动态重构两个环节，在对配电网规划方案寻优的过程中，将该方案在网架结构动态重构下的运行结果转化为其寻优适应度函数的一部分，以改善规划方案。因此，在构建考虑配电网动态重构的扩展规划模型时，引入双层优化模型。

双层优化模型具有交互关联性，下层优化模拟基于上层的决策结果，上层的决策结果又受下层的模拟结果影响。对应于本书研究的问题，模型的上层为配电网扩展规划层，负责规划方案的最优决策，生成的规划方案向下传递给下层的运行模拟层模型；下层模型则是在上层规划决策方案的基础上，模拟在分布式可再生能源发电出力和负荷波动变化的多种实际运行场景下，考虑网架动态重构的运行结果，并将其量化后的数据返回给上层，作为该方案适应度计算的一部分，完善最优方案的选择。

规划层以配电网年综合费用最小为目标，为运行层提供网架规划方案，配电网年综合费用包含网络建设的等年值费用和年运行费；运行层从规划层获得当前规划方案，以分布式可再生能源发电消纳量最大为目标，确定各个场景下的配电网开关状态即网架运行结构，计算当前规划方案的年运行参数，以供规划层计算该规划方案的年综合费用。

8.2.2　考虑网架动态重构的主动配电网双层扩展规划模型及求解

1. 数学模型

分别针对上层规划层和下层运行层建立数学模型,提出目标函数和约束条件。针对配电网结构提出相应的编码方式和求解方法。

1) 规划层模型

规划层负责规划方案的决策,决定方案中选择建设的线路的集合,并将决策结果传递给运行层,作为配电网运行时动态重构的网架基础。规划层以配电网年综合费用最小为目标函数,表达式如式(8.6)和式(8.7)所示。

$$\min C_{\mathrm{lo}} = C_{\mathrm{l}} + C_{\mathrm{ope}} \tag{8.6}$$

$$C_{\mathrm{ope}} = C_{\mathrm{pe}} + C_{\mathrm{dec}} - C_{\mathrm{los}} + B_{\mathrm{DG}} \tag{8.7}$$

新建线路建设成本、购电成本、分布式可再生能源发电弃风或弃光成本、网损成本及分布式可再生能源发电补贴收益表达式如下:

$$C_{\mathrm{l}} = \frac{r(1+r)^{\mathrm{T}}}{[(1+r)^{\mathrm{T}}-1]} (\sum_{i=1}^{n_{\mathrm{fl}}} x_{\mathrm{fl},i} \cdot S_{\mathrm{fl},i}) \tag{8.8}$$

$$C_{\mathrm{pe}} = T_{\mathrm{y}} \cdot \sum_{i=1}^{s_{\max}} \omega_i [c_{\mathrm{pe}}(P_{\mathrm{loa},i} + P_{\mathrm{los},i} - P_{\mathrm{DG},i})] \tag{8.9}$$

$$C_{\mathrm{dec}} = T_{\mathrm{y}} \cdot \sum_{i=1}^{s_{\max}} \omega_i (c_{\mathrm{dec}} P_{\mathrm{dec},i}) \tag{8.10}$$

$$C_{\mathrm{los}} = T_{\mathrm{y}} \cdot \sum_{i=1}^{s_{\max}} \omega_i [c_{\mathrm{los}} \cdot P_{\mathrm{los},i}] \tag{8.11}$$

$$B_{\mathrm{DG}} = T_{\mathrm{y}} \cdot \sum_{i=1}^{s_{\max}} \omega_i (b_{\mathrm{DG}} P_{\mathrm{DG},i}) \tag{8.12}$$

式(8.6)~式(8.12)中,C_{l} 为网架的建设投资费用等年值;C_{ope} 为规划方案的年运行总费用;C_{pe} 为每年向上级电网购电总费用;T_{y} 为一个运行周期小时数,一般以一年为一个运行周期计算,取 8760;C_{dec} 为分布式可再生能源发电弃风或弃光成本;B_{DG} 为分布式可再生能源发电的年政府环境补贴收益;C_{los} 为年网损总费用;r 为贴现率;$x_{\mathrm{fl},i}$ 为"0-1"状态变量,表示第 i 条待新建线路的状态,1 表示该线路被选择新建,0 表示未被选择新建;$S_{\mathrm{fl},i}$ 表示第 i 条线路的建设成本;$s_{\max}$ 为运行场景总数目;ω_i 表示第 i 个场景出现的概率;b_{DG} 为分布式可再生能源发电补贴单价;c_{pe} 为向上级电网购电单价;$P_{\mathrm{loa},i}$ 表示第 i 个场景下的负荷总功率;$P_{\mathrm{los},i}$ 表示第 i 个场景下的网损功率;$P_{\mathrm{DG},i}$ 表示第 i 个场景下的分布式可再生能源发电有功功率。

同时，结合实际配电网的建设和布局要求，规划层模型约束包括如下内容。

(1)配电网连通性约束。即每个新建的负荷点和分布式可再生能源发电接入点应和上层电网电源形成联络，不出现孤岛情况。

(2)环状结构消除约束。配电线路在规划设计时需要满足"闭环设计、开环运行"的原则，因此，在进行配电网扩展规划的过程中，应避免出现环状供电结构，具体表达式如下：

$$\sum_{e \in \Psi_{LL} \cap \Psi_{EL}} y_e + \sum_{k \in \Psi_{LL} \cap \Psi_{NL}} y_k \leqslant N_{LL} - 1, \qquad \forall \Psi_{LL} \tag{8.13}$$

式中，Ψ_{LL} 为环状结构所含支路集；Ψ_{EL} 为原有线路支路集；Ψ_{NL} 为待新建线路支路集；N_{LL} 为支路集 Ψ_{LL} 中所含支路总数。

(3)线路负载率约束。线路的负载率约束按照单联络供电模型来考虑，不得超过50%。

2)运行层模型

运行层以规划层传递的网架规划方案为基础，计算该网架规划方案在考虑配电网动态重构条件下的运行数据，作为返回量反馈给规划层并作为计算方案目标函数值的一部分。运行层模型以分布式可再生能源发电消纳量最大为目标函数，表达式如式(8.5)所示。

运行层的约束条件包括如下内容。

(1)配电网络的潮流约束。

配电网络的潮流约束表达式见式(4.3)。

(2)节点电压与支路传输功率约束。为维护配电网的安全运行，配电网中各节点电压和各支路潮流不可超出其约束范围，但该约束并不严格，允许短时间某种程度上的过电压和潮流越限，对于该问题可以用机会约束条件解决。节点电压约束、支路传输功率约束表达式式(4.4)、式(5.61)。

2. 模型求解

1)规划层模型编码与求解

在规划层优化模型中，需要生成满足配电网接线模式的网络结构，以往的规划方法中将待建线路以 0-1 状态表征其在方案中是否建设，但这样会在寻优过程中产生大量不可行解，影响寻优效率。借鉴图论中的"避圈法"思想[7]，采用改进后的随机树生成法初始化生成相应的配电网网络结构，保证了每次产生的解是可行的，提高求解效率。主要步骤简述如下。

(1)将所有 n 条可建设线路编号随机排列，得到长度为 n 的可建设线路序列编码。

(2)将所有已有线路和节点依据网架拓扑结构是否存在联络关系划分为若干

子集 $S_1, \cdots, S_n$，子集元素为该子集线路的两端节点编号。对子集进行分级，将含有以上级电网为电源的节点的子集等级设为 1，不含以上级电网为电源的节点的子集等级设为 0。初始子集由原始网络生成，故均含有电源节点，等级为 1，不含电源节点的子集会出现在网络生成过程中。

(3) 依照待建设线路序列编码顺序，依次判断当前序列编码代表的线路两端节点 N_i，N_j 与当前已存在子集的关系，对子集及当前线路进行处理：①N_i 与 N_j 不在已有子集中，则建设该线路，并开辟新的子集 $S_i = \{N_i + N_j\}$，新子集等级为 0。②N_i 与 N_j 只有一个存在于现有子集 S_i 中，则建设该线路并将另一个节点加入 S_i，子集等级不变。③N_i 与 N_j 存在于同一个子集 S_i 中，则不建设该线路，避免同一馈线上形成环网。④N_i 与 N_j 存在于不同的子集 S_i 与 S_j 中，则建设该线路，并将两个子集合并成一个，合并后的子集等级为两个原有子集之和。

(4) 配电网架生成过程终止判断，当所有子集中的节点数为节点总数，结束忘记生成过程，得到当前编码中需要建设的线路编号。否则，重复步骤 (3) 处理待建设线路序列的下一位编码。

采用遗传算法对模型进行求解，并针对模型的实际情况对遗传算法进行相对应的调整，具体如下所述。

(1) 选择策略。采用轮盘赌选择操作，适应度高的个体即年综合成本低的规划方案作为遗传父代的概率更大，保证了进化过程中优良个体的基因保存下来。加入精英保留策略，在新一代种群中如果种群不包含前一代种群中最优的个体，就用该最优个体代替新一代种群最差的个体。

(2) 交叉。采用基于次序的杂交方法，一条染色体对应一个网架规划建设方案，其基因的排列顺序即为待建线路的建设顺序。先从某个染色体中随机选择两个断点，将两个断点间的基因串插入另一个染色体对应的第一个断点位置，并剔出其与插入基因端内相同的基因，得到两条染色体的杂交后代。

(3) 变异。采用倒位操作产生变异个体，在父代中随机选择两个断点，将两个断点之间所夹基因子串反序，产生变异后的个体。

2) 运行层模型编码与求解

运行层在规划层给出的闭环规划建设方案的基础上，模拟不同场景下配电网网架结构的动态重构，进而得出当前规划方案下的运行参数。运行层模型采用十进制整数粒子群算法[8]，较之二进制粒子群算法的编码方式，缩短了粒子个体长度，提高了寻优效率。具体编码方式如下。

(1) 以深度优先遍历得到规划方案下的所有环路以及环路上的所有开关编号，按照开关的实际联络顺序排序。

(2) 粒子群算法中粒子的长度取决于方案中环路的数目。为保证开环运行，每个环路要求断开一个开关，粒子的第 n 位编码 x 表示第 n 个环路的第 x 个开关断开。

双层规划模型优化流程如图 8.1 所示。

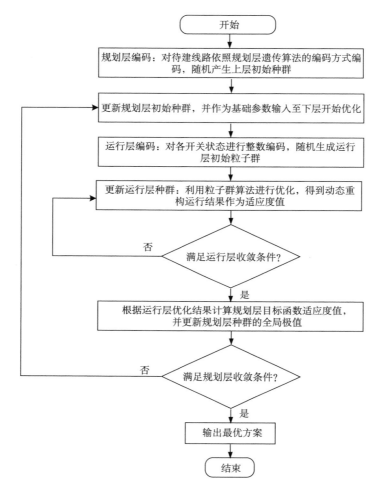

图 8.1　双层规划模型优化流程图

8.3　分布式可再生能源发电与配电网协同规划

　　本节研究分布式可再生能源发电的安装位置与容量均未确定，需要与线路的扩展规划来共同满足负荷增长需求与分布式可再生能源发电的消纳。分布式可再生能源发电与配电网协同规划需要综合协调分布式可再生能源发电规划与网架建设方案[9]。

8.3.1　分布式可再生能源发电与配电网协同规划双层模型

由于本节所面向的问题是分布式可再生能源发电与配电网线路的协同规划，而分布式可再生能源发电的选址定容需要在确定的线路拓扑基础上进行，所以本节构建了双层协同规划模型。上层为网架层面，考虑线路建设方案，决策变量是配电网的线路规划，以年综合费用最低为目标函数，得到网架方案并向下层传递；下层为分布式可再生能源发电层，考虑分布式可再生能源发电的位置和容量，决策变量是分布式可再生能源发电的接入位置和接入容量，向上层传递分布式可再生能源发电接入的综合费用运行。

1. 上层模型

上层模型以年综合费用最低为目标函数，具体包括线路新建费用、网损费用、购电成本、分布式可再生能源发电建设和运行成本。上层规划模型的目标函数为

$$\min C_{\text{all}} = C_l + C_{\text{DG}} - B_{\text{DG}} + C_{\text{pe}} + C_{\text{los}} \tag{8.14}$$

式中，C_{DG} 表示分布式发电分布式可再生能源发电建设和运行成本。

$$C_{\text{DG}} = \sum_{i=1}^{n_{\text{DG}}} k_{\text{DG}} C_{\text{DG},i} \times S_{\text{DG},i} + T \cdot \sum_{i=1}^{n_{\text{DG}}} \lambda_i \times C_{\text{oDG},i} \times P_{\text{DG},i} \tag{8.15}$$

式中，k_{DG} 为 DG 的固定投资年平均费用系数；n_{DG} 为 DG 的可安装位置数量；$C_{\text{DG},i}$ 为第 i 处 DG 安装位置的单位容量的固定投资费用；$S_{\text{DG},i}$ 为第 i 处 DG 安装位置的安装容量；$C_{\text{oDG},i}$ 为第 i 处 DG 安装位置的单位容量的年运行费用；λ_i 为第 i 处 DG 的功率因数。

式 (8.14) 中第一项为配电网线路建设费用，后面的 4 项为 DG 接入的综合费用各项。该双层模型为下层规划以最优值传递给上层的双层规划模型，即上层将最佳网架结构传递给下层，下层规划在上层网架结构的基础上得到最优的 DG 接入方案。

约束条件如下。

1) 配电网连通性约束

即每个新建的负荷点和分布式可再生能源发电接入点应和上层电网电源形成联络，不出现孤岛情况。

2) 环状结构消除约束。

配电线路在规划设计时需要满足"闭环设计、开环运行"的原则，因此，在进行配电网扩展规划的过程中，应避免出现环状供电结构，具体表达式见式 (8.13)。

3）线路负载率约束

线路的负载率约束按照单联络供电模型来考虑，不得超过 50%。

2. 下层模型

下层为分布式可再生能源发电层，考虑分布式可再生能源发电的位置和容量，决策变量是分布式可再生能源发电的接入位置和接入容量，并向上层传递分布式可再生能源发电接入的综合费用运行。下层规划模型如式(8.16)所示。

$$\min C_{\mathrm{dow}} = C_{\mathrm{DG}} - B_{\mathrm{DG}} + C_{\mathrm{pe}} + C_{\mathrm{los}} \tag{8.16}$$

约束条件如下。

(1)配电网络的潮流约束见式(4.3)。

(2)节点电压与支路传输功率约束。为维护配电网的安全运行，配电网中各节点电压和各支路潮流不可超出其约束范围，但该约束并不严格，允许短时间某种程度上的过电压和潮流越限，对于该问题可以用机会约束条件解决，节点电压与支路传输功率约束见式(4.4)、式(5.61)。

3)分布式可再生能源发电容量约束见式(4.2)。

8.3.2　分布式可再生能源发电与配电网协同规划双层模型求解方法

1. 上层优化求解方法

上层的优化目标包括待选新建线路和转供路径，由于待选新建线路只有建与不建两种情况，转供路径只有存在与不存在两种情况，所以采用二进制基因编码方式。长度是待选新建线路数目，取值为 1 表示新建该线路或存在转供路径，取值为 0 表示放弃新建该线路或不存在转供路径。

2. 下层优化求解方法

下层的优化目标为分布式可再生能源发电的位置和容量，由于某节点不接入分布式可再生能源发电相当于接入的分布式可再生能源发电容量为 0，所以编码问题是关于分布式可再生能源发电的容量确定。假设 d_{DG} 为 DG 的最小单位容量，如取 $d_{\mathrm{DG}}=100\mathrm{kV\cdot A}$，则每个 DG 安装点处的 DG 安装容量为 $n_i d_{\mathrm{DG}}$，其中，n_i 表示每个安装点处 DG 单位容量的倍数，编码长度、编码规则和转换的步骤如下。

(1)根据负荷的容量确定分布式可再生能源发电最大允许接入容量 $d_{\max}$，由 $b=d_{\max}/d_{\mathrm{DG}}$ 可确定该部分的染色体长度。

(2)各基因数值为 DG 安装点的编号，生成长度为 b 的染色体。

(3)统计染色体中各安装点的出现次数 n_i，根据 $d_i = n_i d_{\mathrm{DG}}$ 可得到各安装点的安装容量，若为 0 则表示该安装点不安装 DG。

3. 双层规划求解框架

基于上层和下层关于新建线路和分布式可再生能源发电安装位置与容量的编码方式。

8.4　分布式可再生能源发电、储能与配电网协同规划

本节研究的是在含分布式可再生能源发电的配电网中，通过分布式可再生能源发电、储能的选址定容以及线路的扩展规划来满足负荷的增长需求。分布式可再生能源发电、储能与配电网协同规划需要综合协调分布式可再生能源发电规划、储能规划与网架建设方案，由于同时处理上述三个问题较为复杂，一般采用双层模型进行研究[11]。

8.4.1　自消费模式下的光伏、储能运行策略

1. 自消费模式

并网式的分布式可再生能源发电常见的商业模式主要包括统购统销运营模式、合同能源管理模式和用户自发自用模式[12]。其中，统购统销运营模式为第三方投资方负责光伏发电的投资、建设和运维，享有光伏发电的经营权，光伏电量全额上网；合同能源管理模式为第三方投资者投资建设光伏电源，分布式可再生能源发电产生的电能优先供给用户，富余电量按照当地燃煤脱硫机组标杆电价卖给电网公司；自发自用模式又称自消费模式，即用户自己建设光伏电站，所发电量优先自用，多余电量上网，不足电量由电网提供。本节研究的是自消费模式下的光储与配电网协同规划，一般这种由用户自己投资的项目主要靠政府补贴和节省电费收回投资成本。

2. 光伏和储能运行策略

安装光储系统的用户应遵循如下原则。

(1) 光伏及储能装置出力应首先满足用户自身内部电力供应，减少对电网的影响。

(2) 考虑峰谷电价，在峰时电价时段，光伏发电富余电量优先反送入电网获取收益，在谷时电价时段，光伏发电富余电量优先存入储能装置。

(3) 当光伏发电不足以满足负荷需求时，应优先让储能装置放电以填补差额，不足部分由电网提供。

本节中，储能装置的充放电策略主要根据光伏与负荷的功率差额及储能运行

约束条件进行调整。在此基础上，可获取光储系统的详细运行策略。

8.4.2 光储选址定容与主动配电网扩展规划的双层优化模型

针对该问题建立双层数学模型。上层优化模型的决策变量是配电线路建设情况及储能和光伏的安装位置，优化目标是配电公司的总成本。下层优化模型的决策变量是光伏和储能的容量，优化目标是用户的总成本。

1. 上层优化模型

1）上层模型目标函数

配网企业解决配电网规划以及光储的选址问题，考虑配网企业总成本/收益最优的目标函数如下。

$$B_{\text{nl}} = B_{\text{tra}} - C_{\text{nl}} - C_{\text{los}} - C_{\text{pe}} \tag{8.17}$$

式中，B_{nl} 表示配网企业的总收益；B_{tra} 为与用户交易所取得的收益，即配网企业与用户进行电能交易的收益，若用户向配电网倒送功率，配网企业向用户支付上网费用，若配电网向用户输送功率满足负荷需求，配网企业从用户侧获取售电收益；C_{nl} 为线路投资成本，即配网企业在进行扩展规划的过程中新建线路和转供路径的投资成本，本节中采用其等年值进行计算。各项成本/收益的具体计算公式如式(8.18)、式(8.19)。

$$B_{\text{tra}} = \sum_{i \in \Psi_{\text{LD}}} B_{\text{pur},i} - \sum_{i \in \Psi_{\text{PV}}} C_{\text{pve},i} \tag{8.18}$$

式中，Ψ_{PV} 为待安装光储系统的节点集合；$B_{\text{pur},i}$ 为节点 i 上的用户向电网购电所获取的收益；Ψ_{LD} 为负荷节点集合，$C_{\text{pve},i}$ 为节点 i 上的用户向电网倒送功率的购电成本。当安装光储节点上的用户向电网倒送功率时，这部分用户向上级电网购电成本为零；当安装光储的节点向上级电网购电时，这部分用户向电网倒送功率为零。

$$C_{\text{nl}} = \frac{r(1+r)^{\text{T}}}{(1+r)^{\text{T}} - 1} \sum_{k=1}^{N_b + N_t} c_{\text{nl}} x_k^N l_k \tag{8.19}$$

式中，c_{nl} 为投资建设单位长度线路的费用；x_k^N 为第 k 条待新建线路或转供路径的状态，1 为该线路被选择新建，0 为未被选择新建；l_k 为第 k 条待新建线路或转供路径的长度；$N_b + N_t$ 为网络中待新建线路和转供路径的总数；r 表示贴现率。

配网企业向上级电网购置电能的购电成本与配电网在运行过程中产生的网络损耗成本见式(8.9)、式(8.11)。

2）上层模型约束条件

配电网的扩展规划是在保证配电网的安全可靠运行的前提下进行的，因此分布式可再生能源发电优化配置问题需满足配电网的潮流约束、节点电压与潮流越限约束、环状供电消除约束、馈线接线模式约束等。

(1) 配电网络的潮流约束见第 4 章式(4.3)。

(2) 节点电压与支路传输功率约束见式(4.4)、式(5.61)。

为维护配电网的安全运行，配电网中各节点电压和各支路潮流不可超出其约束范围，但该约束并不严格，允许短时间某种程度上的过电压和潮流越限，对于该问题可以用机会约束条件解决。

(3) 环状结构消除约束。

配电线路在规划设计时需要满足"闭环设计、开环运行"的原则，因此，在进行配电网扩展规划的过程中，应避免出现环状供电结构，具体表达式见式(8.13)。

(4) 馈线接线模式约束。正常运行状态下，同一负荷节点仅允许由一台主变进行供电。同时，应满足每条 10kV 馈线至少有一条转供路径与其他 10kV 馈线相连，且每两条 10kV 馈线之间最多有一条转供路径，具体表达式如下：

$$\sum_{e \in \Psi_{SCL,ij} \cap \Psi_{EL}} y_e + \sum_{k \in \Psi_{SCL,ij} \cap \Psi_{NL}} y_k + \sum_{t \in \Psi_{SCL,ij} \cap \Psi_{CL}} y_t \leqslant N_{SCL,ij} \tag{8.20}$$

$$\sum_j \sum_{t \in \Psi_{SCL,ij} \cap \Psi_{CL}} y_t \geqslant 1 \tag{8.21}$$

$$\sum_{t \in \Psi_{SCL,ij} \cap \Psi_{CL}} y_t \leqslant 1, \qquad \forall i, j, i \neq j \tag{8.22}$$

式中，$\Psi_{SCL,ij}$ 为变电站 i 和变电站 j 间相连的支路集合；Ψ_{EL} 为原有线路支路集；Ψ_{NL} 为待新建线路支路集；Ψ_{CL} 为联络线集；$N_{SCL,ij}$ 为支路集 $\Psi_{SCL,ij}$ 中所含支路总数。

(5) 配电网连通性约束。任何带有负荷的节点，及由该节点和其邻近节点构成的集合，应有支路与大电网相连，即满足配电网连通性约束。该约束数学形式在此略去。

(6) 线路负载率约束。不得超过 50%。

2. 下层优化模型

光伏发电具有一定的不确定性，其发电方式非恒功率发电，当前较多文献研究通过构建光伏发电的概率模型来反映光伏发电的不确定性。但是考虑到光伏发电具有较强的时序特性和季节特性，采用单一的概率模型无法完整体现光伏发电的时序特性，选用典型场景下光伏发电的时序出力模型更为适合。

同时，考虑峰谷电价的前提下，光伏、储能及负荷之间相互匹配的特性，由于储能的充放电过程与负荷功率也存在一定的不确定性，采用概率模型将大大增加求解难度。因此，本书通过选用典型场景的方法，计算全年365个场景下，考虑光伏发电时序出力模型和负荷功率时序模型的目标函数值。

1）下层模型目标函数

配电公司确定可安装光伏和储能的位置之后，用户投资光伏和储能，光伏和储能的投资和维护费用由用户承担。下层优化模型的决策变量是光伏和储能的容量，光伏和储能的容量是连续变化的值，这里取定单位容量，用户安装光储的容量是单位容量的倍数，用光伏安装数和储能安装数来表示，将连续性的问题处理为离散性的问题，以方便提高计算效率。考虑用户总收益最优的目标函数如下。

$$B_{co} = [B_{co,1}, \cdots, B_{co,i}, \cdots, B_{co,n_{PV}}] \tag{8.23}$$

$$B_{co,i} = B_{PV,i} - C_{tra,i} - C_{ins,i} - C_{re,i} - C_{ma,i} \tag{8.24}$$

式中，n_{PV}为安装光储系统的用户总数；$B_{co,i}$为用户i的总成本/收益，值为正时，表示用户获得收益，值为负时，表示用户亏损；$B_{PV,i}$为光伏发电补贴，为鼓励用户安装光伏，政府通常会根据光伏发电量进行政策性补贴；$C_{ins,i}$为设备安装成本，即安装光伏和储能装置的成本费用，本书中采用等年值进行计算，认为光伏和储能完全对应；$C_{re,i}$为设备置换成本，考虑到光伏与储能装置具有使用寿命，当达到使用寿命的终期时，需要及时进行置换，光伏或储能装置在整个投资周期内进行置换所花费的成本记为设备置换成本，本书采用等年值进行计算；$C_{ma,i}$为设备维护成本，即设备运行过程中所需维护的成本费用；$C_{tra,i}$为电能交易成本，当光储系统无法完全满足用户的用电需求时，用户需要通过向电网支付购电费用获取所需电量，当光储系统具有富余电量时，用户可将富余电量反送电网获取收益。在本节中，用户与电网交易产生的费用或收益记为用户的电能交易成本。通过读入光伏功率和负荷功率的全年小时数据，以1h为计算步长，产生功率平衡年数据。在下一步中，以8.4.1节中的光储能运行策略为基础，计算出由光伏和储能产生的倒送功率和由电网提供的负荷功率。需要注意的是，用户的电能交易成本和配网企业与用户交易所取得的收益互为相反数。

各项成本的具体计算公式见式(8.19)。

$$C_{ins,i} = \frac{r(1+r)^T}{(1+r)^T - 1}(N_{PV,i}C_{ins,PV} + N_{ESS,i}C_{ins,ESS})$$
$$- \alpha \cdot \frac{r}{(1+r)^T - 1}(N_{pv,i}C_{ins,PV} + N_{ESS,i}C_{ins,ESS}) \tag{8.25}$$

式中，α表示设备残值占设备初值的百分比；$N_{PV,i}$为光伏安装数；$N_{ESS,i}$为储能安装数；$C_{ins,PV}$为单个光伏安置成本；$C_{ins,ESS}$为单个储能安置成本。

$$C_{\mathrm{re},i} = \frac{r(1+r)^{\mathrm{T}}}{(1+r)^{\mathrm{T}}-1}(R_{\mathrm{PV},i} \cdot C_{\mathrm{ins,PV}} + R_{\mathrm{ESS},i} \cdot C_{\mathrm{ins,PV}}) \tag{8.26}$$

式中，$R_{\mathrm{PV},i}$ 为整个工程周期内光伏的置换数；$R_{\mathrm{ESS},i}$ 为储能的置换数。

$$R_{\mathrm{PV},i} = N_{\mathrm{PV},i} \cdot \left[\frac{T}{L_{\mathrm{PV}}}\right], R_{\mathrm{ESS},i} = N_{\mathrm{ESS},i} \cdot \left[\frac{T}{L_{\mathrm{ESS}}}\right] \tag{8.27}$$

$$C_{\mathrm{ma},i} = N_{\mathrm{PV},i} C_{\mathrm{ma,PV}} + N_{\mathrm{ESS},i} C_{\mathrm{ma,ESS}} \tag{8.28}$$

式中，$C_{\mathrm{ma,PV}}$ 为单个光伏装置的维护成本；$C_{\mathrm{ma,ESS}}$ 为单个储能装置的维护成本；L_{PV} 表示光伏使用寿命；L_{ESS} 为储能使用寿命；T 为工程周期。

2）下层模型约束条件

在储能的运行过程中，通常要考虑的约束条件主要包括充放电功率约束、剩余容量约束以及始末容量约束。

（1）充放电功率约束见式(4.25)、式(4.26)。

（2）剩余容量约束。储能装置的寿命一般与充放电深度相关，过充过放都会增加储能装置的寿命损耗，所以需要对 t 时刻储能装置的剩余容量及荷电状态进行约束。

$$\mathrm{SOC}_{\min} S_{\mathrm{ESS}} \leqslant E_{\mathrm{SOC},t} \leqslant \mathrm{SOC}_{\max} S_{\mathrm{ESS}} \tag{8.29}$$

式中，$E_{\mathrm{SOC},t}$ 为 t 时刻的储能剩余容量；S_{ESS} 为储能额定容量；$\mathrm{SOC}_{\min}$ 表示最小荷电状态；$\mathrm{SOC}_{\max}$ 表示最大荷电状态。其中，$E_{\mathrm{SOC},t}$ 的具体推导公式如式(4.27)。

（3）始末容量约束。一个完整的充电周期内，需保证储能装置的起始时刻剩余电量与终止时刻的剩余电量相等，即在一个周期内，储能充电电量与储能放电电量需一致。

$$\sum_{t}^{T_N} p_{\mathrm{c},t}\eta_{\mathrm{c}} = \sum_{t}^{T_N} \frac{p_{\mathrm{d},t}}{\eta_{\mathrm{d}}} \tag{8.30}$$

式中，T_N 为一个完整的充放电周期时段数。

（4）倒送功率约束。光储倒送功率过大会对电网的稳定性与经济性造成不利影响，故需对微电网的倒送功率有所限制。

$$P_{\mathrm{PV,ESS},i} \leqslant P_{\mathrm{PV,ESS},i}^{\max} \tag{8.31}$$

式中，$P_{\mathrm{PV,ESS},i}$ 为节点 i 上安装的光伏或储能装置向电网传输的倒送功率；$P_{\mathrm{PV,ESS},i}^{\max}$ 为倒送功率允许的最大值。

8.4.3 光储选址定容与主动配电网扩展规划的双层优化模型求解方法

1. 上层优化方法

上层优化模型中，所采用的优化方法为二进制粒子群算法。选择上层优化模型的目标函数，即配网企业的总收益 B_{nl} 作为粒子群优化的适应度值。具体编码方法如下：假定配电网络中有 N_b 条待新建的线路，N_t 条转供路径和 N_p 个可安装光伏及储能装置的负荷节点[13]。则第 i 个粒子的位置和速度如下式所示。

$$\boldsymbol{X}_i = [x_1^l, x_2^l, \cdots, x_{N_b}^l, x_{N_b+1}^l, x_2^l, \cdots, x_{N_b+N_t}^l, x_1^n, x_2^n, \cdots, x_{N_p}^n]$$
$$\boldsymbol{V}_i = [v_1^l, v_2^l, \cdots, v_{N_b}^l, v_{N_b+1}^l, v_2^l, \cdots, v_{N_b+N_t}^l, v_1^n, v_2^n, \cdots, v_{N_p}^n] \qquad (8.32)$$
$$i = 1, 2, 3, \cdots, M$$

式中，$\boldsymbol{X}_i$ 中的任一元素取值为 0 或者 1；M 为粒子数量。

2. 下层优化方法

当通过上层优化模型确定了光伏储能装置的安装节点及网架结构之后，下层模型根据节点处光伏出力与负荷功率的差额大小及储能运行策略，计算求取用户的总成本。由于配电网存在潮流约束和倒送功率约束，用户对自身光储容量优化配置的同时，还需考虑其他用户的配置策略，故不同节点处的用户利益间相互制约。本节采用完全信息环境下非合作 Nash(纳什)博弈理论，研究不同决策主体(安装光储设备的各个用户)在上层给定信息的条件下如何配置自身设备容量以实现自身利益最大化。

本节构建的非合作 Nash 博弈模型中，各用户的决策变量为各自的光伏安装容量、储能安装容量以及节点处最大倒送功率，若在博弈中存在均衡点，则应满足以下公式。

$$(N_{\text{PV},i}^*, N_{\text{ESS},i}^*, P_{\text{PV,ESS},i}^{*\max}) =$$
$$\arg \max_{(N_{\text{PV},i}, N_{\text{ESS},i})} C_{\text{ins},i}\{(N_{\text{PV},i}, N_{\text{ESS},i}, P_{\text{PV,ESS},i}^{\max}) \qquad (8.33)$$
$$\left| (N_{\text{PV},j}^*, N_{\text{ESS},j}^*, P_{\text{PV,ESS},j}^{*\max}), j \neq i \right\}$$

式中，$(N_{\text{PV},i}^*, N_{\text{ESS},i}^*, P_{\text{PV,ESS},i}^{\max*})$ 表示节点 i 上光伏安装数、储能安装数和最大倒送功率的均衡解值。

具体的博弈模型求解流程如下。

(1) 设定均衡点初值。本节在策略空间随机选定初值。

(2) 各博弈参与者依次进行独立优化决策。各参与者根据上一轮优化结果，通过优化算法(采用粒子群算法)，得到最优组合，具体过程如下。

假定博弈过程中进行了多轮优化，记第 $t-1$ 轮的优化结果为 $(N_{\text{PV},i}^{t-1}, N_{\text{ESS},i}^{t-1}, P_{\text{PV,ESS},i}^{\max,t-1})$，则可计算求得第 t 轮的优化结果如下式所示。

$$(N_{\mathrm{PV},i}^{*}, N_{\mathrm{ESS},i}^{*}, P_{\mathrm{PV,ESS},i}^{*\max}) =$$
$$\arg \max_{(N_{\mathrm{PV},i}, N_{\mathrm{ESS},i})} C_{\mathrm{ins},i}\{(N_{\mathrm{PV},i}, N_{\mathrm{ESS},i}, P_{\mathrm{PV,ESS},i}^{\max}) \quad (8.34)$$
$$\left| (N_{\mathrm{PV},j}^{*}, N_{\mathrm{ESS},j}^{*}, P_{\mathrm{PV,ESS},j}^{*\max}), j \neq i \right\}$$

(3)信息共享。将各用户最优配置策略进行信息共享，并判定最优组合是否满足约束条件，若满足约束条件，继续步骤(4)，若不满足，则返回步骤(1)。

(4)判断系统是否找到 Nash 均衡点。若各博弈参与者在相邻两轮得到的最优解相同，则在该策略组合下博弈达到了 Nash 均衡点。

$$(N_{\mathrm{PV},i}^{t}, N_{\mathrm{ESS},i}^{t}, P_{\mathrm{PV,ESS},i}^{\max,t}) = (N_{\mathrm{PV},i}^{t-1}, N_{\mathrm{ESS},i}^{t-1}, P_{\mathrm{PV,ESS},i}^{\max,t-1})$$
$$= (N_{\mathrm{PV},i}^{*}, N_{\mathrm{ESS},i}^{*}, P_{\mathrm{PV,ESS},i}^{*\max}) \quad (8.35)$$

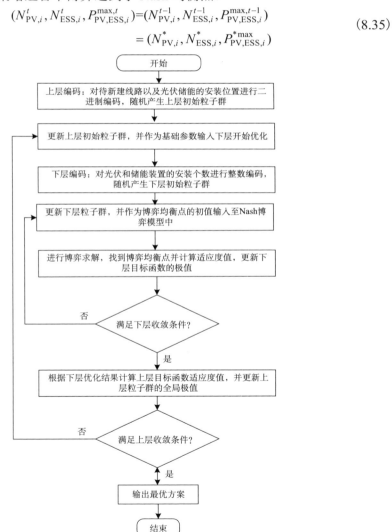

图 8.2　分布式可再生能源发电、储能与配电网协同规划双层模型求解流程

3. 双层优化流程

本节没有将不同主体的利益直接加和或处理为多目标问题，而是通过双层优化的方法使不同主体之间达到利益均衡。上层以配网企业新建线路和光储系统的位置为决策变量，优化配网企业线路投资成本和运营成本；下层以用户配置光储的容量为决策变量，优化用户光储投资成本和运营成本；下层将局部优化结果反馈上层，上层再进行整体优化，如此迭代反复，最后完成整个优化过程。

双层优化流程如图 8.2 所示。

8.5　案例分析

8.5.1　典型地区含分布式可再生能源发电的配电网扩展规划

1. 算例概况

选取金寨县 35kV 铁冲变下的 10kV 馈线高畈 03 线作为研究对象，改进的高畈 03 线拓扑图见图 8.3。高畈 03 线有 17 个已存在的节点和 16 条已存在的线路，图中存在的线路用实线表示，其中线路 L5、L8、L10、L17 包含分段开关，可作为重构时备选的断开线路；新增 11 个节点，有 16 条备选待建的线路，图中待建的线路用虚线表示，其中线路 L14、L23、L28、L29、L30、L32 为备选电力联络线路。各节点安装的配变容量之和为 3730kV·A，各节点配变容量信息见附录表 A1。已接入分布式可再生能源发电的节点为节点 5、13、22、23、25，各节点接入的分布式可再生能源发电信息见表 8.1。各线路型号均为 LGJ-35，L1～L27 支路参数情况见附录表 A2，L28～L32 支路多数情况见表 4.1。10kV 配电网电压偏差标幺值的安全运行范围为 0.93～1.07p.u.。

本节的配电网重构面向配电网的正常运行状态，对于算例中采用单条馈线进行网络重构[14]的理论与现实合理性，在 4.7.2 节已论述过，此处不再赘述。

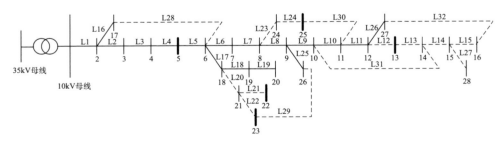

图 8.3　包含待选线路的规划区线路拓扑图

表 8.1　高畈 03 线分布式可再生能源发电接入信息

节点编号	配变容量/kV·A	光伏容量/kW	节点编号	配变容量/kV·A	光伏容量/kW	节点编号	配变容量/kV·A	光伏容量/kW
5	400	126	13	120	165	22	660	141
23	400	120	25	200	165	—	—	—

表 8.2　高畈 03 线各线路信息

线路编号	初始节点	末端节点	线路电阻/Ω	线路电抗/Ω	线路编号	初始节点	末端节点	线路电阻/Ω	线路电抗/Ω
L1	1	2	0.43	0.20	L17	6	18	0.46	0.21
L2	2	3	0.24	0.11	L18	18	19	0.68	0.32
L3	3	4	0.25	0.12	L19	19	20	0.17	0.08
L4	4	5	0.09	0.04	L20	18	21	0.68	0.32
L5	5	6	0.44	0.21	L21	21	22	0.88	0.42
L6	6	7	0.32	0.15	L22	21	23	0.09	0.04
L7	7	8	0.83	0.39	L23	8	24	0.37	0.17
L8	8	9	0.47	0.22	L24	24	25	1.92	0.90
L9	9	10	0.14	0.07	L25	9	26	0.24	0.11
L10	10	11	0.91	0.43	L26	12	27	0.15	0.07
L11	11	12	0.26	0.12	L27	15	28	1.79	0.84
L12	12	13	0.88	0.42	L28	17	6	0.64	0.30
L13	13	14	1.09	0.51	L29	23	26	0.26	0.12
L14	14	15	0.57	0.27	L30	25	11	0.60	0.28
L15	15	16	0.68	0.32	L31	10	14	2.41	1.12
L16	2	17	0.23	0.10	L32	27	16	1.10	0.51

　　算例中考虑接入的分布式可再生能源发电为光伏，选取了研究区域各季节的典型日共计 4 个典型日的负荷数据和光伏出力数据。典型日的负荷曲线和光伏出力曲线见 4.7.1 节。

　　算法参数方面，规划层遗传算法中种群数量定为 20，迭代次数为 200，运行层粒子群算法中粒子群规模为 40，迭代次数为 100。算例中的其他成本参数如表 8.3 所示。

表 8.3　算例成本参数

参数名称	参数大小
工程日期	20 年
贴现率	10%

续表

参数名称	参数大小
线路建设成本	15 万元/km
网损成本	0.4 元/（kW·h）
弃光成本	0.3 元/（kW·h）
光伏发电补贴	0.42 元/（kW·h）
网购电成本	0.33 元/（kW·h）

2. 算例结果及分析

根据对运行场景的划分方法，得到的典型日等效负荷分段情况见表 8.4。

表 8.4 部分典型日运行场景划分

	春季典型日	夏季典型日	秋季典型日	冬季典型日
运行时段划分	22:00～04:00	22:00～09:00	22:00-08:00	21:00-08:00
	04:00～08:00		08:00-10:00	08:00-10:00
	08:00～12:00	09:00～15:00	10:00-16:00	10:00-12:00
	12:00～17:00	15:00～20:00	16:00-18:00	12:00-16:00
	17:00～22:00	20:00～22:00	18:00-22:00	16:00-21:00

通过对典型日运行时段的划分，将负荷和分布式可再生能源发电出力相似的相邻时段进行合并，把原有的 24 个时段削减为 4 到 5 个时段，减少了不必要的重复计算，计算量减少了 79.17%～83.33%，提高了求解运算效率。

运用本节提出的规划思路对待扩展规划区域进行规划设计。为探究网架动态重构对配电网规划设计的影响，以同一算例在不考虑运行时网架动态重构影响情况下的规划结果作为对照。规划结果及针对其具体分析如下。

图 8.4 为单纯考虑运行场景不同，不考虑网架结构动态重构影响的配电网网架规划结果，后文称方案 1。

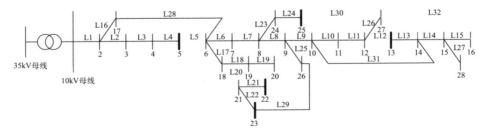

图 8.4 未考虑动态重构影响的配电网网架规划方案

图 8.5 为双层扩展规划模型得到的规划网架，即考虑运行时网架的动态重构影响的配电网最优网架规划，后文称方案 2。

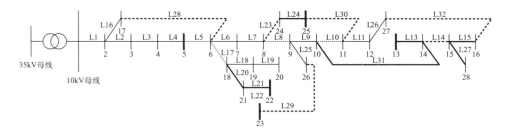

图 8.5　考虑动态重构影响的配电网网架规划方案

图中，加粗线路为扩展建设的线路，虚线为有可用于网架调整的联络开关的线路，黑色加粗节点为光伏安装节点。

通过对比两种方案下网架结构的差异，可以发现方案 2 的网架结构较之方案 1，节点 5、13、25 等处接入的分布式可再生能源发电可以更合理地在有联络的相邻馈线间通过运行时的动态重构转带。方案 2 中网架的规划受运行阶段动态重构以及运行层模型以分布式可再生能源发电消纳最大为目标的影响，在新建线路的选择上倾向于分布式可再生能源发电便于在不同馈线间转带的建设方案，以促进分布式可再生能源发电不同出力场景下的消纳，最终导致了规划方案在网架结构上与不考虑动态重构方案的差异。

上述两个规划方案的详细成本及年运行情况数据如表 8.5、表 8.6 所示。

表 8.5　两种规划方案下成本比较

项目	费用/万元	
	方案 1	方案 2
网架投资年费	22.57	26
网络损耗年费	10.2	9.84
弃光成本	9.83	2.81
主网购电成本	295.40	287.68
DG 发电补贴	46.72	56.54
网络年综合费用	291.28	269.79

表 8.6 两种规划方案年运行情况比较

项目	电量/(MW·h)	
	方案 1	方案 2
网络损耗	255.03	245.96
弃光总量	327.675	93.75
主网购电量	8951.55	8717.63
DG 可用发电量	1112.33	1346.25
DG 消纳率/%	77.24	93.49

在配电网规划建设投资上，通过表 8.5 可知，方案 2 的网架投资年费用比方案 1 多投入 3.43 万元，这是因为在运行层发挥先进电力电子开关器件大规模运用背景下主动配电网具有的灵活的低成本网架结构调整的优点，在规划阶段允许环路出现，多建设线路。

在分布式可再生能源发电消纳方面，方案 2 在构建规划模型时将配电网运行时网架的动态重构作为影响因素考虑进来，以分布式可再生能源发电消纳作为配电网运行重构的优化目标。这种处理方式使得在方案 2 最终的规划方案中，分布式可再生能源发电大部分处于存在联络的馈线的主要联络通路上，可以根据分布式可再生能源发电出力和负荷变化的实际场景调整分布式可再生能源发电与馈线负荷间的联络关系，分布式可再生能源发电的消纳较之方案 1 有显著改善，提高了 15.85%。分布式可再生能源发电利用量的增加，也使得方案 2 比方案 1 少从主网购电 233.92MW·h，节省主网购电支出 7.72 万元。这表明规划时考虑主动配电网的网架动态重构可以通过不同运行场景下网架结构的调整变换，进一步挖掘了某些规划方案的分布式可再生能源发电消纳能力，有效提高了分布式可再生能源发电的接纳能力和分布式可再生能源发电利用率，降低了配网运营方从主网购电的成本。

在网络损耗方面，方案 2 的网络损耗相比于方案 1 减少了 3.56%，下降幅度不大是因为运行层是以分布式可再生能源发电消纳而非网络损耗减少作为配电网运行重构的优化目标。

方案 2 相比于方案 1，增加了网架结构的建设，减少了弃光总量，降低了主网购电量。考虑到未来高渗透率分布式可再生能源发电接入的背景，当配电网接入较多的分布式可再生能源发电时，可提升的分布式可再生能源发电消纳量较多，考虑动态重构的配电网扩展规划有利于节约主网购电量，降低整体年建设运行费用。

8.5.2 典型地区分布式可再生能源发电与配电网协同规划

1. 算例概况

选取金寨县 35kV 铁冲变下的 10kV 馈线高畈 03 线作为研究对象，改进的高畈 03 线拓扑图见图 8.6。高畈 03 线有 17 个已存在的节点和 16 条已存在的线路，图中存在的线路用实线表示，其中线路 L5、L8、L10、L17 为电力联络线路；新增 11 个节点，有 16 条备选待建的线路，图中待建的线路用虚线表示，其中线路 L14、L23、L28、L29、L30、L32 为备选电力联络线路。各节点安装的配变容量之和为 3730kV·A，各节点配变容量信息见附录表 A1。可接入分布式可再生能源发电的节点为节点 5、9、16、22、24，图中用加粗节点表示。各线路型号均为 LGJ-35，各支路情况见表 8.2。

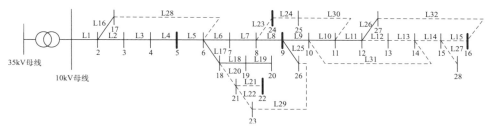

图 8.6 包含待选线路的规划区线路拓扑图

算例成本的相关参数见表 8.7。

表 8.7 算例成本参数

参数名称	参数大小
工程日期	20 年
贴现率	10%
线路建设成本	15 万元/km
网损成本	0.4 元/(kW·h)
光伏发电补贴	0.42 元/(kW·h)
网购电成本	0.33 元/(kW·h)
DG 单位造价	8000 元/kW
DG 维护费用	20 元/kW
DG 使用寿命	25 年

2. 算例结果及分析

为了反映分布式可再生能源发电的接入对配网企业和用户的成本影响，本节分别考虑两种不同方案下的配电网络规划结果。图 8.7 所示为不引入光伏的规划方案，后文称方案 3；图 8.8 所示为引入光伏的规划方案，后文称方案 4。

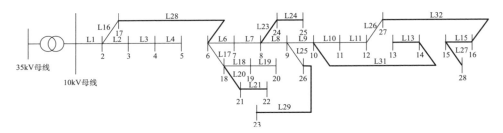

图 8.7　不考虑光伏接入的配电网规划结果

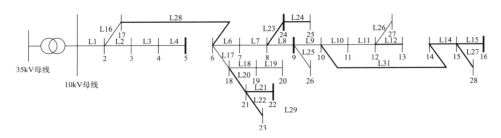

图 8.8　考虑光伏接入的配电网规划结果

方案 4 光伏容量配置结果如表 8.8 所示。

表 8.8　方案 4 光伏容量配置结果

节点编号	光伏容量/kW	节点编号	光伏容量/kW	节点编号	光伏容量/kW
5	117	9	215	16	34
22	204	24	150		

方案 3 和方案 4 的规划结果费用信息如表 8.9 所示。

表 8.9　两种规划方案下成本比较

项目	费用/万元	
	方案 3	方案 4
网架投资年费	23.10	22.03
网络损耗年费	10.94	7.23

续表

项目	费用/万元	
	方案 3	方案 4
DG 建设与运行费用	0	65
DG 发电补贴	0	60.48
购电成本	332	284.56
网络年综合费用	366.04	318.34

　　分析表 8.9 中的各项数据,网架投资年费用方面,方案 3 由于没有接入分布式可再生能源发电,为了避免线路末端节点电压越限,需要调整部分网架结构,方案 4 由于有分布式可再生能源发电支撑节点电压,网架投资年费比方案 3 减少了 4.63%;网络损耗年费用方面,相比于方案 3,接入了适量分布式可再生能源发电的方案 4 的节点净负荷绝对值下降,电压水平上升,因此网络损耗降低了 33.91%;DG 建设运行费用与发电补贴方面,方案 3 由于没有接入分布式可再生能源发电,数值为 0;购电成本方面,由于方案 4 中接入的分布式可再生能源发电得到大量消纳,有效减少了上级电网对的购电量,购电成本相比方案 3 减少了 14.29%。

　　整体而言,方案 4 比方案 3 的网络年综合费用减少了 13.03%,说明分布式可再生能源发电和配电网协同规划可以有效降低网络年综合费用。

8.5.3　典型地区分布式可再生能源发电、储能与配电网协同规划

1. 算例概况

　　选取金寨县 35kV 铁冲变下的 10kV 馈线高畈 03 线作为研究对象,改进的高畈 03 线拓扑图见图 8.7。高畈 03 线有 17 个已存在的节点和 16 条已存在的线路,图中存在的线路用实线表示,其中,线路 L5、L8、L10、L17 为电力联络线路;新增 11 个节点,有 16 条备选待建的线路,图中待建的线路用虚线表示,其中线路 L14、L23、L28、L29、L30、L32 为备选电力联络线路。各节点安装的配变容量之和为 3730kV·A,各节点配变容量信息见附录表 A1。可接入分布式可再生能源发电和储能的节点为节点 5、9、16、22、24,图中用加粗节点表示。各线路型号均为 LGJ-35,各支路情况见表 8.2。

　　本算例中,峰时用电时段为 10 点~14 点及 18 点~21 点,谷时用电时段为 00 点~9 点、15 点~17 点及 22 点~23 点。优化算法的种群数量为 20,迭代次数为 200,其他参数见表 8.10~表 8.12。

表 8.10　基本参数

参数名称	参数大小
单个光伏容量	1kW
光伏安装成本	8000 元/kW
储能安装成本	1000 元/台
光伏维护成本	20 元/kW
储能维护成本	5 元/台
光伏装置使用寿命	25 年
储能装置使用寿命	10 年
贴现率	3%
残值率	5%
工程周期	20 年
线路建设成本	15 万元/km
线路容量	7.27MW（载流量 400A）

表 8.11　储能参数

参数名称	参数大小
单体容量	2kW·h
最大充电速率	0.2kW
最大放电速率	0.3kW
充电效率	0.86
放电效率	0.86
最大荷电状态	0.9

表 8.12　价格参数　　　　　　　　　　（单位：元/(kW·h)）

参数名称	参数大小
峰时电价	0.8
谷时电价	0.35
上网电价	0.4
主网购电电价	0.33
网损费用	0.4
光伏发电补贴	0.42

2. 算例结果及分析

为了反映光储系统的接入对配网企业和用户的成本影响，本节分别考虑两种不同方案下的配电网络规划结果。图 8.9 所示为不引入光伏和储能的规划方案，即方案 3；图 8.10 所示为引入光伏和储能的规划方案，后文称方案 5。

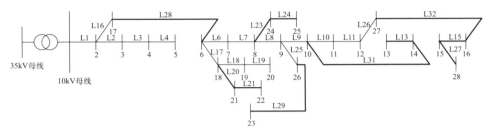

图 8.9　不考虑光伏和储能接入的配电网规划结果

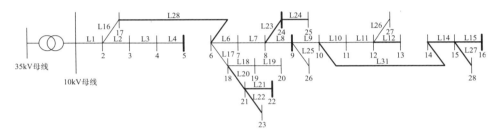

图 8.10　考虑光伏和储能接入的配电网规划结果

方案 5 光伏和储能容量配置结果如表 8.13 所示。

表 8.13　方案 5 光伏和储能容量配置结果

节点编号	光伏容量/kW	储能容量/(kW·h)
5	149	32
9	506	108
16	55	14
22	241	54
24	55	14

方案 3 和方案 5 的配网企业最优成本分解详见表 8.14。

表 8.14　不同方案下配网企业等年值成本　　　（单位：万元）

方案编号	总成本收益	线路成本	网损成本	向上级电网购电的成本	与用户交易所取得的收益
3	94.14	23.10	10.94	332.00	450.73
5	66.29	22.03	7.84	284.56	380.72

从表 8.14 可以看出，两个方案下，配电网都可获得收益。接入光储系统后，配网企业的线路投资成本降低了 4.6%，表明提出的双层优化模型可减小配电网规划规模。这一方案减少了网供负荷的大小，降低了系统中的线路传输功率和网损功率，致使网损成本和向上级购电成本减少，其中配网企业的网损成本减少了 28.34%，向上级购电成本减少了 14.29%；同时，配网企业向用户获取的购电收益也随之减少，并需要额外向用户支付上网费用，造成配网企业与用户交易所取得的收益减少了 15.53%。总体来看，接入光储后配电网的收益有所下降。

为更直观地反映接入光储前后用户的电能交易成本变化，本节通过全年每小时用户电能交易成本的累加，获取全年每日的用户成本，对比结果如图 8.11 所示。

图 8.11 表明，接入光储系统前，用户的全年日交易成本皆为正值，即用户需要全部从配网企业购取电能，同时，在 180d 附近取得峰值成本，说明该地夏季为全年用电高峰；接入光储系统后，用户的全年日交易成本曲线整体上移，并开始产生正值，且于 180d 附近取得谷值成本，说明该地夏季的光伏资源较为充裕，可以有效缓解用户的高负荷用电。

综上所述，在自消费模式下，随着光伏和储能接入配电网中，配网企业的总成本将提升，主要体现在其与用户的电能交易成本提升，而配网企业的网损成本和向上级购电成本均得到显著下降，即从常规机组传输至配电网的电量显著减少，侧面反映出通过引入光储系统，可有效减少常规能源的消耗。另一方面，随着光储系统的接入，用户的经济性成本也得到大幅下降，通过合理地配置光伏与储能容量，既可满足高峰时段的用户用电需求，减少用户用电成本，又实现了光伏能源的充分消纳，对于实现节能减排有着重大意义。

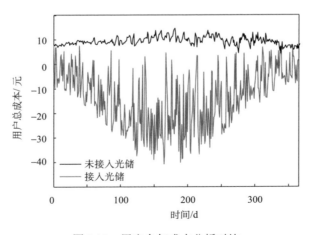

图 8.11　用户全年成本分析对比

参 考 文 献

[1] 王敏, 丁明. 含分布式电源的配电系统规划[J]. 电力系统及其自动化学报, 2004(6): 5-8, 23.

[2] 牛辉, 程浩忠, 张焰, 等. 电网扩展规划的可靠性和经济性研究综述[J]. 电力系统自动化, 2000(1): 51-56.

[3] 邢海军, 程浩忠, 张沈习, 等. 主动配电网规划研究综述[J]. 电网技术, 2015, 39(10): 2705-2711.

[4] 张彼德, 何頔, 张强, 等. 含分布式电源的配电网双层扩展规划[J]. 电力系统保护与控制, 2016, 44(2): 80-85.

[5] 唐翀. 有源配电网概率潮流计算及优化规划[D]. 天津: 天津大学, 2017.

[6] 葛少云, 张有为, 刘洪, 等. 考虑网架动态重构的主动配电网双层扩展规划[J]. 电网技术, 2018, 42(5): 1526-1536.

[7] 欧阳武, 程浩忠, 张秀彬, 等. 基于随机生成树策略的配网重构遗传算法[J]. 高电压技术, 2008, 34(8): 1726-1730.

[8] 刘自发, 葛少云, 余贻鑫. 一种混合智能算法在配电网络重构中的应用[J]. 中国电机工程学报, 2005, 25(15): 73-78.

[9] 曾博, 刘念, 张玉莹, 等. 促进间歇性分布式电源高效利用的主动配电网双层场景规划方法[J]. 电工技术学报, 2013, 28(9): 155-163, 171.

[10] 吕涛, 唐巍, 丛鹏伟, 等. 分布式电源与配电网架多目标协调规划[J]. 电力系统自动化, 2013, 37(21): 139-145.

[11] 刘洪, 范博宇, 唐翀, 等. 基于博弈论的主动配电网扩展规划与光储选址定容交替优化[J]. 电力系统自动化, 2017, 41(23): 38-45, 116.

[12] 苏剑, 周莉梅, 李蕊. 分布式光伏发电并网的成本/效益分析[J]. 中国电机工程学报, 2013, 33(34): 50-56.

[13] Li P, Xu D, Zhou Z, et al. Stochastic Optimal Operation of Microgrid Based on Chaotic Binary Particle Swarm Optimization[J]. IEEE Transactions on Smart Grid, 2015, 7(1): 66-73.

[14] 王守相, 王成山. 现代配电系统分析[M]. 北京: 高等教育出版社, 2014.

附 录 A

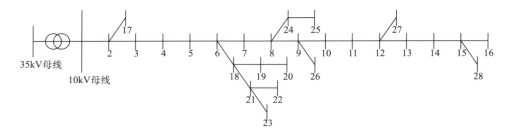

图 A1 高畈 03 线拓扑图

表 A1 高畈 03 线各节点信息 （单位：MV·A）

节点编号	配变容量	光伏容量	节点编号	配变容量	光伏容量	节点编号	配变容量	光伏容量
2	0	0	11	0.05	0.006	20	0	0
3	0.02	0	12	0	0	21	0	0
4	0.2	0.066	13	0.12	0.075	22	0.66	0.441
5	0.4	0.126	14	0.08	0.012	23	0.4	0.27
6	0	0	15	0	0	24	0.1	0.018
7	0.6	0.09	16	0.1	0	25	0.2	0.042
8	0	0	17	0.2	0.078	26	0	0
9	0	0.009	18	0	0	27	0	0
10	0.2	0	19	0.4	0.018	28	0	0

表 A2 高畈 03 线各支路信息

线路编号	初始节点	末端节点	线路电阻/Ω	线路电抗/Ω	线路编号	初始节点	末端节点	线路电阻/Ω	线路电抗/Ω
L1	1	2	0.43	0.20	L9	9	10	0.14	0.07
L2	2	3	0.24	0.11	L10	10	11	0.91	0.43
L3	3	4	0.25	0.12	L11	11	12	0.26	0.12
L4	4	5	0.09	0.04	L12	12	13	0.88	0.42
L5	5	6	0.44	0.21	L13	13	14	1.09	0.51
L6	6	7	0.32	0.15	L14	14	15	0.57	0.27
L7	7	8	0.83	0.39	L15	15	16	0.68	0.32
L8	8	9	0.47	0.22	L16	2	17	0.23	0.10

续表

线路编号	初始节点	末端节点	线路电阻/Ω	线路电抗/Ω	线路编号	初始节点	末端节点	线路电阻/Ω	线路电抗/Ω
L17	6	18	0.46	0.21	L23	8	24	0.37	0.17
L18	18	19	0.68	0.32	L24	24	25	1.92	0.90
L19	19	20	0.17	0.08	L25	9	26	0.24	0.11
L20	18	21	0.68	0.32	L26	12	27	0.15	0.07
L21	21	22	0.88	0.42	L27	15	28	1.79	0.84
L22	21	23	0.09	0.04					

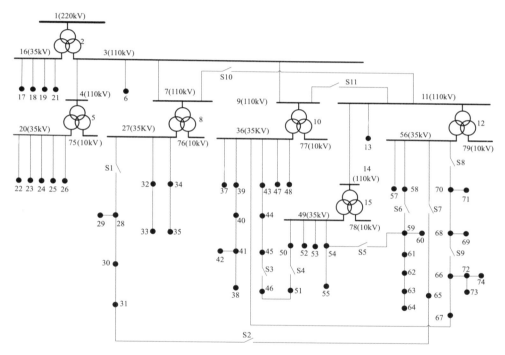

图 A2 金寨县网络拓扑图

表 A3 金寨县各节点信息

节点编号	电压等级/kV	配变容量/(MV·A)	光伏容量/(MV·A)	节点编号	电压等级/kV	配变容量/(MV·A)	光伏容量/(MV·A)
1	220	0	0	5	110	0	0
2	220	0	0	6	110	40	0
3	110	0	0	7	110	0	0
4	110	0	0	8	110	0	0

节点编号	电压等级/kV	配变容量/(MV·A)	光伏容量/(MV·A)	节点编号	电压等级/kV	配变容量/(MV·A)	光伏容量/(MV·A)
9	110	0	0	45	35	6.3	0.00202
10	110	0	0	46	35	6.3	0.00355
11	110	0	0	47	35	6.3	0.00218
12	110	0	0	48	35	3.2	0
13	110	20	0	49	35	0	0
14	110	0	0	50	35	5	0
15	110	0	0	51	35	6.3	0.00357
16	35	0	0	52	35	4.26	0
17	35	10	0.02260	53	35	2.9	0
18	35	20	0	54	35	0	0
19	35	5	0.00150	55	35	12.2	0
20	35	0	0	56	35	0	0
21	35	84	0	57	35	2	0
22	35	72	0	58	35	1.5	0
23	35	35.3	0	59	35	6.3	0.00230
24	35	14	0	60	35	3.2	0
25	35	30	0	61	35	1.6	0
26	35	13	0	62	35	0.8	0
27	35	0	0	63	35	5	0.000960
28	35	0	0	64	35	5	0
29	35	0.315	0	65	35	10	0.00120
30	35	10	0.00160	66	35	10	0.00120
31	35	0.300	0	67	35	6.3	0.00128
32	35	6.30	0.00120	68	35	0	0
33	35	6.30	0.00180	69	35	5	0.00215
34	35	10	0.00020	70	35	0	0
35	35	6.30	0.00223	71	35	7	0
36	35	0	0	72	35	5	0.00031
37	35	10	0.00268	73	35	4	0
38	35	5	0.00063	74	35	4	0
39	35	2.4	0	75	10	31	0
40	35	8.6	0	76	10	20	0
41	35	3.15	0.00139	77	10	20	0
42	35	3.15	0.00143	78	10	15	0
43	35	0.63	0	79	10	15	0
44	35	1	0				

表A4　金寨县各支路信息

支路编号	起始母线	结束母线	线路电阻/Ω	线路电抗/Ω	支路编号	起始母线	结束母线	线路电阻/Ω	线路电抗/Ω
L1	1	2	0.1916	20.5333	L36	27	34	1.2398	2.6619
L2	2	3	0.1912	0	L37	34	35	2.4887	4.4204
L3	3	4	1.0843	3.2363	L38	10	36	0.4764	0
L4	4	5	0.1303	10.3234	L39	36	37	4.0106	5.6297
L5	3	6	1.2188	3.6375	L40	36	39	1.3500	1.8950
L6	3	7	0.6097	1.8197	L41	39	40	1.3500	1.8950
L7	6	7	0.9141	1.7543	L42	38	41	2.3350	3.2776
L8	7	8	0.2382	16.2594	L43	40	41	2.0615	2.8937
L9	3	9	5.6277	16.7965	L44	41	42	4.2115	5.9116
L10	9	10	0.4764	32.5188	L45	36	43	2.7000	2.4120
L11	7	11	7.6860	14.7498	L46	43	44	5.7510	5.1376
L12	9	11	4.5507	13.5819	L47	44	45	0.720	0.6432
L13	11	12	0.5153	29.5625	L48	45	46	1.9397	2.7227
L14	11	13	1.2390	2.3777	L49	36	47	3.7733	5.2965
L15	11	14	3.4608	6.6414	L50	36	48	1.5309	2.1489
L16	14	15	0.6402	41.2937	L51	15	49	0.6402	0
L17	2	16	0.1908	13.1457	L52	49	50	0.2430	0.3411
L18	16	17	2.1315	3.7860	L53	46	51	5.6158	9.9748
L19	16	18	5.9751	8.3873	L54	50	51	4.3173	6.0602
L20	16	19	5.9751	8.3873	L55	49	52	0.7965	1.1181
L21	5	20	0.1303	0	L56	49	53	1.4300	0.9240
L22	16	21	1.7030	4.6898	L57	49	54	1.0500	1.8650
L23	20	22	0.2990	0.8234	L58	54	55	2.0658	2.4164
L24	20	23	0.1199	0.4168	L59	12	56	0.5153	0
L25	20	24	0.1860	0.2611	L60	56	57	1.3000	0.8400
L26	20	25	0.2100	0.7300	L61	56	58	1.0500	1.8650
L27	20	26	0.9000	0.8040	L62	54	59	1.0773	1.9135
L28	8	27	0.2382	0	L63	58	59	3.6307	6.4488
L29	16	27	1.1905	2.1145	L64	59	60	0.4938	0.6932
L30	27	28	4.8119	8.5469	L65	59	61	1.0920	1.9396
L31	28	29	1.4490	2.5737	L66	61	62	0.6027	1.0705
L32	28	30	0.7308	1.2980	L67	62	63	1.0200	1.8117
L33	30	31	1.5750	2.7975	L68	63	64	0.4938	0.6932
L34	27	32	8.0640	7.2038	L69	31	65	1.4190	2.5204
L35	32	33	2.3881	4.2418	L70	56	65	1.9898	3.5342

支路编号	起始母线	结束母线	线路电阻/Ω	线路电抗/Ω	支路编号	起始母线	结束母线	线路电阻/Ω	线路电抗/Ω
L71	36	67	4.4562	7.9151	L79	72	73	0.1050	0.1865
L72	66	67	1.7900	3.1795	L80	72	74	2.5200	4.4760
L73	66	68	0.9000	0.8040	L81	5	75	0.1303	6.4821
L74	68	69	2.6320	3.6945	L82	8	76	0.2382	10.2094
L75	56	70	4.5135	4.0321	L83	10	77	0.4764	20.4188
L76	68	70	1.8135	1.6201	L84	15	78	0.6402	25.9286
L77	70	71	2.7450	2.4522	L85	12	79	0.5153	18.5625
L78	66	72	2.4950	4.4316					

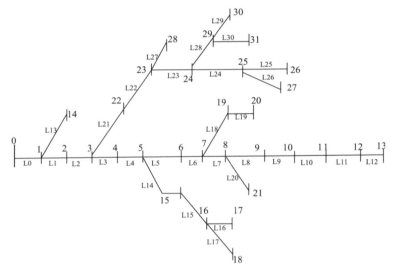

图 A3 调整的高畈 03 线拓扑图

表 A5 调整的高畈 03 线各节点信息

节点编号	配变容量/(MV·A)	光伏容量/(MV·A)	节点编号	配变容量/(MV·A)	光伏容量/(MV·A)	节点编号	配变容量/(MV·A)	光伏容量/(MV·A)
1	0	0	6	1.60	0.12	11	1.20	0.45
2	0.08	0	7	1.60	0.05	12	0.20	0
3	0.80	0.20	8	0	0	13	0.80	0.12
4	0.40	0.05	9	0.80	0	14	0.40	0.05
5	0	0	10	0.20	0	15	0.80	0.20

续表

节点编号	配变容量/(MV·A)	光伏容量/(MV·A)	节点编号	配变容量/(MV·A)	光伏容量/(MV·A)	节点编号	配变容量/(MV·A)	光伏容量/(MV·A)
16	0	0	22	0.63	0	28	0	0
17	1.20	0.30	23	0.40	0.10	29	0.40	0.05
18	1.60	0.05	24	0	0	30	0.40	0.05
19	1.60	0.05	25	0.20	0.20	31	0.10	0
20	0.40	0.04	26	0.16	0.042			
21	0.63	0	27	0.63	0.10			

表 A6 调整的高畈 03 线各支路信息

支路编号	起始母线	结束母线	线路电阻/Ω	线路电抗/Ω	支路编号	起始母线	结束母线	线路电阻/Ω	线路电抗/Ω
L0	0	1	0.3943	0.1855	L16	16	17	0.7192	0.3385
L1	1	2	0.2149	0.1011	L17	16	18	0.0843	0.0396
L2	2	3	0.2266	0.1066	L18	7	19	0.3364	0.1583
L3	3	4	0.0829	0.0390	L19	19	20	1.4447	0.6211
L4	4	5	0.3979	0.1873	L20	8	21	0.2203	0.1036
L5	5	6	0.2949	0.1388	L21	3	22	0.8302	0.3906
L6	6	7	0.7579	0.3566	L22	22	23	1.0361	0.4876
L7	7	8	0.4316	0.2031	L23	23	24	0.9943	0.4679
L8	8	9	0.1295	0.0610	L24	24	25	1.1375	0.5352
L9	9	10	0.8302	0.3906	L25	25	26	0.2077	0.0881
L10	10	11	1.0361	0.4876	L26	25	27	1.0317	0.4855
L11	11	12	0.9943	0.4679	L27	23	28	0.6191	0.2914
L12	12	13	1.1375	0.5352	L28	24	29	0.7192	0.3385
L13	1	14	0.2077	0.0881	L29	29	30	0.0843	0.0396
L14	5	15	1.0317	0.4855	L30	29	31	0.2364	0.1083
L15	15	16	0.6191	0.2914					

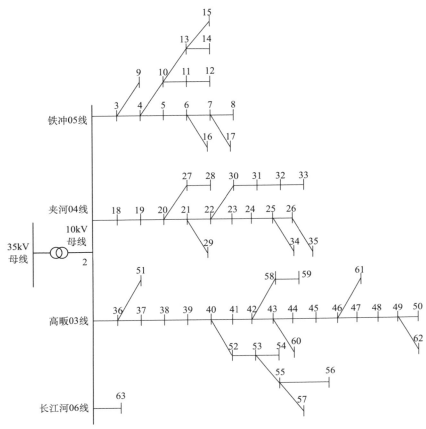

图 A4　铁冲变线拓扑图

表 A7　铁冲变各节点信息

节点编号	配变容量/(MV·A)	光伏容量/(MV·A)	节点编号	配变容量/(MV·A)	光伏容量/(MV·A)	节点编号	配变容量/(MV·A)	光伏容量/(MV·A)
1	0	0	11	0.20	0.027	21	0	0
2	0	0	12	0	0	22	0	0
3	0	0	13	0	0	23	0.12	0.009
4	0	0	14	0.05	0.018	24	0.40	0
5	0.10	0.003	15	0.20	0.105	25	0	0
6	0	0	16	0.26	0	26	0.20	0.054
7	0	0	17	0.20	0.030	27	0.16	0.021
8	0	0	18	0.40	0.027	28	0.10	0.024
9	0.20	0.090	19	0.1	0.021	29	0	0
10	0	0	20	0	0	30	0.10	0.045

续表

节点编号	配变容量/(MV·A)	光伏容量/(MV·A)	节点编号	配变容量/(MV·A)	光伏容量/(MV·A)	节点编号	配变容量/(MV·A)	光伏容量/(MV·A)
31	0.10	0.009	42	0	0	53	0.40	0.018
32	0.02	0	43	0	0	54	0	0
33	0.03	0.006	44	0.20	0.009	55	0	0
34	0.10	0.030	45	0.05	0.006	56	0.13	0.051
35	0.20	0.030	46	0	0	57	0.80	0.270
36	0	0	47	0.12	0.075	58	0.10	0.018
37	0.02	0	48	0.08	0.012	59	0.20	0.042
38	0.20	0.066	49	0	0	60	0.315	0
39	0.40	0.126	50	0.10	0	61	0	0
40	0	0	51	0.20	0.078	62	0	0
41	0.60	0.090	52	0	0	63	2.50	0

表 A8　铁冲变各支路信息

支路编号	起始母线	结束母线	线路电阻/Ω	线路电抗/Ω	支路编号	起始母线	结束母线	线路电阻/Ω	线路电抗/Ω
L1	1	2	0.1321	1.3860	L21	21	22	0.0976	0.0460
L2	2	3	0.0850	0.0400	L22	22	23	0.3288	0.1547
L3	3	4	0.6461	0.3040	L23	23	24	1.1037	0.5194
L4	4	5	0.2019	0.0950	L24	24	25	0.0767	0.0361
L5	5	6	0.2019	0.0950	L25	25	26	0.1463	0.0688
L6	6	7	0.1978	0.0931	L26	20	27	0.1111	0.0966
L7	7	8	1.7645	0.8304	L27	27	28	0.5431	0.4723
L8	3	9	0.0518	0.0215	L28	21	29	0.0671	0.0584
L9	4	10	1.2309	0.5793	L29	22	30	1.3689	0.6442
L10	10	11	1.6751	0.7883	L30	30	31	1.2988	0.6112
L11	11	12	0.7164	0.3371	L31	31	32	0.4532	0.3941
L12	10	13	0.2261	0.1064	L32	32	33	0.3257	0.2833
L13	13	14	0.7956	0.3744	L33	25	34	1.0666	0.9274
L14	13	15	0.0902	0.0424	L34	26	35	1.0035	0.4722
L15	6	16	0.1912	0.0900	L35	2	36	0.4337	0.2041
L16	7	17	0.0700	0.0330	L36	36	37	0.2364	0.1112
L17	2	18	1.5633	0.7357	L37	37	38	0.2493	0.1173
L18	18	19	1.0765	0.5066	L38	38	39	0.0912	0.0429
L19	19	20	1.4272	0.6716	L39	39	40	0.4377	0.2060
L20	20	21	0.4952	0.2330	L40	40	41	0.3244	0.1527

支路编号	起始母线	结束母线	线路电阻/Ω	线路电抗/Ω	支路编号	起始母线	结束母线	线路电阻/Ω	线路电抗/Ω
L41	41	42	0.8337	0.3923	L52	52	53	0.6793	0.3197
L42	42	43	0.4748	0.2234	L53	53	54	0.1747	0.0822
L43	43	44	0.1425	0.0671	L54	52	55	0.6810	0.3205
L44	44	45	0.9132	0.4297	L55	55	56	0.8823	0.4152
L45	45	46	0.2574	0.1211	L56	55	57	0.0927	0.0436
L46	46	47	0.8823	0.4152	L57	42	58	0.3700	0.1741
L47	47	48	1.0937	0.5147	L58	58	59	1.9192	0.9032
L48	48	49	0.5672	0.2669	L59	43	60	0.2423	0.1140
L49	49	50	0.6841	0.3219	L60	46	61	0.1550	0.0729
L50	36	51	0.2285	0.0969	L61	49	62	1.7898	0.8423
L51	40	52	0.4556	0.2144	L62	2	63	0.0010	0.0010